U0616317

数字测图

（活页式）

主编　陈兰兰　李扬杰　罗贤万

西南交通大学出版社
·成　都·

图书在版编目（ＣＩＰ）数据

数字测图：活页式 / 陈兰兰，李扬杰，罗贤万主编
. 一成都：西南交通大学出版社，2022.8
ISBN 978-7-5643-8718-1

Ⅰ．①数… Ⅱ．①陈… ②李… ③罗… Ⅲ．①数字化
测图 Ⅳ．①P231.5

中国版本图书馆 CIP 数据核字（2022）第 099815 号

Shuzi Cetu
（Huoyeshi）

数字测图
（活页式）

主 编 / 陈兰兰 李扬杰 罗贤万

责任编辑 / 王同晓
封面设计 / 何东琳设计工作室

西南交通大学出版社出版发行

（四川省成都市金牛区二环路北一段 111 号西南交通大学创新大厦 21 楼　610031）
发行部电话：028-87600564　　028-87600533
网址：http://www.xnjdcbs.com
印刷：四川玖艺呈现印刷有限公司

成品尺寸　185 mm×260 mm
印张　16.25　　字数　386 千
版次　2022 年 8 月第 1 版　　印次　2022 年 8 月第 1 次

书号　ISBN 978-7-5643-8718-1
定价　45.00 元

前　言

本教材是校企合作开发教材，由贵州轻工职业技术学院建筑工程系与贵州天地通科技有限公司合作编写，内容选择上准确把握课程培养目标，有效构建学生数字测图职业能力。

本教材是"数字测图精品课程"的配套教材，教材力求更好地服务于课程教学，与在线视频、学习测试、网络交流等互为补充，共同为学生营造从岗位需要出发的场景展示。从严训练，突出重点，精讲多练；和谐教学，同学互助；分析学情，因人施教；循序渐进，逐步提高；评比竞赛，树立典型；既练技能、又练思想。营造"比、学、赶、帮、超"的学习氛围。

在本教材编写过程中，编者深入进行地形测图及地形图应用技能剖析，分析工作任务与过程所需基础知识，并在此基础上组织课程内容。教材以典型工作任务设计为准则，选择合理的教学活动，具体表述核心专业技能需要的基础支撑能力，并按高职教育规律确立课程教学组织与考核。

本教材是贵州省级职业教育精品在线开放课程"数字测图"的配套教材，该精品在线开放课程运行于学银在线平台，课程网址 https://www.xueyinonline.com/detail/221622277，配套数字资源的获取与使用亦可参考下一页的使用教程。

本教材编写人员：贵州轻工职业技术学院的陈兰兰、李扬杰及贵州天地通科技有限公司的罗贤万担任主编，张涛、李世海、段利媛、周前兵担任副主编，本书由陈兰兰统稿。由于编者水平有限，加之时间仓促，书中难免存在缺漏，敬请读者批评指正。

编　者
2021 年 10 月

本书配套数字资源的获取与使用

本教材配套数字资源已上线超星学习通混合式教材，教师可通过学习通获取本书配套的演示文稿、微课视频、在线测评等。

注册

选择教材

数字测图

数字测图
陈兰兰、李扬杰
西南交通大学出版社

进行混合式教学

扫描二维码下载学习通APP，手机号注册并登录

学习通首页右上角输入邀请码app762041，进入"混合式教材"微应用，搜索教材名称

建课完毕后打开班级二维码，让学生扫码进班，就可以进行混合式教学

学生加入课程班级后就可以利用富媒体资源进行混合式教学，可贯穿课前课中课后的日常教学全流程。

制作精美的课件

配套微课视频

完整的章节内容

丰富的课堂活动

便利的作业发放

拓展阅读

目　录

项目一　高程测量

【学习内容及教学目标】

通过本项目学习，理解地面点的高程及高差的概念，了解高程测量的基本方法，理解水准测量原理；了解水准仪的基本构造和轴线关系；掌握普通 S₃ 型自动安平水准仪及精密水准仪的使用方法；掌握工程水准及精密水准测量的外业实施（观测、记录、检核）和测量成果的内业计算（高差闭合差的调整）方法；了解水准测量误差来源和消除误差的方法；熟悉水准仪检校的基本方法和提高水准测量精度的技术措施。

【能力培养目标】

1. 具有正确使用 S₃ 型自动安平水准仪及精密水准仪的能力。
2. 具有判定水准仪需要检校的能力。
3. 具有普通水准及等级水准测量的观测、记录、计算和精度评定能力。

【思政目标】

1. 培养学生严谨细微、实事求是的工作作风；良好的职业道德意识及敬业爱岗精神；诚实守信，乐于奉献的人格素质；团结协作，互相帮助的团队意识。

2. 培养学生认真、执着的职业发展定力，具有测绘工程项目的组织、管理能力，具有组织协调、控制和领导工程活动的领导潜力。

3. 培养学生具有"爱岗敬业、奉献测绘；维护版图、保守秘密；严谨求实、质量第一；崇尚科学、开拓创新；服务用户、诚信为本；遵纪守法、团结协作"的测绘职业道德规范意识。

4. 依托"不畏艰险，勇测高峰"主题文化活动，引导学生了解 1960 年中国首次登顶珠穆朗玛峰的历史，以及中国测绘工作者于 1966 年、1968 年、1975 年、1992 年、1998 年、2005 年对珠峰进行过 6 次大规模的测绘和科考工作历史。引导学生关注测绘及相关科考大事件，了解 2020 年珠峰高程测量、2022 年"巅峰使命"珠峰科考活动，体会珠峰攀登、重测和科考背后的测绘精神和科学精神，树立社会责任感、使命感，激发学生爱国情感、国家认同感、中华民族自豪感。

【工程测量工岗位目标】

1. 能进行工程规划设计过程及施工过程中的高程控制测量外业工作。
2. 能进行单一水准路线的近似平差计算工作。

1.1 地面点的高程及高差

高程可分为两种，分别是绝对高程和相对高程。用"H"表示。

1. 绝对高程

地面点到大地水准面的铅垂距离称为绝对高程或海拔。

如图 1.1 所示，地面上有 A、B 两点，过 A、B 两点分别作铅垂线，该点沿铅垂线方向到大地水准面的距离就是绝对高程，如：A 点的绝对高程就是 H_A，B 点的绝对高程就是 H_B。

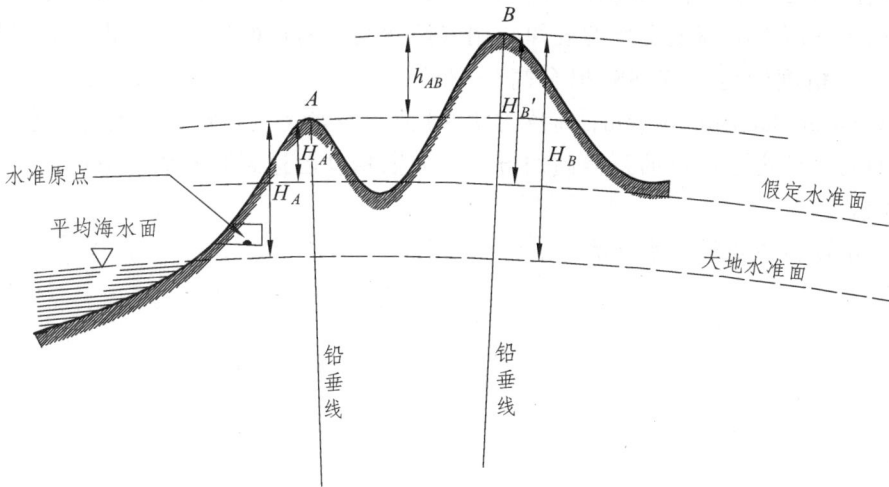

图 1.1　地面点的高程与高差

2. 相对高程

地面点到假定水准面的铅垂距离称为相对高程。

如图 1.1 所示，过 A、B 两点分别作铅垂线，该点沿铅垂线方向到假定水准面的距离就是相对高程，如：A 点的相对高程就是 H'_A，B 点的相对高程就是 H'_B。

3. 高差

地面上两点的高程之差称为高差。用"h"表示。

如图：A、B 两点的高差为：

$$h_{AB} = H_B - H_A = H'_B - H'_A \tag{1.1}$$

从式（1.1）可得出，两点的高差与高程起算面的选择无关，所以，在小区域内进行测量工作时，可选择假定高程系统。

自新中国成立以来，我国采用青岛验潮站 1950—1956 年的水位观测资料推算的黄海平均海水面作为高程起算面，称为"1956 黄海高程系"，并在青岛观象山的一个山洞里设置了水准原点，采用精密水准测量方法施测水准原点的高程，其高程为 72.289 m，作为全国各地高程推算的依据。1987 年，国家测绘总局决定启用青岛验潮站 1952—1979 年的水位观测资料确定的黄海平均海水面作为我国的高程起算面，称为"1985 国家高程基准"，重新施测了水准原点的高程为 72.260 4 m。

4. 高程测量的方法

高程测量的方法主要有水准测量、三角高程测量、气压高程测量、GNSS 拟合高程测量。水准测量是高程测量最精密的方法，主要用于建立国家或地区的高程控制网；三角高程测量适用于地形起伏较大的地区，是确定两点间高差的简便方法，传递高程更迅速，但精度低于水准测量；气压高程测量是根据大气压力随高度变化的规律，用气压计测定两点的气压差，推算高程的方法，精度较差；GNSS 拟合高程测量是利用全球定位卫星系统（Global Navigation Satellite System，简称 GNSS）测量技术直接测定地面点的大地高，从而间接确定地面点的正常高的方法，此法精度已达到厘米级，应用越来越广泛。

本项目主要学习水准测量。

1.2　水准测量概述

1.2.1　水准测量基本原理

水准测量是利用水准仪所提供的水平视线在水准尺上读数，测定地面两点间的高差，然后根据其中一点的高程推算出另一点高程的测量方法。

如图 1.2 所示，已知 A 点高程为 H_A，需要施测 B 点的高程 H_B，将水准仪安置在 A、B 两点中间，分别在 A、B 两点上竖立水准尺，利用水准仪所提供的水平视线，在 A 点尺上的读数为 a，在 B 点尺上的读数为 b 则 A、B 两点间的高差 h_{AB} 为

$$h_{AB} = a - b \tag{1.2}$$

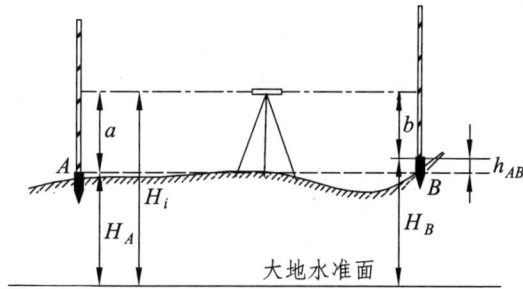

图 1.2　水准测量原理

已知点 A 称为后视点，竖立在该点的水准尺称为后视尺，其读数 a 称为后视读数；B 点是待求高程点称为前视点，竖立在该点的水准尺称为前视尺，其读数 b 称为前视读数。$a>b$ 时高差为正，表明前视点高于后视点；$a<b$ 时高差为负，表明前视点低于后视点。

则 B 点的高程为

$$H_B = H_A + h_{AB} = H_A + a - b \tag{1.3}$$

工程测量中常将式（1.3）变换为

$$H_B = H_i - b \tag{1.4}$$

$$H_i = H_A + a \tag{1.5}$$

式中，H_i 称为视线高程，简称视线高。

1.2.2　连续水准测量

实际工作中，通常 A、B 两点相距较远或高差较大，仅安置一次仪器难以测得两点的高差，必须分成若干站，逐站安置仪器、连续观测，如图 1.3 所示。

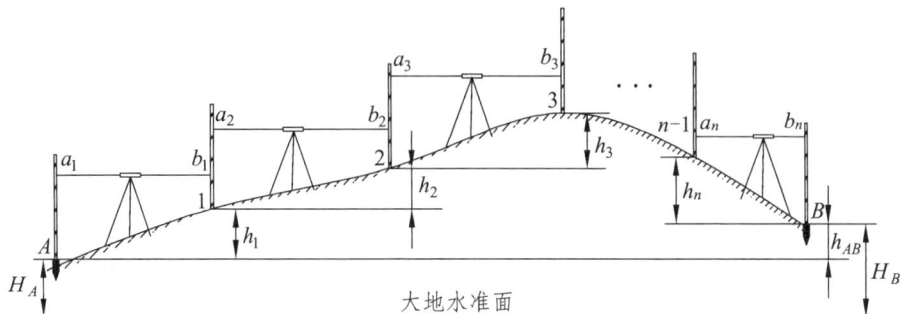

图 1.3　连续水准测量

$$h_1 = a_1 - b_1$$

$$h_2 = a_2 - b_2$$

$$\cdots\cdots$$

$$h_n = a_n - b_n$$

A、B 两点的高差 h_{AB} 应为各测站高差的代数和，即

$$h_{AB} = h_1 + h_2 + \cdots + h_n = \sum h_i = \sum a - \sum b \qquad (1.6)$$

若 A 点高程已知，则 B 点的高程为

$$H_B = H_A + h_{AB}$$

在水准测量中，A、B 两点之间的临时性立尺点，仅起传递高程的作用，这些点称为转点，通常以 TP 表示，如图中的 TP_1、$TP_2\cdots TP_{n-1}$。

1.2.3　水准点

用水准测量方法测定高程的控制点称为水准点，简记为 BM。水准点有永久性和临时性两种。

1. 永久性水准点

国家等级水准点，如图 1.4 所示。一般用石料或钢筋混凝土制成，深埋到地面冻结线以下，在标石的顶面设有用不锈钢或其他不易锈蚀的材料制成的半球状标志。有些永久性水准点的金属标志也可镶嵌在稳定的墙脚上，称为墙上水准点，如图 1.5 所示。

2. 临时性水准点

临时水准点可以在地上打入木桩，也可在建筑物或岩石上用红漆画一个临时标志，作为水准点的标志。

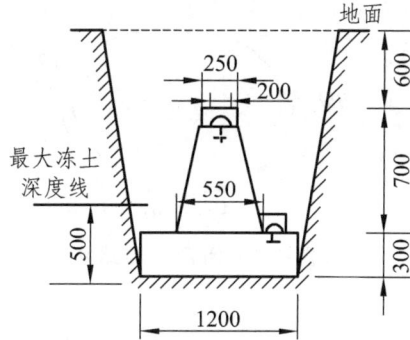

图 1.4　国家等级水准点（单位：mm）

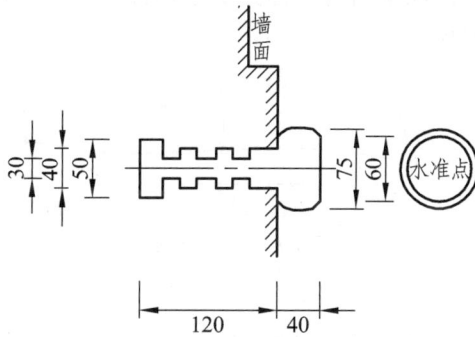

图 1.5　墙上水准点（单位：mm）

1.2.4　水准路线

水准测量所经过的路线即为水准路线，水准路线的布设形式有单一水准路线和水准网两种形式。

1. 单一水准路线

单一水准路线可分为三种布设形式，即附合水准路线、闭合水准路线、支水准路线。

（1）附合水准路线。

如图 1.6 所示，从已知高程水准点 BM_1 出发，沿待定高程点 1、2、3、4 进行水准测量，最后附合至另一已知高程水准点 BM_2 所构成的水准路线，称为附合水准路线。

图 1.6　附合水准路线

（2）闭合水准路线。

如图 1.7 所示，从一已知高程水准点 BM_1 出发，沿待定高程点 1、2、3、4 进行水准测量，最后闭合到 BM_1 所组成的环形水准路线，称为闭合水准路线。

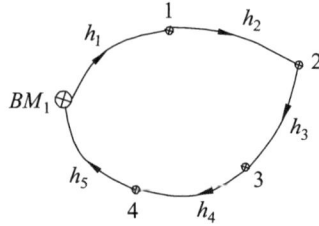

图 1.7　闭合水准路线

（3）支水准路线。

如图 1.8 所示，从一已知水准点 BM_1 出发，沿待定高程点 1、2 进行水准测量，其路线既不附合也不闭合，称为支水准路线。支水准路线无检核条件，必须往返观测以资校核。

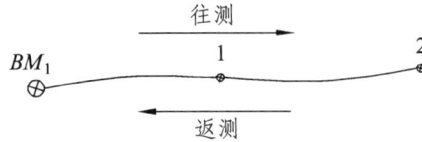

图 1.8　支水准路线

2. 水准网

多条单一水准路线相互连接成结点或网状形式，称为水准网，只有一个已知高程的水准网称为独立网，如图 1.9（a）所示，该水准网只有一个已知水准点 BM_1；有两个以上已知高程点的称为附合网，如图 1.9（b）所示，该水准网有三个已知水准点 BM_1、BM_2、BM_3。

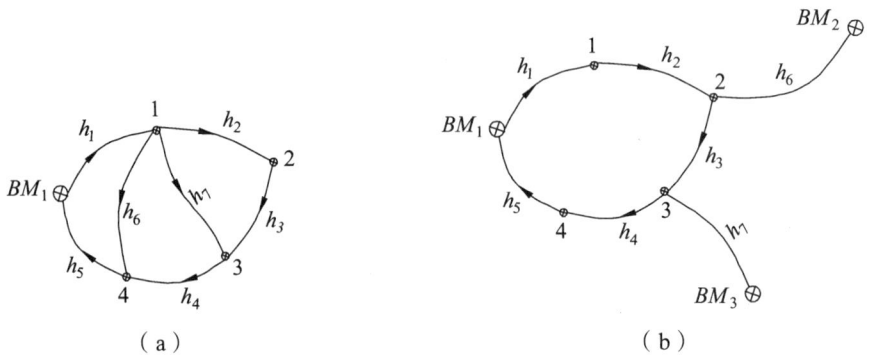

（a）　　　　　　　　　　　　（b）

图 1.9　水准网

1.3 普通水准测量

普通水准测量所使用的仪器和工具有：DS$_3$型自动安平水准仪、水准尺和尺垫三种。

1.3.1 水准测量的仪器和工具

1.3.1.1 DS$_3$型自动安平水准仪

自动安平水准仪是在微倾水准仪的基础上发展而来，它在望远镜的镜筒里安装了一个自动补偿器来代替水准管，利用补偿器自动获取视线水平时水准标尺读数的水准仪。用此类水准仪观测时，当圆水准器气泡居中后，即可读数。图 1.10 所示为自动安平水准仪，各部件名称见图中标注。

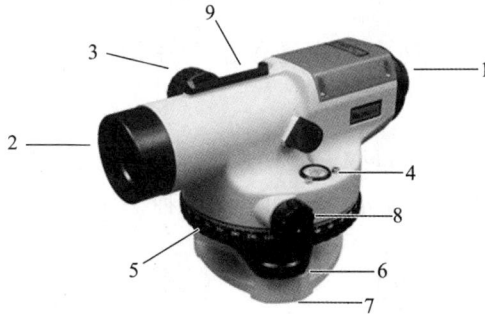

1—目镜及目镜调焦螺旋；2—物镜；3—调焦螺旋；4—圆水准器；
5—度盘；6—脚螺旋；7—基座；8—水平微动螺旋；9—粗瞄器。

图 1.10 S3 型自动安平水准仪

1. 望远镜

望远镜是用于照准水准尺并进行读数。图 1.11 是 DS$_3$ 型水准仪望远镜的构造图，它主要由物镜、目镜、调焦透镜、调焦螺旋和十字丝分划板所组成。望远镜具有一定的放大倍率，DS$_3$ 水准仪望远镜的放大倍率一般为 30 倍。

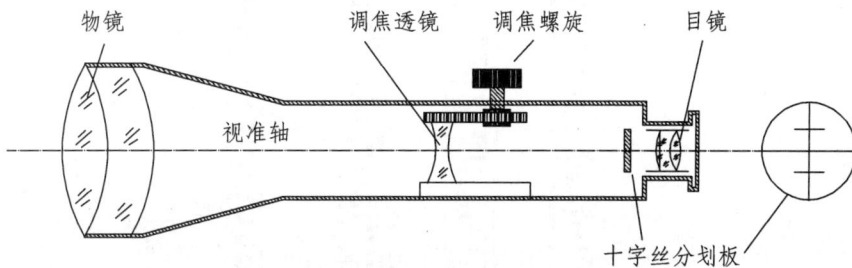

图 1.11 望远镜的构造

物镜的作用是将目标成像在十字丝平面上，形成缩小的实像。为使不同距离目标的像均能清晰地位于十字丝分划板上，需旋转物镜调焦螺旋，称为物镜调焦。再经过目镜的作用，形成放大的虚像。为使十字丝影像清晰，需转动目镜调焦螺旋，称为目镜调焦。

视准轴是指物镜光心与十字丝交点的连线。视准轴是水准仪的主要轴线之一。

2. 圆水准器

圆水准器顶面的内壁是球面，球面中央刻有小圆圈，圆圈的中心为水准器的零点。通过球心和零点的连线为圆水准器轴，当圆水准器气泡居中时，圆水准器轴处于竖直位置。气泡中心偏移零点 2 mm 轴线所倾斜的角值，称为圆水准器的分划值。DS_3 型水准仪圆水准器的分划值一般为 $8'$。由于它的精度较低，用于仪器的粗平。

3. 基座

基座的作用是支撑仪器的上部，并与三脚架连接。它主要由轴座、脚螺旋、底板和三角压板构成，转动脚螺旋可使圆水准器气泡居中。

1.3.1.2　DS_3 型自动安平水准仪配套使用的水准尺和尺垫

1. 水准尺

与 DS_3 型自动安平水准仪配套使用的水准尺，采用不易变形且干燥的优质木材制成，常用的有双面水准尺和塔尺两种，如图 1.12 所示。

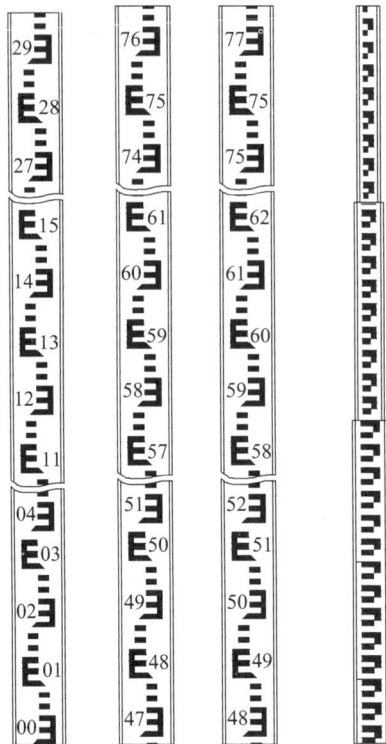

（a）双面水准尺　　　（b）塔尺

图 1.12　水准尺

图 1.12（a）为双面水准尺，长度为 3 m，成对使用。尺的两面均有刻度，一面黑白相间称为黑面；另一面红白相间称为红面。最小刻度均为 1 cm，在分米处进行注记。一对尺的黑面起点均由零开始，而红面起点分别为 4.687 m 和 4.787 m，这两个数值被称为尺常数，用 K 表示。

如图 1.12（b）为塔尺，塔尺多用于等外水准测量。塔尺长度有 3 m 和 5 m 两种，通过多节套接在一起。尺的底部为零点，尺面上黑白格相间，每格一般宽度为 1 cm，有的为 0.5 cm，在米和分米处有数字注记。

2. 尺垫

尺垫用于转点上。如图 1.13 所示，用生铁铸成，一般为三角形，中央有一凸起的半球状圆顶，下方有三个支脚，用时将支脚牢固地插入土中，以防下沉和移位，上方凸起的半球形顶点作为竖立水准尺和标志转点之用。

切记：水准观测时，已知水准点和待定水准点上，不能放置尺垫。

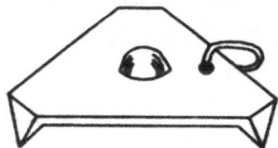

图 1.13　尺垫

1.3.2　DS$_3$ 型自动安平水准仪的操作

水准仪的使用包括仪器的安置、粗平、照准和读数。

1.3.2.1　安置

在需要安置仪器的位置，松开三脚架固定螺旋，调节架腿使高度适中，拧紧固定螺旋，打开三脚架，使架头大致水平，稳定安置在地面上，然后从仪器箱中取出仪器，置于三脚架上，并立即用中心连接螺旋将仪器固连在三脚架上。

1.3.2.2　粗平

调节脚螺旋使圆水准器气泡居中，称为粗平，具体操作步骤如下：

（1）转动仪器，将圆水准器置于①、②两个脚螺旋之间，如图 1.14（a）所示。

（2）同时向内或同时向外转动①、②两个脚螺旋，使气泡移动至圆水准器零点与脚螺旋③的连线上，如图 1.14（b）所示。

（3）转动脚螺旋③使气泡居中。如图 1.14（c）所示。

在整平的过程中，脚螺旋转动的原则是：顺时针旋转脚螺旋使该脚螺旋所在一端升高；逆时针旋转脚螺旋使该脚螺旋所在一端降低。气泡偏向哪端说明哪端高，气泡的移动方向与左手大拇指运动的方向一致。

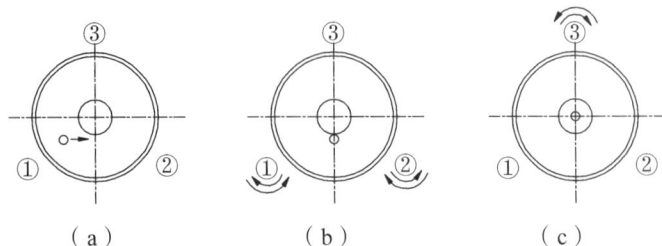

图 1.14　水准仪的粗平

1.3.2.3　照准

照准的具体操作步骤如下：

（1）目镜调焦：将望远镜对准远方明亮的背景，转动目镜调焦螺旋，使十字丝清晰。

（2）初步照准：转动望远镜，通过镜筒上部的初瞄器初步照准水准尺。

（3）物镜对光和精确照准：转动物镜调焦螺旋使尺像清晰，然后转动微动螺旋使尺像位于视场中央。

（4）消除视差。

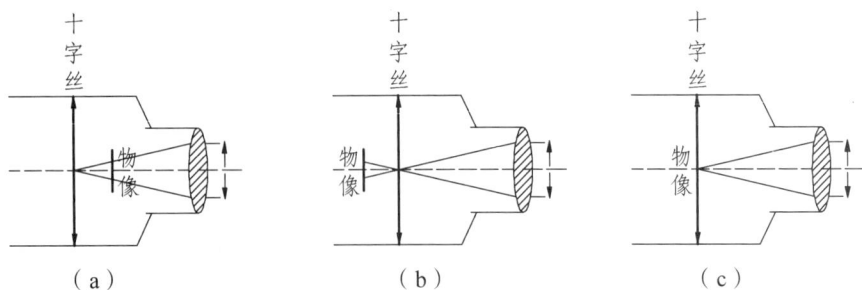

图 1.15　视差原理

如果调焦不完整，使尺子的像没有正确地成像在十字丝分划板上，如图1.15 所示，（a）图为目标影像成像在十字丝分划板前面，（b）图为目标影像成像在十字丝分划板后面，这两种都会使观测者的眼睛在目镜端作上下微量移动时，十字丝和目标影像存在相对移动，该现象即为视差，视差的存在会带来读数误差，应进行消除。消除的方法是反复仔细调节目镜和物镜调焦螺旋，直到眼睛上、下移动时读数不变为止，如图1.15（c）所示。

1.3.2.4　读数

图 1.16 为双面水准尺整分划示意图，最小分格值 1 cm。

图 1.17 为塔尺整分划示意图，最小分格值 0.5 cm。

如图 1.18 所示，双面水准尺读数时，首先估读水准尺与中丝重合位置处的毫米数，然后报出全部读数。（a）图为成像为倒像的影像，读数为 1.506 m；（b）图为成像为正像的影像，读数为 1.833 m。

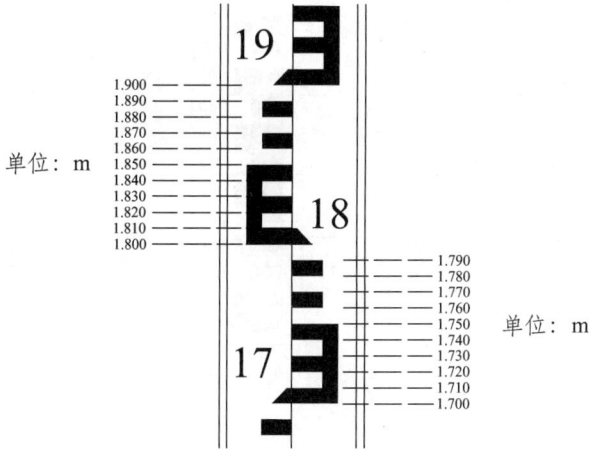

图 1.16　双面水准尺整分划示意图

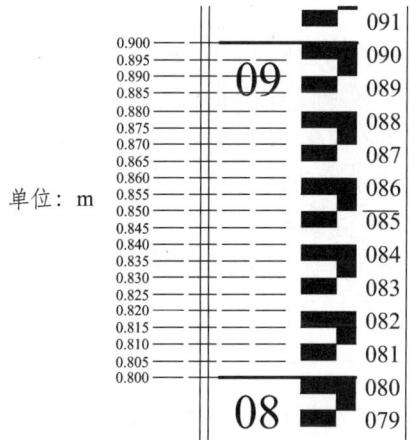

图 1.17　塔尺整分划示意图

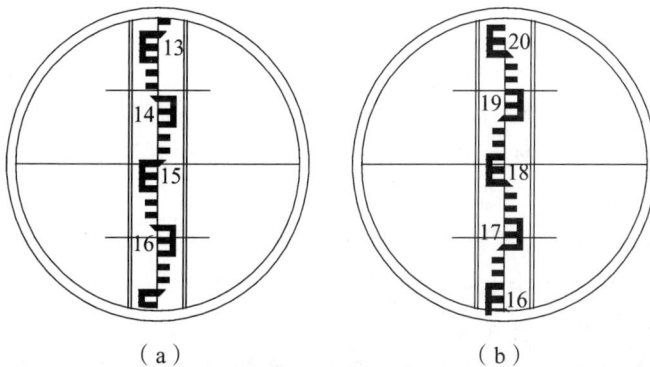

（a）　　　　　（b）

图 1.18　双面水准尺读数

如图 1.19 所示，塔尺读数，中丝读数为 0.822 m。

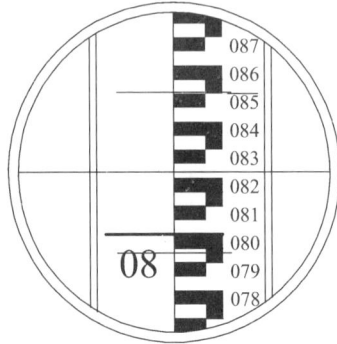

图 1.19　塔尺读数

1.3.3　普通水准测量外业工作

1. 水准路线的布设

如图 1.20 所示，某施工区域设有已知高程点，为进行施工高程放样，需进行高程引测，在该施工区域以外西北及东南方向上有两个已知水准点 BM_1、BM_2，点位保存完好，其高程 H_{BM1}=88.254 m、H_{BM2}=89.098 m，根据已知水准点的情况，拟定采用附和水准路线进行水准点的加密，根据施工现场的需要，在地面上选定了 1、2 两个待测水准点，并用木桩在地面标定出来，即组成了附合水准路线 $BM_1 \rightarrow 1 \rightarrow 2 \rightarrow BM_2$。

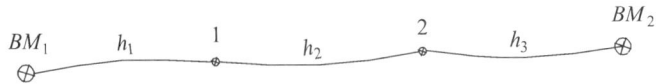

图 1.20　附合水准路线

2. 仪器及材料配置

DS_3 型水准仪 1 台，水准尺 1 对，尺垫 1 对，记录板 1 个，记录手簿 1 份。

3. 外业观测、记录及计算

如图 1.20 所示，附合水准路线 $BM_1 \rightarrow 1 \rightarrow 2 \rightarrow BM_2$ 有三个测段，分别为：$BM_1 \rightarrow 1$、$1 \rightarrow 2$、$2 \rightarrow BM_2$。现对该水准路线进行外业观测，其观测步骤如下：

（1）观测 $BM_1 \rightarrow 1$ 测段。

如图 1.21 为第 1 测段外业观测示意，表 1.1 为第 1 测段记录手簿。

① 在水准点 BM_1 上竖立水准尺，作为后视点。

② 在路线上适当位置安置水准仪，并在路线的前进方向上选择转点 TP_1，在转点处放置尺垫，在尺垫上竖立水准尺作为前视点。仪器到两水准尺的距离应基本相等，最大差值不应超过 20 m，最大视距应不大于 150 m。

③ 观测员将仪器整平，照准后视尺，消除视差，精确读取后视读数 1.245，并记入手簿，如表 1.1 所示。

④ 转动水准仪，照准前视尺，消除视差，读取前视读数 1.234，并记入手簿。

⑤ 计算 BM_1、TP_1 两点间的高差，即 $h_{BM_1-TP_1}=1.245-1.234=+0.011$（m），算出高差，记入手簿中相应位置，如表 1.1 所示。完成第 1 测站的观测。

⑥ 前视尺位置不动，变作后视，按②、③、④、⑤步骤进行操作，测到终点 1 为止。

⑦ 一测段观测完成之后，为保证高差计算的正确性，应在每页手簿下方进行计算检核。检核的依据是：

$$\sum h = \sum a - \sum b$$

即各测站测得的高差的代数和应等于后视读数之和减去前视读数之和。如表 1.1 中

$$\sum h = 0.011 - 0.255 - 0.305 - 0.205 = 0.754（m）$$

$$\sum a - \sum b = 5.896 - 6.650 = -0.754（m）$$

所求两数相等，说明计算正确无误。

ℹ️ **注　意**

① 在已知点和待测点上立尺时，不能放置尺垫。
② 水准尺应竖直。
③ 当观测人员未迁站之前，后视转点尺垫不能移动。
④ 前、后视距应大致相等。
⑤ 记录、计算字迹工整，读错、记错的数据应用单横线划去，将正确数据记在其上方，另外，特别注意估读位不能涂改、不能就字改字、不能连环涂改。

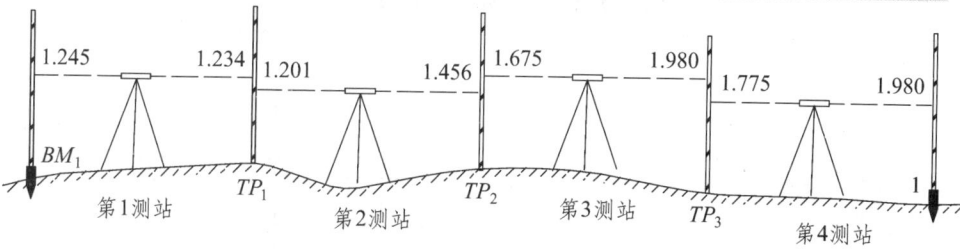

图 1.21　第 1 测段外业观测示意

表 1.1　水准测量记录手簿

测站	测点	水准尺读数/m		高差/m
		后视（a）	前视（b）	
1	BM_1	1.245		0.011
	TP_1		1.234	
2	TP_1	1.201		-0.255
	TP_2		1.456	

续表

测站	测点	水准尺读数/m		高差/m
		后视（a）	前视（b）	
3	TP_2	1.675		−0.305
	TP_3		1.980	
4	TP_3	1.775		−0.205
	1		1.980	
计算校核		$\sum a=5.896$	$\sum b=6.650$	$\sum h=-0.754$
		$\sum a-\sum b=-0.754$		

（2）观测 1→2 测段。

如图 1.22 为第 2 测段外业观测示意，表 1.2 为第 2 测段记录手簿。观测程序与第 1 测段相同，在此不再赘述。

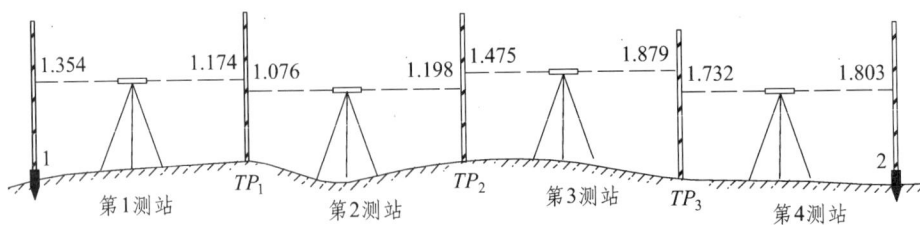

图 1.22　第 2 测段外业观测示意

表 1.2　水准测量记录手簿

测站	测点	水准尺读数/m		高差/m
		后视（a）	前视（b）	
1	1	1.354		0.180
	TP_1		1.174	
2	TP_1	1.076		−0.122
	TP_2		1.198	
3	TP_2	1.475		−0.404
	TP_3		1.879	
4	TP_3	1.732		−0.071
	2		1.803	
计算校核		$\sum a=5.637$	$\sum b=6.054$	$\sum h=-0.417$
		$\sum a-\sum b=-0.417$		

（3）观测 2→BM2 测段。

如图 1.23 为第 3 测段外业观测示意，表 1.3 为第 3 测段记录手簿。观测程序与第 1 测段相同，在此不再赘述。

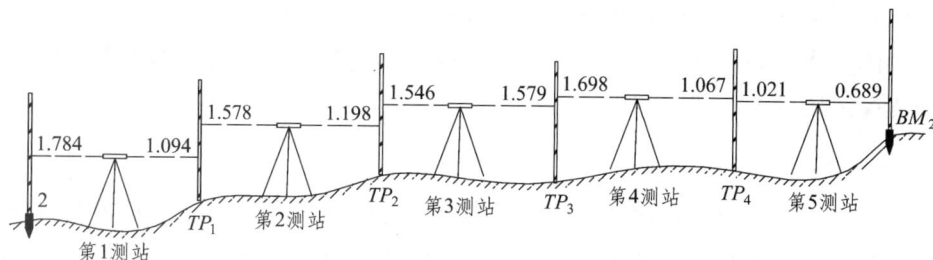

图 1.23　第 3 测段外业观测示意

表 1.3　水准测量记录手簿

测站	测点	水准尺读数/m		高差/m
		后视（a）	前视（b）	
1	2	1.784		0.690
	TP_1		1.094	
2	TP_1	1.578		0.380
	TP_2		1.198	
3	TP_2	1.546		-0.033
	TP_3		1.579	
4	TP_3	1.698		0.631
	TP_3		1.067	
5	TP_3	1.021		0.332
	BM_2		0.689	
计算校核		$\sum a=7.627$	$\sum b=5.627$	$\sum h=+2.000$
		$\sum a-\sum b=+2.000$		

1.3.4　水准路线的内业数据处理

水准测量外业观测结束后，需进行成果整理及计算。计算前首先检查野外观测手簿是否完整，计算检核是否正确，检查无误之后，计算高差闭合差并进行高差闭合差的调整，然后进行高程计算。

1. 高差闭合差及其允许值的计算原理

附合水准路线是从一个已知高程的水准点通过待测点测量至另一个已知高程的水准点，所以，理论上讲各测段观测高差的代数和 $\sum h_{测}$ 应等于路线两端已知水准点的高程之差 $H_{终} - H_{起}$。由于测量误差的存在，实际上这两者一般不会相等，所存在的差值称为附合水准路线的高差闭合差，用 f_h 表示。即

$$f_h = \sum h_{测} - (H_{终} - H_{起}) \tag{1.7}$$

式中　$\sum h_{测}$——各测段观测高差的代数和。

闭合水准路线各测段观测高差的代数和 $\sum h_{测}$ 应等于零，如果不等于零，即为高差闭合差，即

$$f_h = \sum h_{测} \tag{1.8}$$

对于支水准路线，沿同一路线往测高差 $\sum h_{往}$ 与返测高差 $\sum h_{返}$ 的绝对值应大小相等而符号相反，如果不相等，其差值即为高差闭合差，亦称较差，即

$$f_h = \left| \sum h_{往} \right| - \left| \sum h_{返} \right| \tag{1.9}$$

普通水准测量高差闭合差的允许值为

平地：　　　$f_{h允} = \pm 40\sqrt{L}$（mm）

山地：　　　$f_{h允} = \pm 12\sqrt{n}$（mm） $\tag{1.10}$

式中　L——水准路线单程长度，km；

　　　n——单程测站数。

水准测量的高差闭合差若超过允许值，应查找原因并返工重测。

2. 附合水准测量内业数据处理

如图 1.24 为通过以上外业观测数据整理出来的观测略图，BM_1、BM_2 为已知高程的水准点，BM_1 点的高程 H_{BM1}=88.254 m，BM_2 点的高程 H_{BM2}=89.098 m，1、2 为待定点；h_1、h_2、h_3 为各测段高差观测值；n_1、n_2、n_3 为各测段测站数。计算步骤如下：

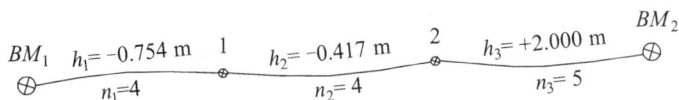

图 1.24　附合水准路线观测略图

（1）观测数据和已知数据填写。

将图 1.24 中的观测数据（各测段的测站数、实测高差）及已知数据（BM_1、BM_2 两点已知高程），填入表 1.4 相应的栏目内。

（2）高差闭合差计算。

$$f_h = \sum h_{测} - (H_{BM2} - H_{BM1}) = 0.829 - (89.098 - 88.254) = -0.015（m）$$

（3）高差闭合差允许值的计算。

设为山地，闭合差的允许值为

$$f_{h允} = \pm 12\sqrt{n}（mm） = \pm 12\sqrt{13} = \pm 43（mm）$$

由于 $|f_h| \leqslant |f_{h允}|$，高差闭合差在限差范围内，说明观测成果的精度符合要求。

（4）高差闭合差的调整。

高差闭合差调整的方法：将高差闭合差反符号，按与测段的长度或测站数成正比例的原则进行分配，其调整值称作改正数，按测站数计算改正数的公式为

$$v_i = -\frac{f_h}{\sum n} \times n_i \tag{1.11}$$

按测段长度计算改正数的公式为

$$v_i = -\frac{f_h}{\sum L} \times L_i \tag{1.12}$$

式中　v_i——第 i 测段的高差改正数；

　　　$\sum n$——水准路线的测站总数；

　　　n_i——第 i 测段的测站数；

　　　$\sum L$——水准路线的全长；

　　　L_i——第 i 测段的路线长度。

本例是按测站数来计算改正数的，即

$$v_1 = -\frac{f_h}{\sum n} \times n_1 = -\frac{-0.015}{13} \times 4 = +0.005 \, (\text{m})$$

$$v_2 = -\frac{f_h}{\sum n} \times n_2 = -\frac{-0.015}{13} \times 4 = +0.005 \, (\text{m})$$

$$v_3 = -\frac{f_h}{\sum n} \times n_3 = -\frac{-0.015}{13} \times 5 = +0.006 \, (\text{m})$$

将各测段改正数分别填入表 1.4 中第 5 列内。

表 1.4　水准路线高差闭合差调整与高程计算

测段编号	点名	测站数	实测高差/m	改正数/m	改正后高差/m	高程/m
1	2	3	4	5	6	7
1	BM_1	4	-0.754	+0.005	-0.749	88.254
	1					87.505
2		4	-0.417	+0.005	-0.412	
	2					87.093
3		5	+2.000	+0.005	+2.005	
	BM_2					89.098
$\sum$		13	0.829	+0.015	+0.844	
辅助计算	$f_h = -0.015 \, \text{m}$ $f_{h允} = \pm 12\sqrt{n} \, (\text{mm}) = \pm 12\sqrt{13} \, (\text{mm}) = \pm 43 \, (\text{mm})$ $|f_h| < |f_{h允}|$，符合精度要求					

i 注 意

① 改正数应凑整至毫米，以米为单位填写在表 1.4 相应栏内。

② 改正数的总和应与闭合差数值相等、符号相反，根据这一关系可对各段高差改正数进行检核。

$$\sum v_i = -f_h$$

③ 由于舍入误差的存在，在数值上改正数的总和可能与闭合差存在一微小值，此时可将这一微小值强行分配到测站数最多或路线最长的一个或几个测段上。就如本例中 v_3 计算值为 0.006，使得 $\sum v_i \neq -f_h$，所以将多的或少的值分配到测站数多的测段上。所以最终 $v_3=0.005$。

（5）改正后高差的计算。

各测段改正后的高差等于实测高差加上相应的改正数，即

$$h_{i改} = h_{测} + v_i$$

改正后的高差记入表 1.4 第 6 列内。

i 注 意

改正后的各测段高差代数和应与水准点 BM_1、BM_2 的高差相等，据此对改正后的各测段高差进行检核。

$$\sum h_{改} = H_{BM2} - H_{BM1}$$

（6）计算待定点高程。

用改正后高差，按顺序逐点推算各点的高程，即

$$H_1 = H_{BM1} + h_{1改} = 88.254 - 0.749 = 87.505 \text{（mm）}$$

$$H_2 = H_1 + h_{2改} = 87.505 - 0.412 = 87.093 \text{（mm）}$$

$$H_{BM2} = H_2 + h_{3改} = 87.093 + 2.005 = 89.098 \text{（mm）}$$

依此推算出所有待定点的高程，并逐一记入表 1.4 第 7 列内。最后推算得到的 BM_2 点高程应与水准点 BM_2 的已知高程相等，以此来检核高程推算的正确性。

3. 闭合水准测量内业数据处理

BM_1 为已知水准点，1、2、3、4 点为待测高程的水准点，其已知数据和观测数据如图 1.25 所示，计算步骤如下：

（1）观测数据和已知数据填写。

将图 1.25 中的观测数据（各测段的测站数、实测高差）及已知数据（BM_1 点已知高程），填入表 1.5 相应的栏目内。

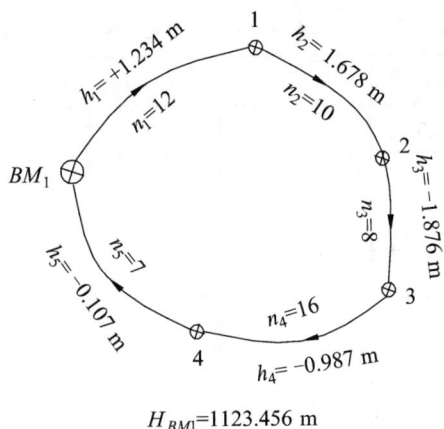

图 1.25　闭合水准路线观测结果示意图

（2）高差闭合差计算。

$$f_h = \sum h_测 = -0.058 \text{ m}$$

（3）高差闭合差允许值的计算。

设为山地，闭合差的允许值为

$$f_{h允} = \pm 12\sqrt{n}\,(\text{mm}) = \pm 12\sqrt{53}\,(\text{mm}) = \pm 87\,(\text{mm})$$

由于 $|f_h| \leqslant |f_{h允}|$，高差闭合差在限差范围内，说明观测成果的精度符合要求。

（4）高差闭合差的调整。

按与测站数成正比的原则，反其符号进行分配，即

$$v_i = -\frac{f_h}{n} \times n_i$$

各测段改正数为

$$v_1 = -\frac{f_h}{n} \times n_1 = -\frac{-0.058}{53} \times 12 = +0.013\,(\text{m})$$

$$v_2 = -\frac{f_h}{n} \times n_2 = -\frac{-0.058}{53} \times 10 = +0.011\,(\text{m})$$

$$v_3 = -\frac{f_h}{n} \times n_3 = -\frac{-0.058}{53} \times 8 = +0.009\,(\text{m})$$

$$v_4 = -\frac{f_h}{n} \times n_4 = -\frac{-0.058}{53} \times 16 = +0.018\,(\text{m})$$

$$v_5 = -\frac{f_h}{n} \times n_5 = -\frac{-0.058}{53} \times 7 = +0.008\,(\text{m})$$

检核　　　　$\sum v_i = -f_h$

将各测段改正数分别填入表 1.5 中第 5 列内。

表 1.5　水准路线高差闭合差调整与高程计算

测段编号	点名	测站数	实测高差/m	改正数/m	改正后高差/m	高程/m
1	2	3	4	5	6	7
1	BM_1	12	1.234	0.013	1.247	1 123.456
2	1	10	1.678	0.011	1.689	1 124.703
3	2	8	−1.876	0.009	−1.867	1 126.392
4	3	16	−0.987	0.017	−0.970	1 124.525
5	4	7	−0.107	0.008	−0.099	1 123.555
Σ	BM_1	53	−0.058	0.058	0.000	1123.456
辅助计算	$f_h = \sum h_{测} = -0.058 \text{ m}$ $f_{h允} = \pm 12\sqrt{n}\,(\text{mm}) = \pm 12\sqrt{53}\,(\text{mm}) = \pm 87\,(\text{mm})$ $\lvert f_h \rvert \leqslant \lvert f_{h允} \rvert$，符合精度要求					

（5）改正后高差的计算。

各测段改正后的高差等于实测高差加上相应的改正数，即

$$h_{i改} = h_{测} + v_i$$

改正后的高差记入表 1.5 第 6 列内。

（6）计算待定点高程。

根据已知水准点 BM_1 的高程和各测段改正后的高差，依次逐点推算出各点的高程，将推算出的各点高程填入表 1.5 中第 7 列内。最后推算的 BM_1 点高程应等于已知高程，否则说明高程计算有误。

4. 支水准路线高差闭合差的调整与高程计算

支水准路线的高差闭合差及允许值可分别通过式（1.9）和式（1.10）求得，但公式（1.10）中路线长度 L 或测站总数 n 只按单程计算。当 $\lvert f_h \rvert \leqslant \lvert f_{h允} \rvert$ 时，取测段往、返高差绝对值的平均值作为测段的最终高差，其符号以往测为准。推算待定点高程的方法与附合水准路线的方法相同。

1.4 DS₃ 型自动安平水准仪的检校

1.4.1 水准仪应满足的几何条件

根据水准测量原理，水准仪必须提供一条水平视线，才能正确测出两点间的高差。为此，水准仪在构件上应满足以下几何关系，如图 1.26 所示。

（1）圆水准器轴 $L'L'$ 平行于仪器竖轴 VV。

（2）十字丝的中丝垂直于仪器竖轴 VV。

（3）水准管轴 LL 平行于视准轴 CC。

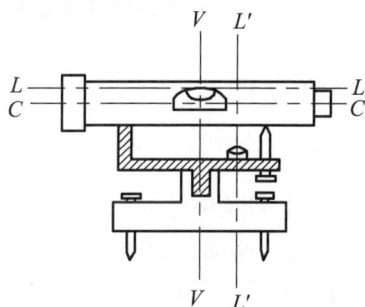

图 1.26 水准仪的轴线关系

1.4.2 圆水准器的检校

1. 检验

调整脚螺旋，使圆水准器气泡居中，如图 1.27（a）所示，将仪器上部旋转 180°，若气泡仍然居中，该仪器不需要校正；若气泡发生偏离，如图 1.27（b）所示，该仪器需要校正。

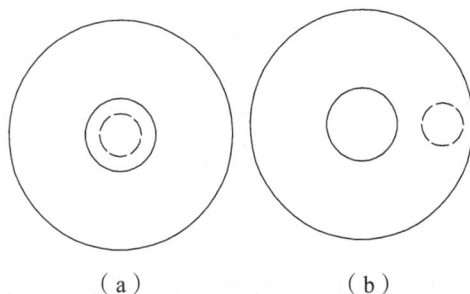

图 1.27 圆水准气泡偏离示意

2. 校正

如图 1.28（a）所示，气泡偏离零点的偏离值为 L，用六角扳手调节两个校正螺丝，使气泡移回偏离值的一半，如图 1.28（b）所示，然后转动脚螺旋，使圆水准器气泡居中，如图 1.28（c）所示。

校正工作一般需反复进行 2~3 次才能完成，直到仪器转到任意位置，圆水准器气泡均处在居中位置为止。

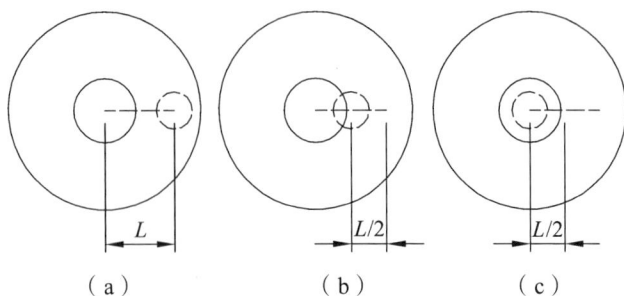

图 1.28 圆水准器校正示意图

1.4.3 十字丝的检验与校正

1. 检验

如图 1.29（a）所示，用十字丝中丝的一端瞄准一明显目标点 A，转动微动螺旋，如果 A 点一直在横丝上移动，如图 1.29（b）所示，不需校正。若 A 点偏离横丝，如图 1.29（c）所示，则需要校正。

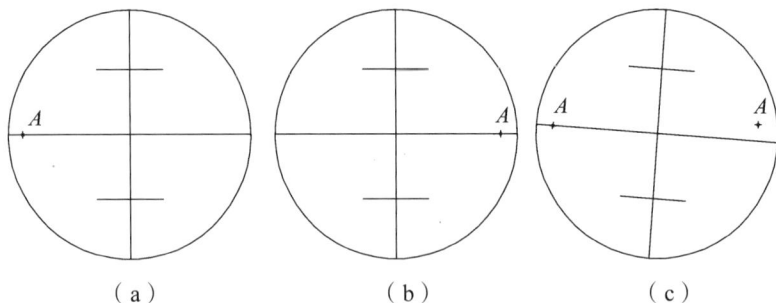

图 1.29 十字丝的检验示意图

2. 校正

旋下目镜罩，放松十字丝分划板座的压环螺丝，微微转动十字丝分划板，使 A 点对准中丝即可。检验校正需反复进行，直到 A 点不再偏离中丝为止。最后拧紧压环螺丝。

1.4.4 望远镜视准轴位置正确性的检校（i 角的检校）

1. 检验

在地面上选定相距约 80 m 的 A、B 两点，并打入木桩或放置尺垫。安置水准仪于 AB 的中点 C_1。自动安平水准仪能进行自动补偿，使视准轴呈水平状态，从而得到一条水平视线，当补偿不完整时，则得到一条倾斜视线，该倾斜视线与水平线的交角，即为 i 角，i 角会使水准尺上的读数产生误差。

如图 1.30（a）所示，若水准仪能提供水平视线，读出 A、B 两点水准尺的读数 a、b，根据两读数就可求出两点间的正确高差 h。而实际得到的是一条倾斜视线，但当仪器到 A、B 点的距离相等，在所得读数 a_1、b_1 中，虽然含有读数误差 Δ，但在计算高差时可以抵消。

$$h = a_1 - b_1 = (a+\Delta) - (b+\Delta) = a - b$$

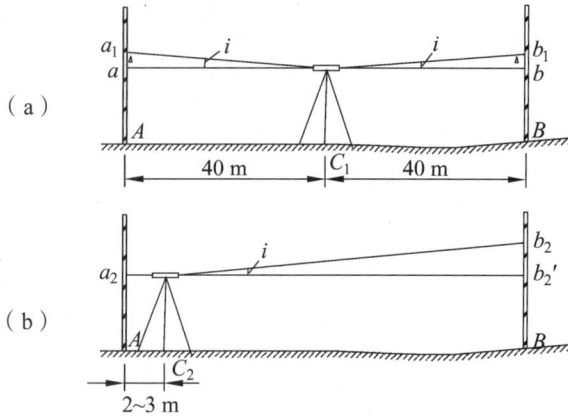

图 1.30　i 角的检校示意图

再将仪器安置于 A（或 B）点 $2 \sim 3$ m 处的 C_2，分别读得 A、B 点水准尺读数为 a_2、b_2，如图 1.30（b）所示，因仪器到 A 点的距离很近，视线不水平引起的读数误差很小，可忽略不计，即认为 a_2 为准确读数。由 a_2、b_2 又求得两点的高差 h'，即

$$h' = a_2 - b_2$$

若 $h \neq h'$，说明存在 i 角，当 $h - h' \geqslant 3$ mm，需要校正。

2. 校正

在 C_2 点上进行校正，望远镜照准 B 尺，旋下目镜罩，用六角扳手拨动十字丝分划板的校正螺丝，调节十字丝分划板，使中丝读数为 $b'_2 = a_2 - h$，套上目镜罩，再次进行检查，直到 $h - h' < 3$ mm 为止。

1.5 水准测量的误差来源及消减办法

水准测量的误差包括仪器误差、观测误差和外界条件影响带来的误差三个方面。

水准测量中有误差的影响，为了获得符合精度要求的成果，必须分析误差产生的原因及消减方法，现将水准测量中误差产生的原因及消减方法分述如下：

1. 仪器误差

由于仪器制造加工的不完善、仪器检校的不完善而引起的误差称为仪器误差。水准仪的仪器误差主要有 i 角误差，这项误差虽然经过检验和校正，但仍会残留，观测时只要使前、后视距离相等，就可减少或消除该项误差。

水准尺刻度不准确、尺底磨损、弯曲变形等都会给读数带来误差，因此应对水准尺进行检验，不合格的尺子不能使用。其中由于尺底磨损引起的零点误差影响，可在每测段观测中采用偶数站观测予以消除。

2. 整平误差

自动安平水准仪，视线是否水平与补偿器有关，所以，仪器使用前，其补偿器正常工作是非常重要的。

3. 读数误差

读数误差与望远镜的放大率和视距长度有关，因此，不同等级水准测量对望远镜放大率和视距长度都有相应的要求和限制，普通水准测量中，规定望远镜的放大率应在 20 倍以上，视距不超过 150 m。读数误差还与观测时的十字丝视差有关，所以，观测时应特别注意消除视差。

4. 水准尺倾斜误差

如图 1.31 所示，水准尺倾斜将使尺上读数增大，其读数误差为

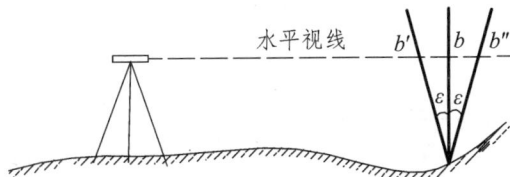

图 1.31 标尺倾斜对读数的影响

$$\Delta b = b' - b = b'(1 - \cos \varepsilon) \tag{1.13}$$

从式（1.13）可知道视线越高，水准尺倾斜引起的误差越大，如水准尺倾斜 3°，在水准尺上 1.5 m 处读数时，将会产生 2 mm 的误差，因此，在观测过程中，应严格将水准尺扶正。

5. 仪器和尺垫下沉误差

由于地面土质疏松和仪器本身重量而产生仪器和尺垫下沉误差。仪器下沉，将使视线降低，前视读数减小，从而使高差增大，尺垫下沉，使得转点作后视时位置比作前视时低，所测高差也增大，减小此类误差的方法是将测站及转点选在土质坚实的地方，观测时，踩实脚架和尺垫，尽快进行观测，每次读数后，将水准尺移离尺垫，以减少其下沉量。仪器下沉误差还可通过"后、前、前、后"的观测程序予以消减。

6. 地球曲率的影响

如图 1.32 所示，大地水准面是一个曲面，如果水准仪的视线与大地水准面平行，则 A、B 两地面点的尺上读数应为 a' 和 b'，即正确高差应为 $h=a'-b'$；但利用水平视线读取的读数分别为 a 和 b，a' 和 a，b' 和 b 之差就是地球曲率的影响所致。从图中不难看出，如果水准仪至 A、B 两点的距离相等，则有 $a-a'=b-b'=c$，于是地球曲率的影响在计算高差时可以抵消，即

$$h = a - b = (a' + c) - (b' + c) = a' - b'$$

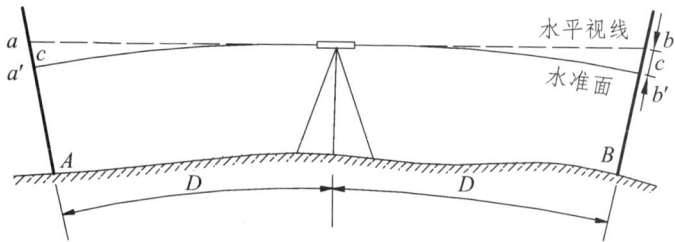

图 1.32　地球曲率对水准测量的影响

7. 大气折光影响

光线穿过不同密度的大气层时会发生折射，因而视线是弯曲的，这将给观测带来误差，这种误差称为大气折光差。折光差的大小与大气层竖向温差大小有关，越接近地面温差越大，折光差也越大。

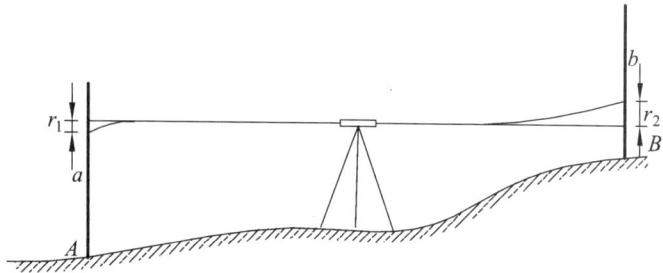

图 1.33　大气折光对读数的影响

在水准测量中，如果前、后视线弯曲相同，那么只要前、后视的距离相等，折光差对前、后视读数的影响也相等，在计算高差时可以相互抵消。但在一般情况下，前、后视线离地面高度往往不一致，因此前、后视线弯曲是

不同的，如图 1.33 所示，折光差 r_1 和 r_2 的方向相反，因而使得观测高差中包含这种误差的影响。为了减小这种影响，视线离地应有足够的高度，尤其在斜坡上进行普通水准测量时，须使上坡方向的视线最小读数不小于 0.3 m。

8. 温度影响

温度的变化不仅引起大气折光的变化，而且当烈日照射水准管时，由于水准管本身和管内液体温度的升高，气泡向着温度高的方向移动，而影响仪器水平，产生气泡居中误差，因此观测时应注意给仪器撑伞遮阳。

1.6　三、四等水准测量

1.6.1　三、四等水准测量技术要求

在地形测图和施工测量中，常常以三、四等水准测量方法建立高程控制网。三、四等水准点的高程应从附近的一、二等水准点引测，进行高程控制测量前，首先根据精度要求和施工需求在测区布置一定密度的水准点，水准点标志及标石的埋设应符合相关规范要求。水准测量的主要技术要求见表 1.6。

表 1.6　三、四等水准测量主要技术要求

等级	水准仪型号	视线高度	视线长度/m	前后视距差/m	前后视距累计差/m	红黑面读数差/mm	红黑面高差之差/mm	附和、环线闭合差/mm	
								平原	山区
三等	DS$_3$	三丝能读数	≤75	≤2	≤5	≤2	≤3	$\pm 12\sqrt{L}$	$\pm 4\sqrt{n}$
四等	DS$_3$	三丝能读数	≤100	≤3	≤10	≤3	≤5	$\pm 20\sqrt{L}$	$\pm 6\sqrt{n}$

1.6.2　四等水准测量外业观测、记录、计算及检核案例

1.6.2.1　水准路线的布设

如图 1.34 所示，某施工区域没有已知高程点，为进行施工高程放样，需进行高程引测，在该施工区域南东方向上有一个已知水准点 BM_1，点位保存完好，其高程 $H_{BM1}=1\ 200.122\ m$，根据已知水准点的情况，拟定采用闭合水准路线进行水准点的加密，根据施工现场的需要，在地面上选定了 1、2、3 三个待测水准点，并用木桩在地面标定出来，即组成了闭合水准路线 $BM_1 \rightarrow 1 \rightarrow 2 \rightarrow 3 \rightarrow BM_1$。该路线有四个测段，分别为：$BM_1 \rightarrow 1$、$1 \rightarrow 2$、$2 \rightarrow 3$、$3 \rightarrow BM_1$。现采用四等水准测量进行该水准路线的外业观测。

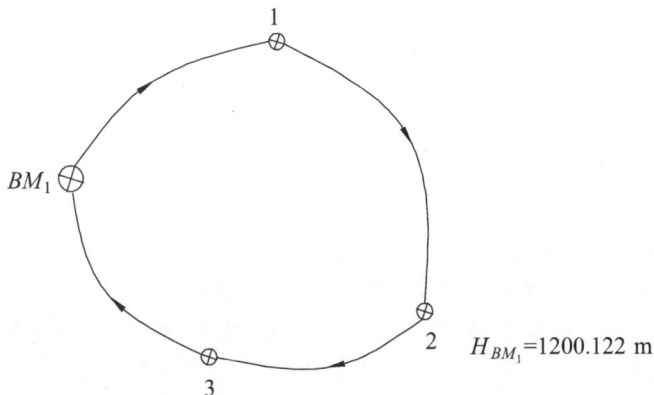

$H_{BM_1}=1200.122\ m$

图 1.34　$BM_1 \rightarrow 1 \rightarrow 2 \rightarrow 3 \rightarrow BM_1$ 水准路线示意

需要的仪器及材料：DS$_3$型水准仪1台，双面水准尺1对，尺垫1对，记录板1个，记录手簿1份。

1.6.2.2 $BM1 \rightarrow 1$ 测段的观测

1. 观测程序和记录方法

为消除尺底因磨损的零点差影响，每测段的测站数应为偶数。

每一测站上，先安置水准仪，概略整平后分别瞄准前后水准尺，估读视距，最大视距不应超过100 m，前后视距差应不超过3 m。如不符合要求需要调整前视点位置或仪器位置。然后按下述步骤进行观测和记录。记录格式如表1.7所示。

（1）照准后视尺黑面，读取上丝（1）、下丝（2）、中丝（3），记录。

（2）照准后视尺红面，读取中丝读数（4），记录。

（3）照准前视尺黑面，读取上丝（5）、下丝（6）、中丝（7），记录。

（4）照准前视尺红面，读取中丝读数（8），记录。

以上观测程序简称为"后—后—前—前"。所有读数以米为单位，读记至毫米位。观测完毕后应立即进行测站的计算与检核，符合要求后方可迁站，不符合要求须重新观测。

2. 测站计算与检核

（1）视距部分。

后视距：（9）=[（1）-（2）]×100。

前视距：（10）=[(5)-(6)]×100。

前后视距差：（11）-（9）-（10），绝对值不应超过3.0 m。

前后视距累积差：（12）=本站（11）+前站（12），绝对值不应超过10.0 m。

（2）高差部分。

后尺黑红面读数差：（13）=K_1+（3）-（4），以毫米为单位，绝对值不应超过3 mm。

前尺黑红面读数差：（14）=K_2+（7）-（8），以毫米为单位，绝对值不应超过3 mm。

K_1、K_2为尺常数，其值为4.687 m或4.787 m

黑面高差：（15）=（3）-（7）。

红面高差：（16）=（4）-（8）。

黑红面高差之差：（17）=（15）-[（16）±0.1]=（13）-（14），以毫米为单位，绝对值不应超过5 mm。

由于两水准尺红面起点读数相差±0.1 m（即4.687m与4.787 m之差），因此红面测得的高差应加上或减去0.1 m才等于实际高差，是加还是减以黑面高差为准来确定。

黑红面高差中数：（18）＝$\{(15)+[(16)\pm0.1]\}/2$，取位至 0.000 1 m。

3. 测段计算与校核

一个测段所有测站的观测、记录、计算、校核全部完成后，立即进行测段的计算与校核。测段计算与校核的项目如下：

（1）视距部分。

测段后距全长：$\sum(9)$。

测段前距全长：$\sum(10)$。

测段视距累积差：$\sum(11)$，检核：$\sum(11)=\sum(9)-\sum(10)=$本测段末站的（12）。

测段全长 L：$L=\sum(9)+\sum(10)$。

（2）高差部分。

测段后尺黑面读数和：$\sum(3)$。

测段后尺红面读数和：$\sum(4)$。

测段前尺黑面读数和：$\sum(7)$。

测段前尺红面读数和：$\sum(8)$。

测段黑面高差：$\sum(15)$，检核：$\sum(15)=\sum(3)-\sum(7)$。

测段红面高差：$\sum(16)$，检核：$\sum(16)=\sum(4)-\sum(8)$。

测段高差中数：$\sum(18)$，检核：

$$\left.\begin{array}{l}\sum(18)=[\sum(15)+\sum(16)]/2（测站数为偶数时）\\[4pt]\sum(18)=\{\sum(15)+[\sum(16)\pm0.1]\}/2（测站数为奇数时）\end{array}\right\}$$

$BM_1\rightarrow1$ 测段观测记录如表 1.7。

1.6.2.3　1→2 测段的观测

1→2 测段观测记录见表 1.8。

1.6.2.4　2→3 测段的观测

2→3 测段观测记录见表 1.9。

1.6.2.5　3→BM_1 测段的观测

3→BM_1 测段观测记录见表 1.10。

表 1.7 四等水准测量观测记录

测自 BM_1 点至 1 点　　　　　天气：　　　　　　日期：

仪器号码：　　　　　　观测者：　　　　　记录者：

测站编号	后尺 上丝／下丝 后距 视距差	前尺 上丝／下丝 前距 累计差	方向及尺号	标尺读数 黑	标尺读数 红	K+黑－红	高差中数	备注
1	1.456(1)	1.556(5)	后 6	1.260(3)	5.946(4)	1(13)		
	1.064(2)	1.160(6)	前 7	1.358(7)	6.147(8)	-2(14)	-0.099 5 (18)	
	39.2(9)	39.6(10)	后－前	-0.098(15)	-0.201(16)	3(17)		
	-0.4(11)	-0.4(12)						
2	1.356	1.398	后 7	1.158	5.946	-1		
	0.96	0.994	前 6	1.196	5.885	-2	-0.038 5	
	39.6	40.4	后－前	-0.038	0.061	1		
	-0.8	-1.2						
3	1.208	0.957	后 6	1.106	5.791	2		
	1.004	0.759	前 7	0.858	5.644	1	0.247 5	
	20.4	19.8	后－前	0.248	0.147	1		
	0.6	-0.6						
4	1.411	0.936	后 7	1.319	6.107	-1		
	1.227	0.762	前 6	0.849	5.536	0	0.470 5	
	18.4	17.4	后－前	0.470	0.571	-1		
	1.0	0.4						
∑				∑(3)=4.843	∑(4)=23.790			
				∑(7)=4.261	∑(8)=23.212		∑(18) =0.580	
	∑(9)=117.6	∑(10)=117.2		∑(15)=0.582	∑(16)=0.578			
	0.4	234.8		[∑(15)+∑(16)]/2=0.580 =∑(18)				

表 1.8　四等水准测量观测记录

测自 1 点至 2 点　　　　　　天气：　　　　　　日期：

仪器号码：　　　　　　观测者：　　　　　　记录者：

测站编号	后尺 上丝 / 下丝	前尺 上丝 / 下丝	方向及尺号	标尺读数		K+黑-红	高差中数	备注
	后距	前距		黑	红			
	视距差	累计差						
1	1.656	1.556	后 6	1.460	6.146	1		
	1.264	1.16	前 7	1.358	6.146	−1	0.101 0	
	39.2	39.6	后−前	0.102	0.000	2		
	−0.4	−0.4						
2	1.456	1.398	后 7	1.249	6.034	2		
	1.042	0.994	前 6	1.196	5.884	−1	0.051 5	
	41.4	40.4	后−前	0.053	0.150	3		
	1.0	0.6						
3	1.256	1.365	后 6	1.140	5.826	1		
	1.023	1.134	前 7	1.250	6.036	1	−0.110 0	
	23.3	23.1	后−前	−0.110	−0.210	0		
	0.2	0.8						
4	1.765	1.398	后 7	1.560	6.345	2		
	1.354	0.994	前 6	1.196	5.884	−1	0.362 0	
	41.1	40.4	后−前	0.364	0.461	3		
	0.7	1.5						
5	1.324	1.435	后 6	1.216	5.902	1		
	1.108	1.214	前 7	1.325	6.113	−1	−0.109 5	
	21.6	22.1	后−前	−0.109	−0.211	2		
	−0.5	1.0						
6	1.645	1.754	后 7	1.482	6.269	0		
	1.318	1.414	前 6	1.584	6.272	−1	−0.103 0	
	32.7	34.0	后−前	−0.103	−0.004	1		
	−1.3	−0.3						
Σ								
							0.192	
	199.3	199.6						
	−0.3	398.9						

036

表 1.9　四等水准测量观测记录

测自 2 点至 3 点　　　　　　　天气：　　　　　　日期：

仪器号码：　　　　　　　观测者：　　　　　　记录者：

测站编号	后尺 上丝 / 下丝	前尺 上丝 / 下丝	方向及尺号	标尺读数		K+黑－红	高差中数	备注
	后距	前距		黑	红			
	视距差	累计差						
1	1.342	1.556	后 6	1.183	5.869	1		
	1.023	1.245	前 7	1.401	6.187	1		
	31.9	31.1	后－前	-0.218	-0.318	0	-0.218 0	
	0.8	0.8						
2	1.356	1.245	后 7	1.199	5.986	0		
	1.042	0.922	前 6	1.084	5.772	-1		
	31.4	32.3	后－前	0.116	0.214	1	0.115 0	
	-0.9	-0.1						
3	1.209	1.365	后 6	1.094	5.780	1		
	0.978	1.134	前 7	1.250	6.036	1		
	23.1	23.1	后－前	-0.156	-0.256	0	-0.156 0	
	0	-0.1						
4	1.345	1.876	后 7	1.190	5.976	1		
	1.034	1.577	前 6	1.727	6.415	-1		
	31.1	29.9	后－前	-0.537	-0.439	2	-0.538 0	
	1.2	1.1						
5	1.894	1.455	后 6	1.719	6.405	1		
	1.543	1.114	前 7	1.285	6.073	-1		
	35.1	34.1	后－前	0.434	0.332	2	0.433 0	
	1.0	2.1						
6	1.345	1.654	后 7	1.234	6.020	1		
	1.123	1.414	前 6	1.534	6.222	-1		
	22.2	24.0	后－前	-0.300	-0.202	2	-0.301 0	
	-1.8	0.3						
Σ								
	174.8	174.5					-0.665	
	0.3	349.3						

表 1.10　四等水准测量观测记录

测自 3 点至 BM_1 点　　　　　　　　天气：　　　　　　　日期：

仪器号码：　　　　　　　　　观测者：　　　　　　　记录者：

测站编号	后尺 上丝 / 下丝 后距 视距差	前尺 上丝 / 下丝 前距 累计差	方向及尺号	标尺读数 黑	标尺读数 红	$K+$黑$-$红	高差中数	备注
1	1.876	1.556	后 6	1.656	6.342	1		
	1.435	1.116	前 7	1.336	6.122	1	0.319 5	
	44.1	44	后－前	0.320	0.220	0		
	0.1	0.1						
2	1.456	1.245	后 7	1.249	6.036	0		
	1.042	0.826	前 6	1.036	5.724	-1	0.213 0	
	41.4	41.9	后－前	0.214	0.312	1		
	-0.5	-0.4						
3	1.186	1.431	后 6	1.032	5.718	1		
	0.878	1.134	前 7	1.283	6.069	1	-0.250 5	
	30.8	29.7	后－前	-0.251	-0.350	0		
	1.1	0.7						
4	1.355	1.766	后 7	1.190	5.976	1		
	1.024	1.427	前 6	1.597	6.285	-1	-0.408 0	
	33.1	33.9	后－前	-0.407	-0.309	2		
	-0.8	-0.1						
Σ								
							-0.126	
	149.4	149.5						
	-0.1	298.9						

1.6.2.6　水准路线的内业数据处理

水准测量外业观测结束后，需进行成果整理及计算。计算前首先检查野外观测手簿是否完整，计算检核是否正确，检查无误之后，计算高差闭合差及进行高差闭合差的调整，然后进行高程计算。

如图 1.35 为通过以上外业观测数据整理出来的观测略图，BM_1 为已知高程的水准点，BM_1 点的高程 $H_{BM1}=1\ 200.112$ m，h_1、h_2、h_3、h_4 为各测段高差观测值；l_1、l_2、l_3、l_4 为各测段测段长度。计算步骤如下：

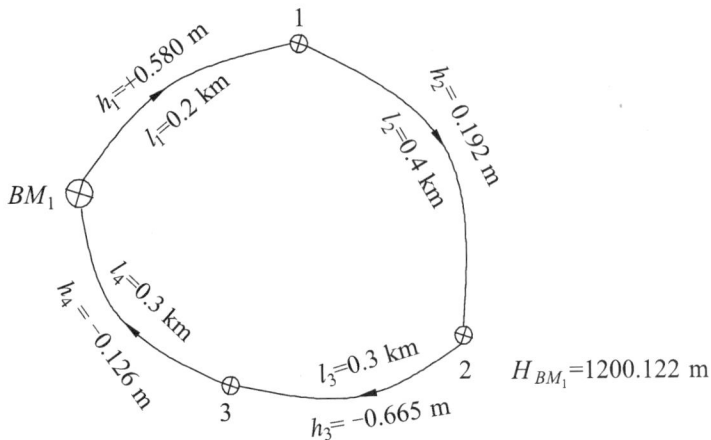

图 1.35　闭合水准路线略图

1. 观测数据和已知数据填写

将图 1.35 中的观测数据（各测段的测站数、实测高差）及已知数据（BM_1 点已知高程），填入表 1.11 相应的栏目内。

2. 高差闭合差计算

$$f_h = \sum h_测 = -0.019\,(\mathrm{m})$$

3. 高差闭合差允许值的计算

设为平地，闭合差的允许值为

$$f_{h允} = \pm 20\sqrt{L}\,(\mathrm{mm}) = \pm 20\sqrt{1.2}\,(\mathrm{mm}) = \pm 21\,(\mathrm{mm})$$

由于 $|f_h| \leqslant |f_{h允}|$，高差闭合差在限差范围内，说明观测成果的精度符合要求。

4. 高差闭合差的调整

按与测段长度成正比的原则，反其符号进行分配，即

$$v_i = -\frac{f_h}{\sum L} \times L_i$$

各测段改正数为

$$v_1 = -\frac{f_h}{\sum L} \times L_1 = -\frac{-0.019}{1.2} \times 0.2 = 0.003\,(\text{m})$$

$$v_2 = -\frac{f_h}{\sum L} \times L_2 = -\frac{-0.019}{1.2} \times 0.4 = 0.006\,(\text{m})$$

$$v_3 = -\frac{f_h}{\sum L} \times L_3 = -\frac{-0.019}{1.2} \times 0.3 = 0.005\,(\text{m})$$

$$v_4 = -\frac{f_h}{\sum L} \times L_4 = -\frac{-0.019}{1.2} \times 0.3 = 0.005\,(\text{m})$$

检核 $\sum v_i = -f_h$

将各测段改正数分别填入表 1.11 中第 5 列内。

表 1.11 水准路线高差闭合差调整与高程计算

测段编号	点名	测段长度	实测高差/m	改正数/m	改正后高差/m	高程/m
1	2	3	4	5	6	7
1	BM_1	0.2	0.580	0.003	0.583	1 200.122
2	1	0.4	0.192	0.006	0.198	1 200.705
3	2	0.3	−0.665	0.005	−0.660	1 200.903
4	3	0.3	−0.126	0.005	−0.121	1 200.243
	BM1					1 200.122
∑		1.2	−0.019	0.019	0	
辅助计算	$f_h = \sum h_{测} = -0.019\,\text{m}$ $f_{h允} = \pm20\sqrt{L}\,(\text{mm}) = \pm20\sqrt{1.2}\,(\text{mm}) = \pm21\,(\text{mm})$ $\|f_h\| \leqslant \|f_{h允}\|$，符合精度要求					

5. 改正后高差的计算

各测段改正后的高差等于实测高差加上相应的改正数，即

$$h_{i改} = h_{测} + v_i$$

改正后的高差记入表 1.11 第 6 列内。

6. 计算待定点高程

根据已知水准点 BM_1 的高程和各测段改正后的高差，依次逐点推算出各点的高程，将推算出的各点高程填入表 1.11 中第 7 列内。最后推算的 BM_1 点高程应等于已知高程，否则说明高程计算有误。

1.7 精密水准测量——二等水准测量

在工程建设中，采用二、三、四等水准测量方法建立高程控制网。二等水准测量称为精密水准测量，水准点标志及标石的埋设应符合相关规范要求。

1.7.1 精密水准测量的仪器和工具

1.7.1.1 科力达 DL07 高精度数字水准仪

1. 基本构造

科力达 DL07 高精度数字水准仪基本构造如图 1.36 所示。

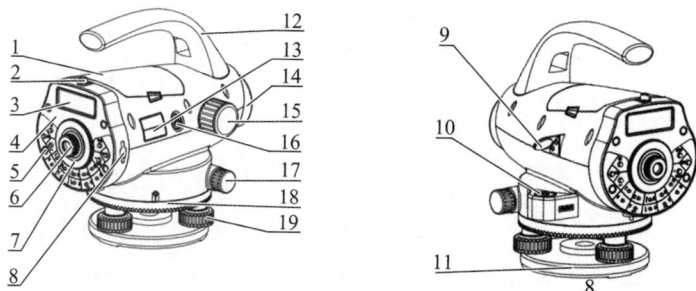

1—电池；2—粗瞄器；3—液晶显示屏；4—面板；5—按键；6—目镜；7—目镜护罩；
8—数据输出插口；9—圆水准器反射镜；10—圆水准器；11—基座；12—提柄；
13—型号标贴；14—物镜；15—调焦手轮；16—电源开关/测量键；
17—水平微动手轮；18—水平度盘；19—脚螺旋。

图 1.36 科力达 DL07 高精度数字水准仪基本构造

2. 操作键及其功能

科力达 DL07 高精度数字水准仪操作键及其功能详见表 1.12。

表 1.12 操作键及其功能列表

键 符	键 名	功 能
POW/MEAS	电源开关/测量键	仪器开关机和用来进行测量 开机：仪器待机时轻按一下；关机：按约 5 秒左右
MENU	菜单键	进入菜单模式，菜单模式有下列选择项：标准测量模式、线路测量模式、检校模式、数据管理和格式化内存/数据卡
DIST	测距键	在测量状态下按此键测量并显示距离
↑↓	选择键	翻页菜单屏幕或数据显示屏幕
→←←	数字移动键	查询数据时的左右翻页或输入状态时左右选择
ENT	确认键	用来确认模式参数或输入显示的数据

键 符	键 名	功 能
ESC	退出键	用来退出菜单模式或任一设置模式,也可作输入数据时的后退清除键
0~9	数字键	用来输入数字
—	标尺倒置模式	用来进行倒置标尺输入,并应预先在测量参数下,将倒置标尺模式设置为"使用"
☀	背光灯开关	打开或关闭背光灯
.	小数点键	数据输入时输入小数点;在可输入字母或符号时,切换大小写字母和符号输入状态
REC	记录键	记录测量数据
SET	设置键	进入设置模式,设置模式是用来设置测量参数、条件参数和仪器参数
SRCH	查询键	用来查询和显示记录的数据
IN/SO	中间点/放样模式键	在连续水准线路测量时,测中间点或放样
MANU	手工输入键	当不能用[MEAS]键进行测量时,可从键盘手工输入数据
REP	重复测量键	在连续水准线路测量时,可用来重测已测过的后视或前视

3. 显示符号

科力达 DL$_{07}$ 高精度数字水准仪显示符号含义见表 1.13。

表 1.13　显示符号含义列表

显示	含 义	显示	含 义
p	表示当前数据已存储	a/b	表示还有另页或菜单,可按[▲][▼]键翻阅,b:总页数,a:当前页
🔋	电池电量指示	Inst Ht	仪器高
BM#	水准点	CP#	转换点
I	标尺倒置		

1.7.1.2　铟钢条码尺、尺垫

铟钢条码尺,也叫铟瓦尺或铟瓦水准标尺,是水准标尺的一种,有 1 m、2 m、3 m 等几种型号,其原理就是用一根铟钢带尺刻划,并按一定条件固定在尺框内。它比一般的水准标尺有更好的特性和更高的精度,如图 1.37 所示。

二等水准测量转点上使用的尺垫重量不能小于 5 kg，如图 1.38 所示。

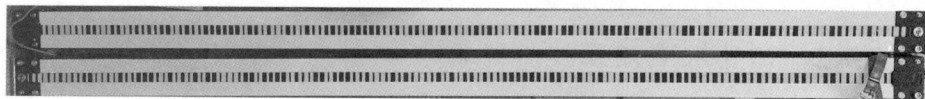

图 1.37　铟钢条码尺

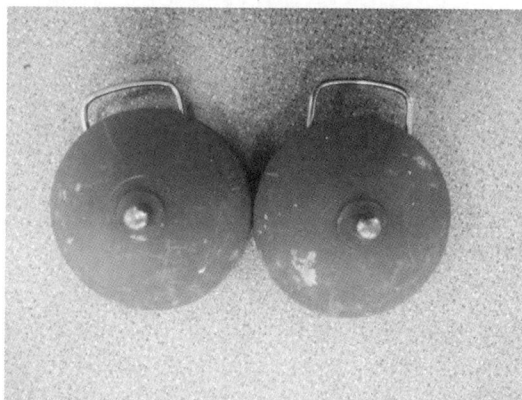

图 1.38　尺垫

1.7.1.3　科力达 DL$_{07}$ 高精度数字水准仪基本使用方法

科力达 DL$_{07}$ 高精度数字水准仪的安置、粗平、照准与 DS$_3$ 自动安平水准仪基本相同，不再赘述，下面主要介绍采用人工记录方式的标准测量程序。

1. 开机

按下右侧开关键（POW/MEAS）开机。

2. 采用人工记录方式的标准测量程序设置

（1）关闭记录模式。

按[SET]键，进入"设置"；

按[↓]键，选择"条件参数"；

按[ENT]键，进入"设置条件参数"；

按[↓]键，选择"数据输出"；

按[ENT]键，进入"设置数据输出"；

按[↑↓]键，选择"OFF"；

按[ENT]键，确认；

按[ESC]键两次，退出"设置"。

在设置好后，以后作业如采用人工记录方式，不需要再进行设置。

（2）数据测量。

按[MENU]键，进入主菜单，选择标准测量模式；

按[ENT]键，确认标准测量模式，选择标准测量；

按[ENT]键，进入标准测量；

按[MEAS]键，开始测量。

1.7.2 二等水准测量技术要求

二等水准测量的主要技术要求见表 1.14。

表 1.14 二等水准测量技术要求（2 m 水准标尺）

视线长度/m	前后视距差/m	前后视距累积差/m	视线高度/m	两次读数所得高差之差/mm	水准仪重复测量次数	测段、环线闭合差/mm
≥3 且 ≤50	≤1.0	≤3.0	≤1.85 且 ≥0.5	≤0.6	≥2 次	$\leqslant 4\sqrt{L}$

注：L 为路线的总长度，以 km 为单位。

1.7.3 二等水准测量外业观测、记录、计算

1.7.3.1 水准路线的布设

如图 1.39 所示，某测区没有已知高程点，为进行测图工作，需进行高程引测，在该测区以外有一个已知水准点 BM_1，点位保存完好，其高程 $H_{BM1}=1\ 088.254$ m，根据已知水准点的情况，拟定采用闭合水准路线进行水准点的加密，根据现场的需要，在地面上选定了 A、B、C 三个待测水准点，并采用相关测量规范埋设标志，即组成了闭合水准路线 $BM_1 \rightarrow A \rightarrow B \rightarrow C \rightarrow BM_1$。该路线有四个测段，分别为：$BM_1 \rightarrow A$、$A \rightarrow B$、$B \rightarrow C$、$C \rightarrow BM_1$。现采用二等水准测量进行该水准路线的外业观测。

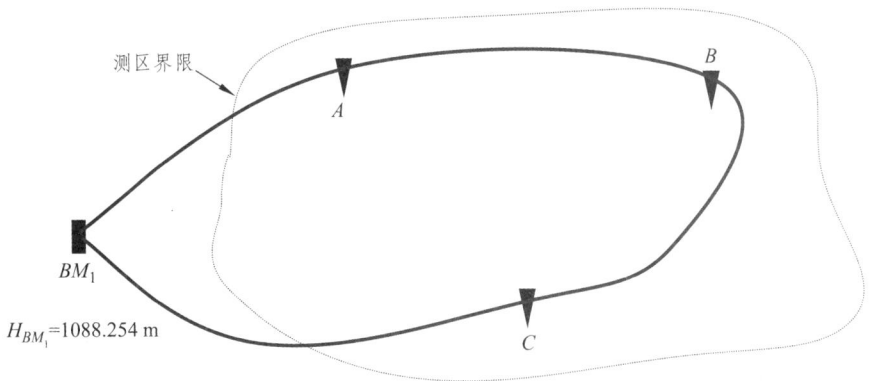

图 1.39 $BM_1 \rightarrow A \rightarrow B \rightarrow C \rightarrow BM_1$ 水准路线示意

需要的仪器及材料：科力达 DL$_{07}$ 数字水准仪 1 台、铟钢条码尺 1 对、5 kg 尺垫 1 对、记录板 1 个、记录手簿 1 份。

1.7.3.2 $BM_1 \rightarrow A$ 测段的观测

如图 1.40 为 $BM_1 \rightarrow A$ 测段外业观测示意，表 1.15 为该测段记录表。

按照奇数测站采用"后—前—前—后"，偶数测站采用"前—后—后—前"的观测程序。

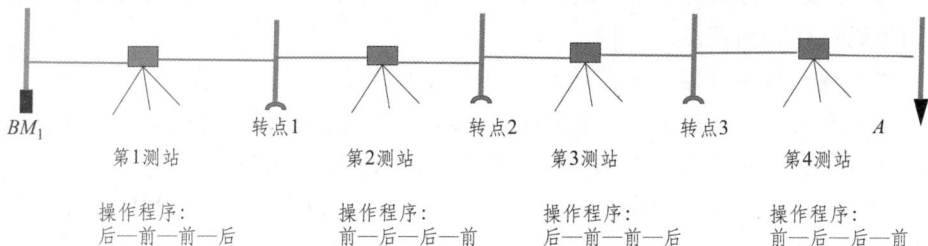

图 1.40　$BM_1 \rightarrow A$ 测段观测示意

1. 第 1 测站（奇数测站）观测程序

（1）在水准点 BM_1 上竖立水准尺，作为后视点。

（2）在路线上适当位置安置水准仪，视线长度满足表 1.14 规范要求，介于 3～50 m，并在路线的前进方向上选择转点 1，在转点处放置尺垫，在尺垫上竖立铟钢条码尺作为前视点。仪器到两水准尺的距离应使用测绳或钢卷尺丈量，前后视距差不应超过 1 m。

（3）观测员将仪器整平，照准后视尺，调焦至水准尺成像清晰，按［MEAS］键，开始测量，读取后距 20.4 m，标尺高差部分第 1 次读数 053 254，记入手簿。

（4）转动水准仪，照准前视尺，调焦至水准尺成像清晰，按［MEAS］键，开始测量，读取前距 19.6 m，标尺高差部分第 1 次读数 172 536，记入手簿。

（5）再按［MEAS］键，开始第 2 次前视尺测量，读取标尺高差部分第 2 次读数 172 536，记入手簿。

（6）转动水准仪，照准后视尺，按［MEAS］键，开始测量，读取标尺高差部分第 2 次读数 053 251，记入手簿。

（7）测站计算。

视距差（5）=（1）–（2），注意视距差不应超过 1 m，超限应重测。

本站的累计差（6）=本站的视距差（5）+前一站的累计差（6），由于这是第 1 测站，前一站的累计差为 0，本站的累计差为 0.8 m。注意累计差不应超过 3 m，超限应重测。

后视点的两次读数之差（7）=（1）–（4）。

前视点的两次读数之差（8）=（2）–（3）。

第 1 次测量高差（10）=（1）–（2）。

第 2 次测量高差（11）=（4）–（3）。

2 次读数所得高差之差（9）=（7）–（8）=（10）–（11），注意两次读数所得高差之差不应超过 0.6 mm。

平均高差（12）=［（10）+（11）］/2。

2. 第 2 测站（偶数测站）观测程序

（1）在路线的前进方向上选择转点 2，在转点处放置尺垫，在尺垫上竖立钢钢条码尺作为前视点。

（2）观测员将仪器安置在转点 1 和转点 2 中间，注意视距差不超过 1 m，整平，照准前视尺，调焦至水准尺成像清晰，按［MEAS］键，开始测量，读取前距 21.0 m，标尺高差部分第 1 次读数 175 421，记入手簿。

（3）转动水准仪，照准后视尺，调焦至水准尺成像清晰，按［MEAS］键，开始测量，读取后距 20.9 m，标尺高差部分第 1 次读数 075693，记入手簿。

（4）再按［MEAS］键，开始第 2 次后视尺测量，读取标尺高差部分第 2 次读数 075 691，记入手簿。

（5）转动水准仪，照准前视尺，按［MEAS］键，开始测量，读取标尺高差部分第 2 次读数 175 417，记入手簿。

（6）测站计算。

与第 1 测站计算相同，不再赘述。

3. 进行测段观测

按照奇数测站采用"后—前—前—后"，偶数测站采用"前—后—后—前"的观测程序，进行后面测站的观测，注意每测段偶数站到达。

4. 检核计算

本测段进行了 4 个测站的观测，观测完成之后，应进行总后距 $\sum_{后距}$、总前距 $\sum_{前距}$、测段总高差 $\sum h$ 的计算。

$$总后距 \sum_{后距} = 84.7$$

$$总前距 \sum_{前距} = 84.0$$

$$\sum h = -4.117\ 81$$

$\sum_{后距} - \sum_{前距} = 0.7$，这个值应该等于最末站的累计差，如果不等，表示计算有错误。

ⓘ 注　意

（1）在已知点和待测点上立尺时，不能放置尺垫。

（2）水准尺应竖直。

（3）当观测人员未迁站之前，后视转点尺垫不能移动。

（4）记录、计算字迹工整，读错、记错的数据应用单横线划去，将正确数据记在其上方，另外，特别注意估读位不能涂改、不能就字改字、不能连环涂改。

表 1.15　二等水准测量记录

测站	后距	前距	方向 及尺号	标尺读数		两次读数 之差	备注
	视距差	累计差		第一次读数	第二次读数		
1	20.4（1）	19.6（2）	后 BM_1	053 254（1）	053 251（4）	3（7）	
			前	172 536（2）	172 536（3）	0（8）	
	0.8（5）	0.8（6）	后−前	−1.192 82（10）	−1.192 85（11）	3（9）	
			h	−1.192 84（12）			
2	20.9（2）	21.0（1）	后	075 693（2）	075 691（3）	2	
			前	175 421（1）	175 417（4）	4	
	−0.1	0.7	后−前	−0.997 28	−0.997 26	−2	
			h	−0.997 27			
3	21.0	20.9	后	075 362	075 358	4	
			前	175 241	175 233	8	
	0.1	0.8	后−前	−0.998 79	−0.998 75	−4	
			h	−0.998 77			
4	22.4	22.5	后	085 632	085 625	7	
			前 A	178 524	178 519	5	
	−0.1	0.7	后−前	−0.928 92	−0.928 94	2	
			h	−0.928 93			
Σ	84.7	84.0	后				
			前				
	0.7		后−前				
			h	−4.117 81			

1.7.3.3　观测 $A \to B$ 测段

$A \to B$ 测段观测方法、记录方法与第 1 测段相同,不再赘述,记录见表 1.16。

表 1.16　二等水准测量记录

测站	后距	前距	方向 及尺号	标尺读数		两次读数 之差	备注
	视距差	累计差		第一次读数	第二次读数		
1	19.8	20.0	后 A	148 228	148 201	27	
			前	169 615	169 606	9	
	−0.2	−0.2	后−前	−0.213 87	−0.214 05	18	
			h	−0.213 96			
2	20.9	20.2	后	107 522	107 532	−10	
			前	126 269	126 238	31	
	0.7	0.5	后−前	−0.187 47	−0.187 06	−41	
			h	−0.187 27			

测站	后距 视距差	前距 累计差	方向 及尺号	标尺读数 第一次读数	标尺读数 第二次读数	两次读数 之差	备注
3	13.2	12.9	后	169 049	169 015	34	
			前	056 222	056 216	6	
	0.3	0.8	后-前	1.128 27	1.127 99	28	
			h	1.128 13			
4	10.0	9.9	后	159 712	159 711	1	
			前	061 272	0612 41	31	
	0.1	0.9	后-前	0.984 40	0.984 70	−30	
			h	0.984 55			
5	10.0	9.9	后	174 715	174 695	20	
			前	051 281	051 295	−14	
	0.1	1.0	后-前	1.234 34	1.234 00	34	
			h	1.234 17			
6	4.8	5.1	后	163 480	163 471	9	
			前 B	098 078	098 068	10	
	−0.3	0.7	后-前	0.654 02	0.654 03	−1	
			h	0.654 03			
Σ	78.7	78.0	后				
			前				
	0.7		后-前				
			h	3.599 65			

1.7.3.4 观测 $B \rightarrow C$ 测段

$B \rightarrow C$ 测段记录见表 1.17。

表 1.17 二等水准测量记录

测站	后距 视距差	前距 累计差	方向及尺号	标尺读数 第一次读数	标尺读数 第二次读数	两次读数 之差	备注
1	35.0	35.2	后 B	161 193	161 178	15	
			前	107 988	107 996	−8	
	−0.2	−0.2	后-前	0.532 05	0.531 82	23	
			h	0.531 94			
2	45.6	45.3	后	170 038	170 025	13	
			前	085 108	085 132	−24	
	0.3	0.1	后-前	0.849 3	0.848 93	37	
			h	0.849 12			

续表

测站	后距 视距差	前距 累计差	方向及 尺号	标尺读数 第一次读数	标尺读数 第二次读数	两次读数 之差	备注
3	23.6	23.8	后	174 475	174 472	3	
			前	083 710	083 704	6	
	−0.2	−0.1	后−前	0.907 65	0.907 68	−3	
			h	0.907 67			
4	35.6	35.9	后	154 431	154 413	18	
			前	111 605	111 612	−7	
	−0.3	−0.4	后−前	0.428 26	0.428 01	25	
			h	0.428 14			
5	24.5	24.6	后	163 085	163 086	−1	
			前	094 095	094 088	7	
	−0.1	−0.5	后−前	0.689 9	0.689 98	−8	
			h	0.689 94			
6	40.2	40.0	后	166 641	166 651	−10	
			前 C	088 050	088 046	4	
	0.2	−0.3	后−前	0.785 91	0.786 05	−14	
			h	0.785 98			
Σ	204.5	204.8	后				
			前				
	−0.3		后−前				
			h	4.192 77			

1.7.3.5 观测 $C{\rightarrow}BM_1$ 测段

$C{\rightarrow}BM_1$ 测段记录见表 1.18。

表 1.18 二等水准测量记录

测站	后距 视距差	前距 累计差	方向及 尺号	标尺读数 第一次读数	标尺读数 第二次读数	两次读数 之差	备注
1	43.0	43.2	后 C	063 522	063 519	3	
			前	172 536	172 536	0	
	−0.2	−0.2	后−前	−1.090 14	−1.090 17	3	
			h	−1.090 16			
2	36.5	36.2	后	089 325	089 320	5	
			前	100 056	100 050	6	
	0.3	0.1	后−前	−0.107 31	−0.107 30	−1	
			h	−0.107 31			

续表

测站	后距 视距差	前距 累计差	方向及尺号	标尺读数 第一次读数	标尺读数 第二次读数	两次读数之差	备注
3	45.3	45.2	后	063 844	063 837	7	
			前	182 365	182 356	9	
	0.1	0.2	后－前	－1.185 21	－1.185 19	－2	
			h	－1.185 20			
4	42.9	43.0	后	053 654	053 657	－3	
			前 BM_1	182 635	182 644	－9	
	－0.1	0.1	后－前	－1.289 81	－1.289 87	6	
			h	－1.289 84			
Σ	167.7	167.6	后				
			前				
	0.1		后－前				
			h	－3.672 50			

1.7.3.6　水准路线的内业数据处理

水准测量外业观测结束后，需进行成果整理及计算。计算前首先检查野外观测手簿是否完整，计算检核是否正确，检查无误之后，计算高差闭合差及进行高差闭合差的调整，然后进行高程计算。

如图 1.41 为通过以上外业观测数据整理出来的观测略图，BM_1 为已知高程的水准点，其高程 H_{BM1}=1 088.254 m。高差闭合差调整与高程计算见表 1.19。

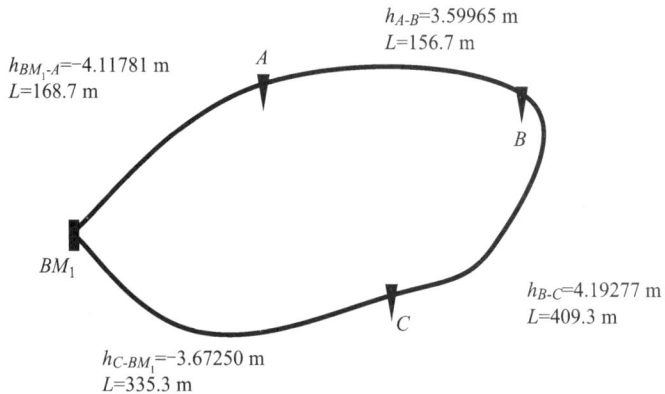

$h_{A\text{-}B}$=3.59965 m
L=156.7 m

$h_{BM_1\text{-}A}$=－4.11781 m
L=168.7 m

$h_{B\text{-}C}$=4.19277 m
L=409.3 m

$h_{C\text{-}BM_1}$=－3.67250 m
L=335.3 m

图 1.41　闭合水准路线略图

表 1.19 水准路线高差闭合差调整与高程计算

测段编号	点名	测段长度/km	实测高差/m	改正数/m	改正后高差/m	高程/m
1	2	3	4	5	6	7
1	BM_1	0.168 7	-4.117 81	-0.000 33	-4.118 14	1 088.254
2	A	0.156 7	3.599 65	-0.000 31	3.599 34	1 084.136
3	B	0.409 3	4.192 77	-0.000 81	4.191 96	1 087.735
4	C	0.335 3	-3.672 50	-0.000 66	-3.673 16	1 091.927
Σ	BM_1	1.070 0	0.002 11	-0.002 11	0.000 00	1 088.254
辅助计算	$f_h = \sum h_测 = +0.002\,11\,\mathrm{m}$ $f_{h允} = \pm 4\sqrt{L}\,(\mathrm{mm}) = \pm 4\sqrt{1.07}\,(\mathrm{mm}) = \pm 4.13\,(\mathrm{mm})$ $\lvert f_h \rvert < \lvert f_{h允} \rvert$，符合精度要求					

项目二　导线测量

【学习内容及教学目标】

通过本项目学习，理解水平角、竖直角、天顶距的基本概念，掌握电子经纬仪、全站仪的使用方法，掌握水平角、竖直角测量的基本方法，掌握全站仪的检验与校正的基本方法，了解角度测量的主要误差来源及消减方法。掌握钢尺量距的一般方法，掌握全站仪光电测距的基本原理及施测方法，掌握直线定向的基本概念，掌握坐标正反算的方法。

【能力培养目标】

1. 具有正确使用电子经纬仪、全站仪的能力。
2. 具有测回法、方向观测法测量水平角的能力。
3. 具有距离测量能力。
4. 具有导线初始定向能力。
5. 具有导线测量外业工作能力。
6. 具有导线内业坐标计算能力。

【思政目标】

1. 培养学生严谨细微、实事求是的工作作风；良好的职业道德意识及敬业爱岗精神；诚实守信，乐于奉献的人格素质；团结协作，互相帮助的团队意识。

2. 培养学生认真、执着的职业发展定力，具有测绘工程项目的组织、管理能力，具有组织协调、控制和领导工程活动的领导潜力。

3. 培养学生具有"爱岗敬业、奉献测绘；维护版图、保守秘密；严谨求实、质量第一；崇尚科学、开拓创新；服务用户、诚信为本；遵纪守法、团结协作"的测绘职业道德规范意识。

4. 依托"牢记历史，砥砺前行"主题文化活动，引导学生了解日本的侵华行动始于非法测绘，从 1872 年日本间谍池上四郎潜入中国东北地区进行秘密侦查开始到 1945 日本战败为止，日本都没有放弃对中国的非法测绘行为。并介绍近年外国人来华进行非法测绘的案例，让学生牢记历史，知道国弱就要挨打的教训，虽然祖国历经磨难，但在中国共产党的领导下，全国各族人民克服困难，勇敢地走到现在，走向未来，努力建设我们的美丽国家。

【工程测量工岗位目标】

1. 能进行工程规划设计过程及施工过程中的平面控制测量外业工作。
2. 能进行图根导线的近似平差计算工作。

2.1　角度测量

2.1.1　水平角、竖直角、天顶距的基本概念

在测量工作中，为了确定点的平面位置和高程，需要测量两种不同意义的角度，即水平角和竖直角（或天顶距）。

1. 水平角及其测量原理

由一点到两个目标的方向线垂直投影在水平面上所成的角，称为水平角。水平角一般用 β 表示。如图 2.1 所示，由地面点 A 到 B、C 两个目标的方向线 AB 和 AC，在水平面上的投影为 ab 和 ac，其夹角 β 即为水平角。

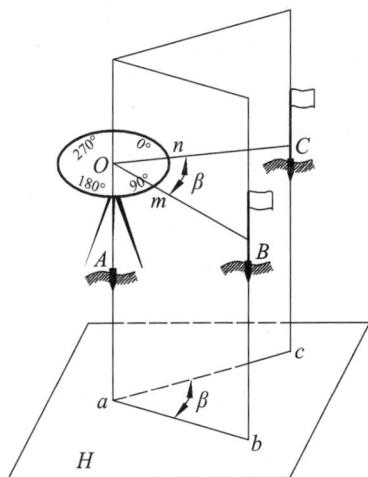

图 2.1　水平角测量原理

水平角的大小与地面点的高程无关。

若在任一点 O 水平地放置一个刻度盘，使度盘中心位于 Aa 铅垂线，再用一个既能在竖直面内转动，又能绕铅垂线水平转动的望远镜，去照准目标 B 和 C，则可将直线 AB 和 AC 投影到度盘上，截得相应的读数 n 和 m，如果度盘刻划的注记形式是按顺时针方向由 0°递增到 360°，则 AB 和 AC 两方向线间的水平角即为

$$\beta = m - n \tag{2.1}$$

2. 竖直角及其测量原理

如图 2.2 所示，在同一竖直面内，目标方向线与水平线的夹角，称为竖直角，用 α 表示。当视线仰倾时，α 取正值，如图 2.2（a）所示；视线俯倾时，α 取负值，如图 2.2（b）所示，视线水平时，$\alpha=0°$。竖直角的取值范围为 0°~±90°。

为了测得竖直角，必须安置一个竖直度盘，得到水平线和望远镜照准目标时的方向线在竖盘上读数，两读数之差即为观测的竖直角。

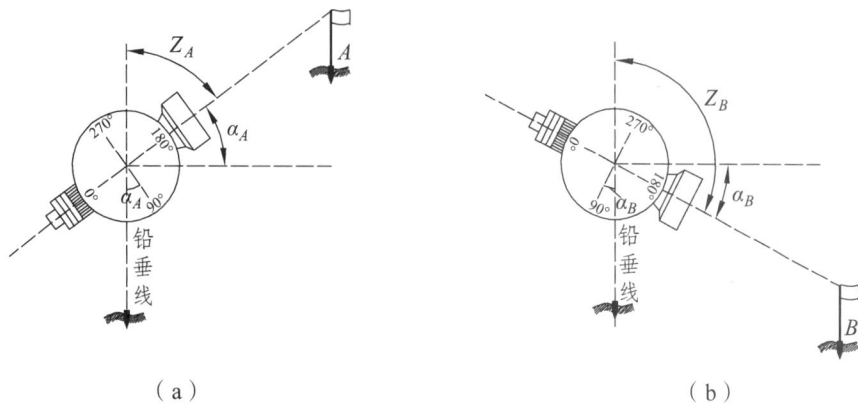

（a）　　　　　　　　　　　　　　（b）

图 2.2　竖直角测量原理

天顶距，即目标方向线与天顶方向（即铅垂线的反方向）的夹角，称为天顶距，一般用符号 Z 表示。

天顶距和竖直角有如下关系：

$$\alpha = 90° - Z \tag{2.2}$$

2.1.2　全站型电子速测仪简介

全站型电子速测仪（简称全站仪）是集测角、测距、自动记录于一体的仪器。它由光电测距仪、电子经纬仪、数据自动记录装置三大部分组成。

2.1.2.1　苏一光 RTS110 系列全站仪的构造及显示

1. 基本构造

基本构造如图 2.3 所示，按键功能见表 2.1。

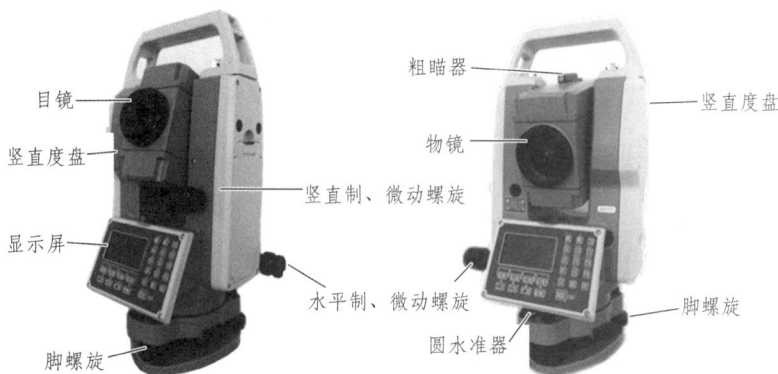

图 2.3　苏一光 RTS110 系列全站仪外部结构

表 2.1 按键功能说明一览

序号	按键	第一功能	第二功能
1	F1～F4（软键）	对应每一页显示的功能	
2	0～9	输入相应的数字	输入字母及特殊符号
3	ESC	退出各种菜单功能	
4	★	进入快捷设置模式	
5	⏻	电源开/关	
6	MENU	进入仪器主菜单	字符输入时光标左移、内存管理中查看数据上一页
7	ANG	切换至角度测量模式	字符输入时光标右移、内存管理中查看数据下一页
8	◢	切换至平距/斜距测量模式	向前翻页、内存管理中查看上一点数据
9	⤨	切换至坐标测量模式	向后翻页、内存管理中查看下一点数据
10	ENT	确认数据输入	

2. 显示屏

仪器显示符号释义见表 2.2。

仪器显示分测量模式和菜单模式。

表 2.2 显示符号释义

序号	符号	备注	序号	符号	备注
1	VZ	天顶距	9	PT#	点号
2	VH	竖直角	10	ST/BS/SS	测站/后视/碎部点标识
3	V%	坡度	11	Ins.Hi（I.HT）	仪器高
4	HR/HL	顺时针增加/逆时针增加	12	Ref.Hr（R.HT）	棱镜高
5	SD/HD/VD	斜距/平距/高差	13	ID	编码登记号
6	N	北向坐标	14	PCODE	编码
7	E	东向坐标	15	P1/P2/P3	第一/二/三页
8	Z	高程			

（1）测量模式。

测量模式分为角度测量模式、距离测量模式、坐标测量模式。

① 角度测量模式。

角度测量有三页功能菜单，分别为 P1、P2、P3，各功能菜单的下方显示有软键功能标记，软件功能随菜单的不同而不同，如图 2.4 所示。

VZ: 90°10′15″

HR: 134°43′31″

置零　锁定　置盘　P1

（a）P1

VZ: 90°10′15″

HR: 134°43′31″

置零　锁定　置盘　P2

（b）P2

VZ: 90°10′15″

HR: 134°43′31″

置零　锁定　置盘　P3

（c）P3

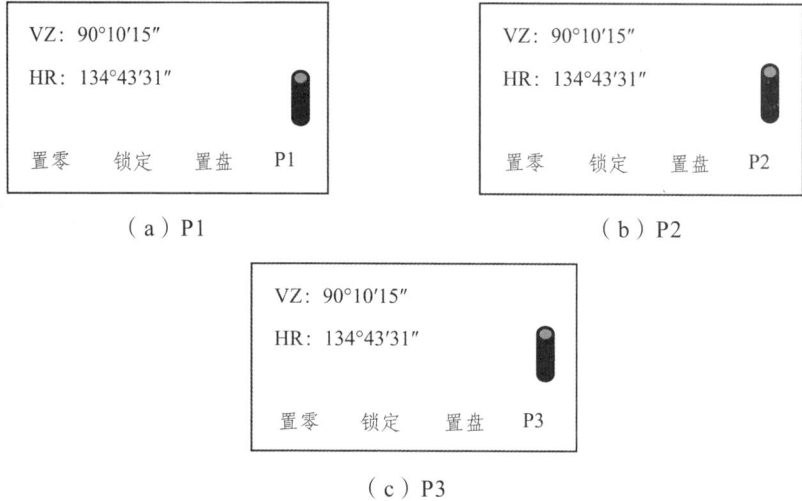

图 2.4　角度测量菜单

角度测量各软件功能键功能解析见表 2.3。

表 2.3　角度测量功能键一览

功能名称	软键	功能
置零	F1	将水平角置为 0°00′00″
锁定	F2	水平角锁定
置盘	F3	将水平度盘读数设置为一个确定的值
补偿	F1	设置补偿器补偿功能开或关
复测	F2	角度重复测量模式
坡度	F3	切换竖直角与百分比坡度的显示
蜂鸣	F1	直角蜂鸣
左右	F2	水平度盘顺/逆时针增加，默认右
竖角	F3	切换天顶距/竖直角显示

② 距离测量模式。

距离测量分为平距测量和斜距测量，使用按键◢进行切换，不管是平距测量还是斜距测量，都有二页功能菜单，分别为 P1、P2，如图 2.5 所示。

VZ: 90°10′15″

HR：134°43′31″

SD：　0.000m

测距　模式　S/A　P1

（a）斜距测量 P1

VZ: 90° 10′ 15″

HR：134° 43′ 31″

SD：　0.000m

偏心　放样　m/f/i　P2

（b）斜距测量 P2

```
HR：134° 43′ 31″
HD：    0.000m
VD：    0.000m
测距  模式  S/A  P1
```

（c）平距测量 P1

```
HR：134° 43′ 31″
HD：    0.000m
VD：    0.000m
偏心  放样  m/f/i  P2
```

（d）平距测量 P2

图 2.5 距离测量菜单

距离测量各软件功能键功能解析见表 2.4。

表 2.4 距离测量功能键一览

功能名称	软键	功能
测距	F1	测定距离并显示结果
模式	F2	设置测距模式：精测、粗测、跟踪测
S/A	F3	设置音响模式
偏心	F1	偏心测量模式
放样	F2	距离放样模式
m/f/i	F3	切换距离显示单位

③坐标测量模式。

坐标测量有三页功能菜单，分别为 P1、P2、P3，如图 2.6 所示。

```
N：132467.765m
E：132489.964m
Z：109.876m
测距  模式  S/A  P1
```

（a）P1

```
N：132467.765m
E：132489.964m
Z：109.876m
镜高  仪高  测站  P2
```

（b）P2

```
N：132467.765m
E：132489.964m
Z：109.876m
偏心  后视  m/f/i  P3
```

（c）P3

图 2.6 坐标测量菜单

坐标测量各软件功能键功能解析见表 2.5。

表 2.5　坐标测量功能键一览

功能名称	软键	功能
测距	F1	启动测量并显示
模式	F2	设置测距模式：精测、粗测、跟踪测
S/A	F3	设置音响模式
镜高	F1	输入棱镜高
仪高	F2	输入仪器高
测站	F3	输入测站点坐标
偏心	F1	偏心测量模式
后视	F2	输入后视点坐标
m/f/i	F3	切换距离显示单位

（2）菜单模式。

按［MENU］键，进入主菜单显示，主菜单有三页功能菜单，分别为 1/3、2/3、3/3，如图 2.7 所示。

```
菜单              1/3          菜单              2/3
F1：数据采集                   F1：程序
F2：放样                       F2：格网因子
F3：存储管理        P          F3：参数组1        P
```

（a）1/3　　　　　　（b）2/3

```
菜单              3/3
F1：对比度调节
F2：通讯模式
F3：SD COPY        P
```

（c）3/3

图 2.7　主菜单

2.1.2.2　反射棱镜与觇牌

与全站仪配套使用的反射棱镜与觇牌如图 2.8 所示，（a）图为三棱镜组，（b）图为觇牌配合单棱镜，（c）图为支架对中杆单棱镜。支架对中杆在低等级控制测量和施工放线测量中应用广泛。在精度要求不高时，还可拆去其两条支架，单独使用一根对中杆，携带和使用更加方便。

棱镜组和觇牌配合单棱镜的安置方法与经纬仪或全站仪相同。安置完成之后，将反光面正对全站仪，如果需要观测高程，则用小钢尺量取棱镜高度，即地面标志到棱镜或觇牌中心的高度。

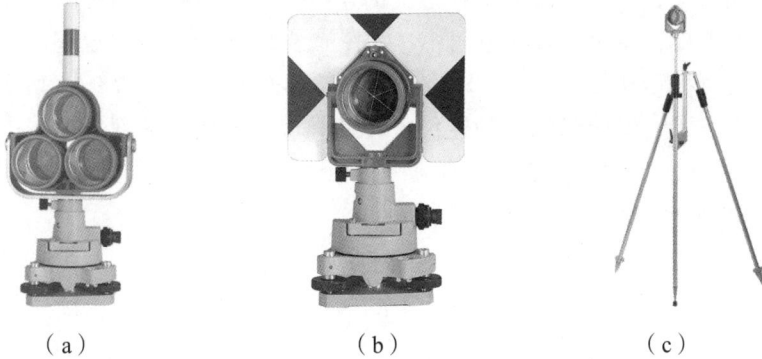

（a）　　　　　　　　（b）　　　　　　　　（c）

图 2.8　全站仪反射棱镜

2.1.3　全站仪进行角度测量的基本使用方法

全站仪进行角度测量，主要包括仪器安置、照准目标、读数或置数三个步骤：

1. 仪器安置

全站仪的安置包括对中和整平两个过程，对中的目的是使仪器中心（或水平度盘中心）与测站点标志中心位于同一铅垂线上；而整平的目的是使仪器竖轴竖直和水平度盘处于水平位置。目前全站仪常采用的对中设备有两种，分别是光学对点器和激光对点器，这两种对中设备的安置方法基本相同。

（1）对中。

仪器安置时首先根据观测者的身高调整三脚架腿的长度，三脚架腿的长度一般以调整到观测人员胸部为适宜，打开三脚架，使架头位于点位的正上方，并使架头大致水平。从仪器箱中取出全站仪，用中心连接螺旋将仪器固连在架头上，调节仪器三个脚螺旋处于大致同高位置。

如果仪器的对中设备为光学对点器，则应调节对中器目镜调焦螺旋，使视场中的照准圈（或十字丝）清晰，调节对中器物镜调焦螺旋，使地面目标清晰。然后固定一条架腿，移动另外两条架腿，使照准圈（或十字丝）大致对准地面点位标志，并踩紧架腿，调节脚螺旋，使照准圈（或十字丝）精确对准地面点位标志。此为采用光学对中器对中。

如果仪器的对中设备为激光对点器，则应首先开启仪器电源键，打开激光对点器，在地面上即可看到一红色光斑，调整仪器使光斑与地面点位标志重合，方法与使用光学对点器相同。

对中误差一般不应大于 1 mm。

（2）整平。

整平时，首先采用升缩脚架的方法使圆水准气泡居中，然后转动仪器照准部，使照准部水准管平行于任意一对脚螺旋的连线，如图 2.9（a）所示，图中水准管平行于①、②两个脚螺旋的连线，然后用两手同时向内或向外转动该两脚螺旋，使水准管气泡居中，如图 2.9（b）所示，注意气泡移动方向与左手大拇指移动方向一致；再将照准部转动 90°，如图 2.9（c）所示，使水准管垂直于①、②两脚螺旋的连线，转动螺旋③，使水准管气泡居中，如图 2.9（d）所示。如此重复进行，直到在这两个方向气泡都居中为止，居中误差一般不得大于一格。

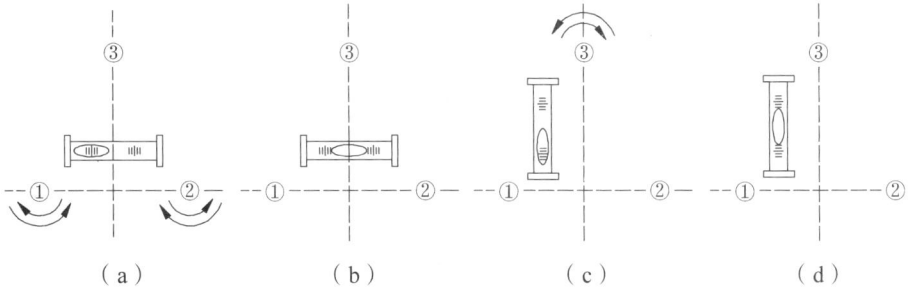

图 2.9　整平

整平后，再检查对中是否偏离，如偏离，则微量松开仪器中心连接螺旋，平移仪器基座，注意不要有旋转运动，使其精确对中，然后拧紧中心连接螺旋，再检查整平是否破坏，如被破坏，则用脚螺旋重新整平，此两项操作应反复进行。

2. 照准

照准是指望远镜十字丝交点精确照准目标。测角时的照准标志，一般有竖立于测点的标杆、测钎、垂球线或觇牌，如图 2.10 所示。

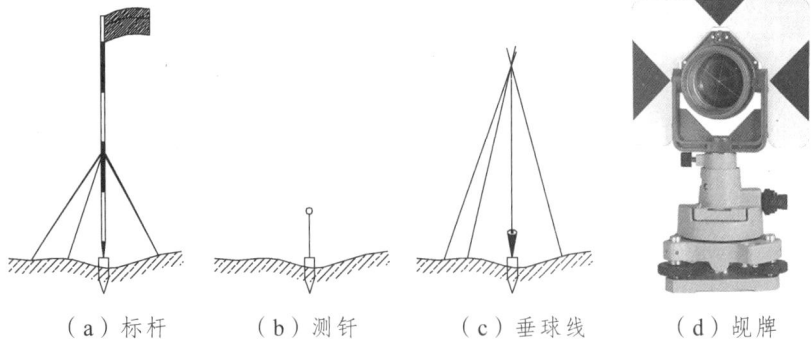

（a）标杆　　　（b）测钎　　　（c）垂球线　　　（d）觇牌

图 2.10　照准标志

望远镜照准目标的操作步骤如下：

（1）目镜对光。

松开望远镜制动螺旋与水平制动螺旋，将望远镜朝向天空或明亮背景，转动目镜调焦螺旋，使十字丝清晰。

（2）照准目标。

采用望远镜上的粗瞄器粗略照准目标，旋紧制动螺旋，转动物镜调焦螺旋使目标清晰，注意消除视差，转动水平微动螺旋和望远镜微动螺旋，精确照准目标。

测水平角时，应使十字丝竖丝精确地照准目标，并尽量照准目标的底部，测竖直角时，应使十字丝的横丝（中丝）精确照准目标，如图 2.11 所示。

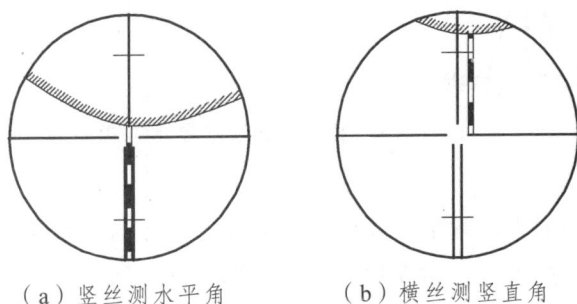

（a）竖丝测水平角　　　　　（b）横丝测竖直角

图 2.11　照准示意图

3．读数或置数

（1）读数。

全站仪照准目标后，其水平度盘读数和竖直度盘读数直接显示在显示窗上，读数时，特别要注意以下内容：

在水平度盘读数显示位置有两种显示方式，一种是顺时针增加角（右），如图 2.12（a）所示，显示窗上一般标注为"HR"；一种是逆时针增加角（左），如图 2.12（b）所示，显示窗上一般标注为"HL"；这两种显示方式可通过功能键"左/右"或相应功能键进行切换。

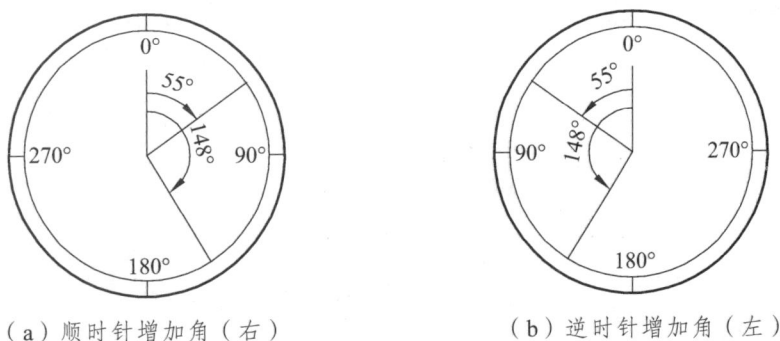

（a）顺时针增加角（右）　　　　　（b）逆时针增加角（左）

图 2.12　水平度盘读数显示方式

在竖直度盘读数显示位置有三种显示方式，一种是显示天顶距；一种是显示竖直角；还有一种是显示坡度。这三种显示方式代表不同的意义。如图 2.13 所示，地面上有 A、B 两点，将仪器安置于 A 点，照准 B 点顶端，其竖直角为 22°，天顶距为 68°，视线坡度为 40.4%。这三种显示方式可通过"竖角""坡度"或相应功能键进行切换。

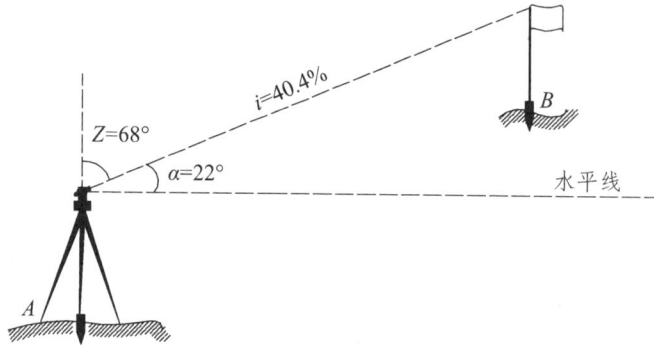

图 2.13　竖直度盘读数显示方式

（2）置数。

在水平角观测中，常常需要使某一方向的读数为一预定值，这项操作称为置数。其操作步骤为：盘左位置精确照准起始方向，使用置零健，即可将起始方向置为 $0°00'00''$，或使用置盘键，输入预定读数，即可将起始方向置为预定读数。另外，还可以使用锁定健，水平度盘读数锁定功能是首先转动照准部，使水平度盘读数为需要的值，按锁定键将该读数锁定，转动照准部，这时水平度盘读数不再变化，照准起始方向，再按锁定键，该方向被置为锁定的读数。

2.1.4　水平角测量

常用的水平角的观测方法有：测回法和全圆测回法。

1. 测回法观测案例

测回法适用于观测两个方向的单角，是水平角观测的基本方法。如图 2.14（a）所示，地面上有三点，现需测定 $\angle AOB$（β_1），将全站仪安置于 O 点，在 A、B 两点上架设照准标志。

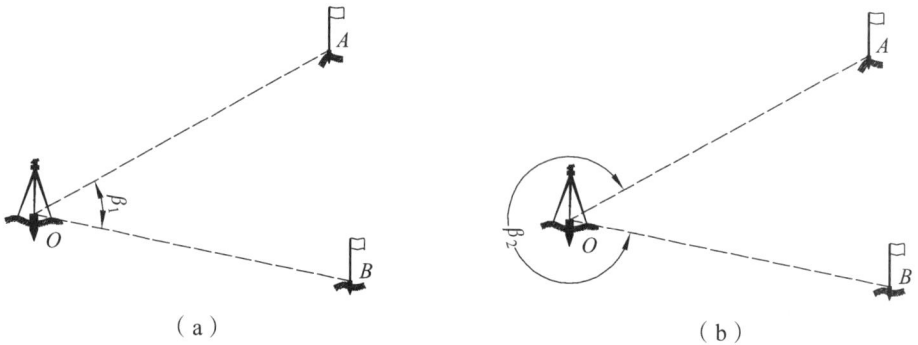

（a）　　　　　　　　　　　　　　　　　（b）

图 2.14　测回法示意

（1）盘左位置（竖盘在望远镜左侧，又称正镜）：

① 照准左侧目标 A，水平度盘置数，略大于 $0°$，读数 $a_{左}$ 记入观测手簿（表

2.6）中；

② 顺时针方向旋转照准部，照准右边目标 B，读取水平度盘读数 $b_左$ 记入手簿；

得上半测回角值：

$$\beta_左 = b_左 - a_左 \tag{2.3}$$

（2）盘右位置（竖盘在望远镜右侧，又称倒镜）：

① 先照准右边目标 B，读取水平度盘读数 $b_右$ 记入手簿；

②逆时针方向转动照准部，照准左边目标 A，读取水平度盘读数 $a_右$ 记入手簿。

得下半测回角值：

$$\beta_右 = b_右 - a_右 \tag{2.4}$$

盘左和盘右两个半测回合称为一测回。规范规定上、下两个半测回所测的水平角之差不应超过±24″。符合规定要求时，两个半测回角值的平均值就是一测回的观测结果，即

$$\beta = \frac{1}{2}(\beta_左 + \beta_右) \tag{2.5}$$

表 2.6　测回法观测记录

测站	测回	竖盘位置	目标	度盘读数 /（° ′ ″）	半测回角值 /（° ′ ″）	一测回角值 /（° ′ ″）	各测回平均角值 /（° ′ ″）
O	1	左	A	0 00 12	45 25 37	45 25 33	45 25 41
		左	B	45 25 49			
		右	A	180 00 09	45 25 29		
		右	B	225 25 38			
	2	左	A	90 01 21	45 25 45	45 25 49	
		左	B	135 27 06			
		右	A	270 01 06	45 25 53		
		右	B	315 26 59			

如图 2.14 所示，在测回法观测时需注意，由于全站仪默认水平度盘是顺时针刻划注记，所以观测时，需要充分认识所观测的角度是（a）图的 β_1 角还是（b）图的 β_2 角，如果需要观测 β_2，应在盘左位置首先照准 B 点置数进行观测，其他步骤与上述步骤相同。

表 2.7 为 β_2 角的观测记录。

计算时，总是采用右目标读数减去左目标读数，如不够减时，加上 360° 再减。

表 2.7　测回法观测记录

测站	测回	竖盘位置	目标	度盘读数 / (° ′ ″)	半测回角值 / (° ′ ″)	一测回角值 / (° ′ ″)	各测回平均角值 / (° ′ ″)
O	1	左	B	0　02　20	314　34　29	314　34　22	314　34　23
		左	A	314　36　49			
		右	B	180　02　09	314　34　15		
		右	A	134　36　24			
	2	左	B	90　02　01	314　34　19	314　34　24	
		左	A	44　36　20			
		右	B	270　02　19	314　34　30		
		右	A	224　36　49			

为了提高测角精度，可以观测多个测回，同时为削弱度盘分划误差的影响，测回间需要变换度盘位置，即各测回起始方向的置数应按 $180°/n$ 递增，n 为测回数。例如：当测回数 $n=2$ 时，各测回的起始方向的读数应等于或稍大于 $0°$ 和 $90°$；当测回数 $n=4$ 时，各测回的起始方向的读数应等于或稍大于 $0°$、$45°$、$90°$ 和 $135°$。

各测回观测角值互差不应超过 $\pm24''$，符合要求时，取各测回平均值作为最后结果。

2. 全圆测回法

观测三个及三个以上的方向时，通常采用全圆测回法，也称方向观测法。

（1）观测方法。

如图 2.15 所示，设在测站 O 上观测 A、B、C、D 各个方向之间的水平角，全圆测回法的操作步骤如下：

①将仪器安置于测站 O 上，对中、整平。

②选与 O 点相对较远、成像清晰的目标 A 作为零方向。

③盘左位置，照准目标 A，置数于略大于 $0°$ 的位置，读数并记入观测手簿（表 2.8）中。

④顺时针方向转动照准部，依次瞄准目标 B、C、D，读取相应的水平读数并记入观测手簿中。

⑤为了检查观测过程中水平度盘是否变动，需要顺时针方向再次瞄准零方向 A 并读取水平度盘的读数，这一步骤称为"归零"。两次零方向读数之差称为半测回归零差。半测回归零差不应大于 $18''$。如果半测回归零差超限，应立即查明原因并重测。

以上③～⑤步为上半测回，上半测回的观测顺序为 $A \rightarrow B \rightarrow C \rightarrow D \rightarrow A$。

⑥倒转望远镜使仪器成盘右位置，逆时针转动照准部，照准零方向 A，读取读数并记入观测手簿中。

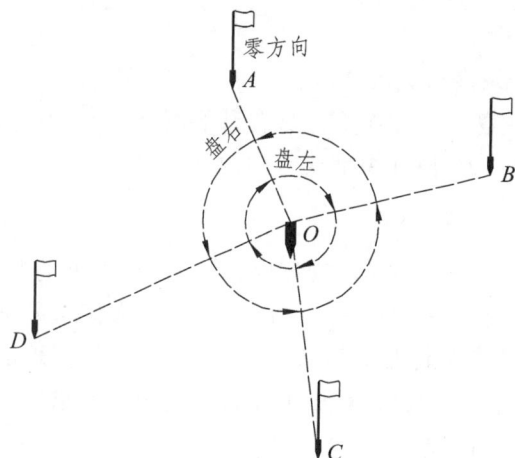

图 2.15　全圆测回法示意

⑦ 逆时针方向转动照准部，依次照准目标 *D*、*C*、*B*，读取相应的读数并记入观测手簿中。

⑧ 再逆时针转动照准部照准零方向 *A*，读取水平度盘读数并计算归零差是否超限，其限差规定同上半测回。

以上⑥ ~ ⑧步为下半测回，下半测回的观测顺序为 *A*→*D*→*C*→*B*→*A*。

上、下半测回合称为一测回。

表 2.8　全圆测回法观测记录表

测站	测回数	目标	水平度盘读数		2*C* /（″）	平均读数 /（°′″）	一测回归零方向值 /（°′″）	各测回平均方向值 /（°′″）	水平角值 /（°′″）
			盘左 /（°′″）	盘右 /（°′″）					
1	2	3	4	5	6	7	8	9	10
O	1	*A*	0 00 06	180 00 18	−12	（0 00 16） 0 00 12	0 00 00	0 00 00	
		B	81 54 06	261 54 00	+06	81 54 03	81 53 47	81 53 52	81 53 52
		C	153 32 48	333 32 48	0	153 32 48	153 32 32	153 32 32	71 38 40
		D	284 06 12	104 06 06	+06	284 06 09	284 05 53	284 06 00	130 33 28
		A	0 00 24	180 00 18	+06	0 00 21			
			Δ左=+18″	Δ左=0″					
	2	*A*	90 00 12	270 00 24	−12	（90 00 21） 90 00 18	0 00 00		
		B	171 54 18	351 54 18	0	171 54 18	81 53 57		
		C	243 32 48	63 33 00	−12	243 32 54	153 32 33		
		D	14 06 24	194 06 30	−06	14 06 27	284 06 06		
		A	90 00 18	270 00 30	−12	90 00 24			
			Δ左=+6″	Δ左=+6″					

（2）记录和计算。

全圆测回法记录表格见表 2.8。

①记录顺序：盘左自上而下，盘右自下而上。

②计算 2C 值：2C 值即视准误差的两倍值。

$$2C=L-(R\pm180°)\qquad(2.6)$$

2C 值本身为一常数。但实际观测中，由于观测误差的产生是不可避免的，各方向 2C 值不可能相等。同一测回中，2C 的最大值与最小值之差称为"2C 互差"。在进行水平角的测量时更多关注 2C 互差。规范规定 J_2 型仪器一测回 2C 互差绝对值不得大于 18″，对于 J_6 型仪器则没有要求。

③计算半测回归零差：

$$\Delta=零方向归零方向值-零方向起始方向值$$

④计算各方向读数的平均值。

取同一方向盘左读数与盘右读数±180°的平均值，作为该方向的平均读数。

$$平均读数=\frac{左+(右\pm180°)}{2}\qquad(2.7)$$

由于起始方向有两个平均读数，应再取其平均值，作为该方向的平均读数。该平均读数记在表 2.8 第 7 列的零方向上，用括号括上该数。

⑤归零方向值的计算。

为了便于以后的计算和比较，把起始方向值改化成 0°00′00″，即把原来的方向值减去零方向括号内的值，公式如下：

$$归零方向值=各方向平均读数-零方向平均读数\qquad(2.8)$$

如果进行多个测回观测，同一方向的各测回观测得到的归零方向值理论上应该是相等，但实际会包含有误差，他们之间的差值称为"同一方向各测回归零值之差"。对于图根级，同一方向各测回归零值之差的较差应不大于 24″。

⑥各测回平均方向值的计算。

当同一方向各测回归零方向值的较差满足限差的情况下，将各测回同一方向的归零方向值取平均值，则得到该方向各测回平均方向值。

⑦水平角计算。

将组成该角的两个方向的方向值相减即可得水平角的角值。

2.1.5 竖直角测量

1. 竖直角观测原理及指标差概念

竖直角测量是采用竖直度盘来进行竖直角的度量，竖盘固定在望远镜横轴的一端，垂直于横轴，竖盘随望远镜的上下转动而转动。现采用顺时针注记度盘为例来说明。如图 2.16 所示,(a)图为盘左时视线水平时的情况,下部箭头代表竖盘读数指标线,此时读数为 90°,当望远镜上仰照准某一目标时,如图(b)所示,此时读数为 L,竖直角则为

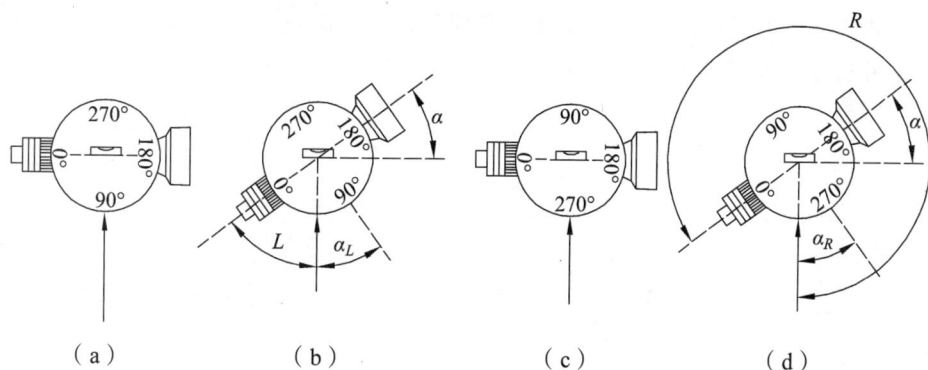

图 2.16　竖直角观测原理示意

$$\alpha_L = 90 - L = \alpha \qquad (2.9)$$

(c)图为盘右时视线水平时的情况,此时读数为 270°当望远镜上仰照准某一目标时,如图(d)所示,此时读数为 R,那竖直角则为

$$\alpha_R = R - 270° = \alpha \qquad (2.10)$$

从上面的叙述可看出,竖直角的观测需要有一个正确的读数指标线,为使读数指标线位于正确的位置,全站仪采用竖盘指标自动归零装置,全站仪发展初期采用单轴补偿器来得到正确的指标线。随着科技的发展,不仅能够补偿经纬仪竖轴倾斜对竖直角的影响,而且也能够补偿竖轴倾斜对水平方向值的影响,这种补偿器称为双轴补偿器。在双轴补偿的基础上,发展到三轴补偿功能,可以补偿竖轴倾斜误差、视准轴误差和横轴误差对水平方向和竖直角的影响。

可见,竖直角观测时,虽然通过指标水准管或补偿器希望读数指标线处于正确位置上,也就是视线水平时盘左读数为 90°,盘右读数为 270°,但实际上,读数指标线与正确位置总是偏离一个小角度 x,如图 2.17 所示,x 称为竖盘指标差。

由于有指标差的影响,从图 2.17(a)可得盘左时的竖直角计算公式为

$$\alpha_L = 90 - L + x \qquad (2.11)$$

从图 2.17(b)可得盘右时的竖直角计算公式为

$$\alpha_R = R - 270° - x \qquad (2.12)$$

将式(2.11)、式(2.12)相加除以 2,得

$$\alpha = \frac{1}{2}(R - L - 180°) \qquad (2.13)$$

将式（2.11）、式（2.12）相减得

$$x = \frac{1}{2}(L + R - 360°) \qquad (2.14)$$

由（2.13）式可以看出，竖直角测量时，采用盘左、盘右观测取平均值可以消除竖盘指标差的影响。

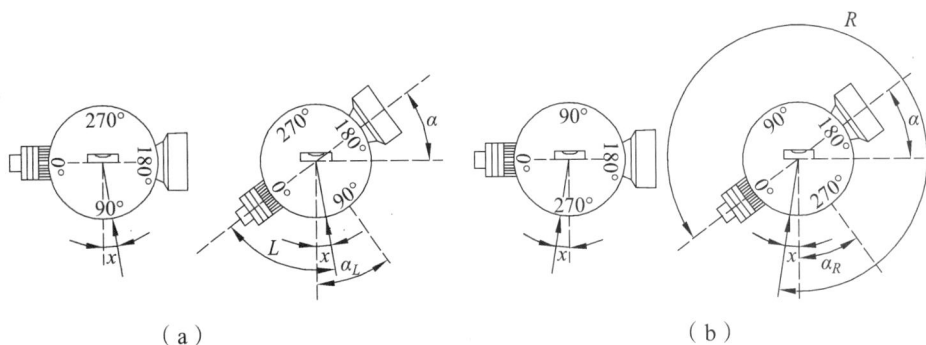

图 2.17　指标差计算示意

2. 竖直角的观测案例

如图 2.18 所示，地面上有 A、B、C 三点，在 A 点安置仪器，B、C 点架设照准标志，用十字丝的中横丝切准目标进行竖直角观测。注意确认全站仪的竖盘显示读数为天顶距，并确认补偿器打开，其操作步骤为

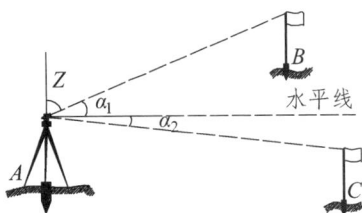

图 2.18　竖直角观测示意图

（1）以正镜中丝照准目标 B，读数 74°18′25″，记录于表 2.9 中，即为上半测回。

（2）以倒镜中丝照准目标 B，读数 285°41′43″，记录，即为下半测回。

表 2.9　竖直角观测记录

测站	目标	盘位	竖盘读数 /(° ′ ″)			半测回竖直角 /(° ′ ″)			指标差 /(″)	一测回角值 /(° ′ ″)		
A	B	盘左	74	18	25	+15	41	35	+4	+15	41	39
		盘右	285	41	43	+15	41	43				
	C	盘左	94	25	25	-4	25	25	+13	-4	25	12
		盘右	265	35	01	-4	24	59				

（3）根据竖直角计算公式计算盘左、盘右半测回竖直角值，计算指标差和一测回角值。记入表中相应栏目中。

（4）限差要求：同一测回中，各方向指标差互差不超过 24″，同一方向各测回竖直角互差不超过 24″。

采用相同步骤可进行 C 点观测、记录、计算，见表 2.9。

2.1.6　全站仪的检验与校正

为了测得正确可靠的水平角和竖直角，使之达到规定的精度标准，作业开始前必须对全站仪进行检验和校正。

2.1.6.1　全站仪应满足的几何条件

在水平角测量中，要求全站仪整平后，望远镜上下转动时视准轴应在同一个竖直面内。如图 2.19 所示，要达到上述要求，全站仪各轴线之间必须满足下列几何条件：

（1）照准部水准管轴垂直于竖轴（$LL \perp VV$）。

（2）十字丝竖丝垂直于横轴（竖丝$\perp HH$）

（3）视准轴垂直于横轴（$CC \perp HH$）。

（4）横轴垂直于竖轴（$HH \perp VV$）。

（5）竖盘指针差应接近于零。

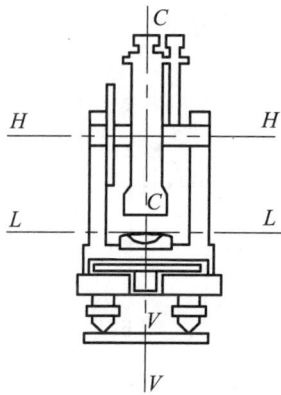

图 2.19　全站仪应满足的几何条件

2.1.6.2　全站仪的检验与校正

全站仪的检校首先应对仪器进行一般检视，即检查螺旋和望远镜转动是否灵活有效；度盘和照准部旋转是否平滑自如；望远镜视场中有无灰尘或霉点；仪器附件是否齐全；等等。

检视完成之后，应对仪器进行如下检校，这是为了满足以上所述的几何条件。

1. 水准管的检验与校正

此项检校的目的是为了满足照准部水准管轴垂直于竖轴。

（1）检验。

先概略整平仪器，使管水准器与任意两个脚螺旋的连线平行，旋转脚螺旋使气泡居中，如图 2.20（a）所示，然后将照准部旋转 180°，若气泡仍居中，如图 2.20（b）所示，表示水准管不需要校正；若气泡发生偏离，如图 2.20（c）所示，表示需要校正。

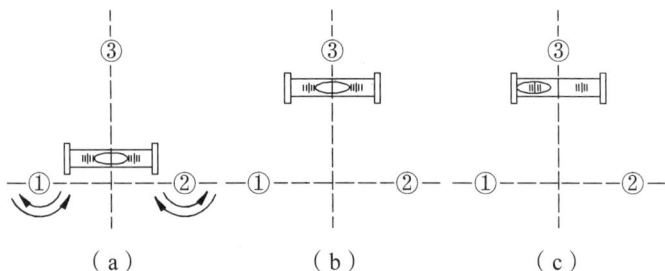

图 2.20　水准管的检验

（2）校正。

如图 2.21（a）所示，气泡的偏离量为 δ，用校正针拨动水准管校正螺丝，使气泡移回偏离值的一半（$\delta/2$），如图 2.21（b）所示，再用脚螺旋使气泡重新居中，如图 2.21（c）所示，此项检校必须反复进行，直到照准部转到任何位置后气泡偏离值不大于 1 格时为止。

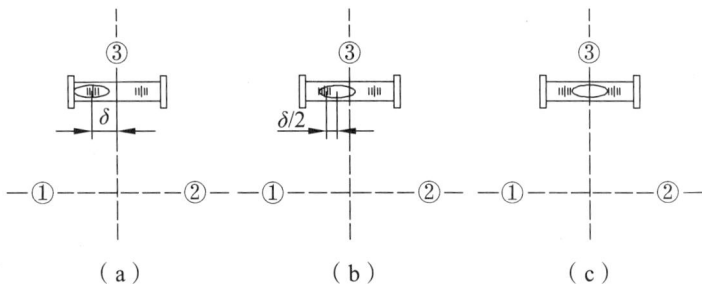

图 2.21　水准管的校正

2. 圆水准器的检验与校正

（1）检验。

用水准管将仪器精确整平，观察仪器圆水准气泡是否居中，如果气泡居中，则无需校正，如果气泡偏离，需要校正。

（2）校正。

用水准管将仪器精确整平，用校正针拨动圆水准器校正螺丝，使气泡居中即可。

3. 望远镜粗瞄准器的检验和校正

（1）检验。

仪器安置在地面上，在距仪器约 50 m 处安放一个十字标志，使仪器望远镜照准十字标志，观察粗瞄器是否也照准十字标志，如果照准，则无需校正，如果偏移，则需调整。

（2）校正。

松开粗瞄器的固定螺丝，调整粗瞄器，使其照准十字标志即可，固紧螺丝。

4. 光学对点器的检验与校正

（1）检验。

仪器安置在地面上，在仪器正下方放置一个十字标志，对中整平，使对点器分划板中心与地面十字标志重合，如图 2.22（a）所示。将仪器转动 180°，观察对点器分划板中心与地面十字标志是否重合，如果重合，则无需校正；如果偏移，如图 2.22（b）所示，则需校正。

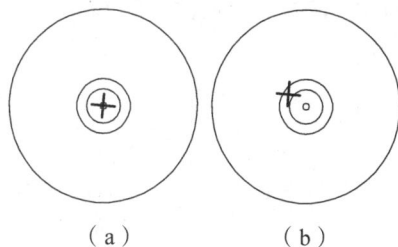

（a）　　　　　　（b）

图 2.22　光学对点器的检验

（2）校正。

如图 2.23（a）所示，十字光标与对点器分划板中心的偏离量为 δ，拧下对点器目镜护盖，用校正针调整校正螺丝，使十字丝标志在分划板上的像向分划板中心移回偏离值的一半（$\delta/2$），如图 2.23（b）所示。然后转动三个脚螺旋，使对点器分划板中心与地面十字标志重合，如图 2.23（c）所示。重复检验、校正，直至转动仪器，十字标志中心与分划板中心始终重合为止。

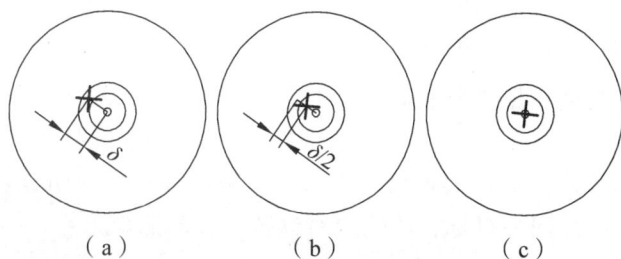

（a）　　　　　　（b）　　　　　　（c）

图 2.23　光学对点器的校正

5. 激光对点器的检验与校正

（1）检验。

仪器安置在地面上，打开激光对点器，调整光斑亮度及大小至合适，在仪器正下方放置一个十字标志，精确对中整平，使光斑与地面十字标志重合。将仪器转动180°，观察光斑与地面十字标志是否重合，如果重合，则无需校正，如果偏移，则需校正。

（2）校正。

拧下对点器目镜护盖，用校正针调整校正螺丝，使激光光斑向地面十字标志移动偏移量的一半，然后转动三个脚螺旋，使激光光斑与地面十字标志重合。重复检验、校正，直至转动仪器，十字标志中心与激光光斑始终重合为止。

6. 十字丝竖丝的检验与校正

此项检校的目的是使十字丝竖丝垂直于横轴。

（1）检验。

如图2.24（a）所示，安置仪器，在距仪器约50 m处设置一点 A，望远镜照准 A 点，转动望远镜微动螺旋，如果目标点 A 沿竖丝移动，不需校正，如图2.24（b）所示；如果目标点 A 不沿竖丝移动，如图2.24（c）所示，需要校正。

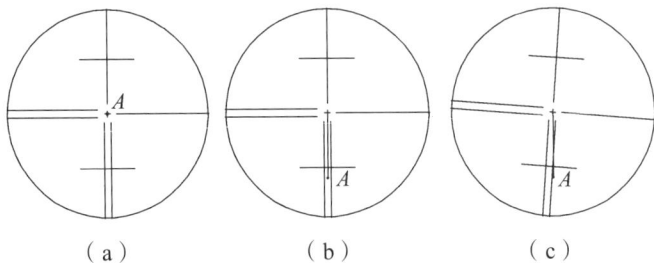

（a）　　　　　　（b）　　　　　　（c）

图2.24　十字丝竖丝的检验

（2）校正。

打开十字丝环护罩，松开校正螺丝，轻轻转动十字丝环，使点 A 与竖丝重合，此项需反复进行，直至上下转动望远镜时点 A 始终不离开竖丝为止。校正结束，拧紧校正螺丝，并旋上护盖。

7. 照准差的检验与校正

此项检校的目的是使视准轴垂直于横轴。

（1）检验。

整平仪器，使望远镜大致水平，盘左精确照准远处一明显目标，读取盘左读数，盘右照准同一目标，读取盘右读数，计算照准差：

$$C=[盘左读数-（盘右读数±180°）]/2$$

若 $C<1'$，则无需校正；若 $C≥1'$，则需校正。

（2）校正。

校正前先算出盘左、盘右的正确读数。

例如，检验时得到盘左读数为 45°12′45″，盘右读数为 225°15′11″，则

$$C=[45°12′45″-（225°15′11″\pm180°）]/2=-1′13″$$

得

盘右正确读数=225°15′11″-1′13″=225°13′58″

转动水平微动螺旋使度盘读数变换到正确读数，此时十字丝竖丝必定偏离目标，旋下十字丝护罩，旋转左右两个校正螺丝，使十字丝水平左右移动，直至精确照准目标，此项检校需反复进行。

8. i 角的检验与校正

此项检校的目的是使横轴垂直于竖轴。

（1）检验。

如图 2.25 所示，在距墙面约 20～30 m 处安置全站仪，在墙上仰角超过 30°的高处设置一明显目标点，盘左照准点 P，固定照准部，然后使望远镜视准轴水平，在墙面上标出照准点 P_1；然后盘右再次照准 P 点，固定照准部，然后使望远镜视准轴水平，在墙面上标出照准点 P_2，则横轴误差 i 的计算公式为

$$i=\frac{P_1P_2}{2D\tan\alpha}\rho \tag{2.15}$$

式中，α 为 P 点的竖直角，通过对 P 点的竖直角观测一测回获得；D 为测站至 P 点的水平距离，i 角误差对于 2″级仪器不应超过 15″，6″级仪器不应超过 20″，如超过需校正。

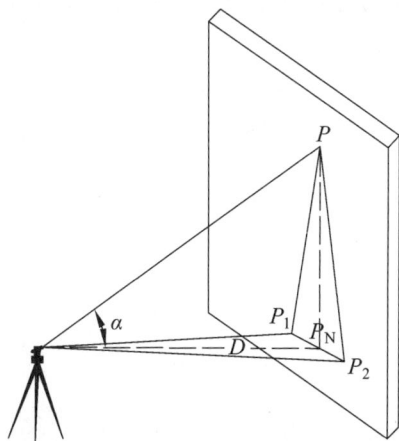

图 2.25　横轴垂直于竖轴的检验

（2）校正。

横轴与竖轴不正交的主要原因是横轴两端支架不等高所致。此项校正一般由专业维修人员进行。

9. 竖盘指标差应接近于零

（1）检验。

仪器安置后，以盘左、盘右位置中丝照准近于水平的明显目标，读取竖盘读数 L 及 R（注意打开自动补偿功能），并计算指标差 x，对于 2″级仪器不应超过 15″，6″级仪器不应超过 1′，如超过需校正。

（2）校正。

全站仪的指标差校正可通过仪器软件校正程序进行，校正方法查阅相应的仪器使用说明书。

2.1.7 角度测量的主要误差来源及消减方法

角度观测误差来源于仪器误差、观测误差和外界条件的影响三个方面。这些误差来源对角度观测精度的影响各不相同。现将其几种主要误差来源介绍如下。

1. 仪器误差

仪器误差主要分为两类。一类是仪器制造加工不完善引起的误差，主要包括度盘分划不均匀误差、照准部和水平度盘偏心差，这一类误差一般很小，并可通过一定的观测方法予以消除，度盘分划不均匀误差可通过测回间变换度盘位置消除，照准部和水平度盘偏心差可通过盘左、盘右观测取平均值的方法消除。另一类是仪器检校不完善引起的误差，如视准轴误差、横轴误差、竖轴误差，其中视准轴误差、横轴误差可通过盘左、盘右观测取平均值的方法消除，竖轴误差不能通过盘左、盘右观测取平均值的方法消除，只能在观测时仔细整平。

竖直角观测中的指标差也属于仪器误差，所以，应该仔细进行指标差的校正，但仍会存在残余误差。这种误差同样也可以用盘左、盘右观测取平均值的方法加以消除。

2. 观测误差

（1）仪器对中误差。

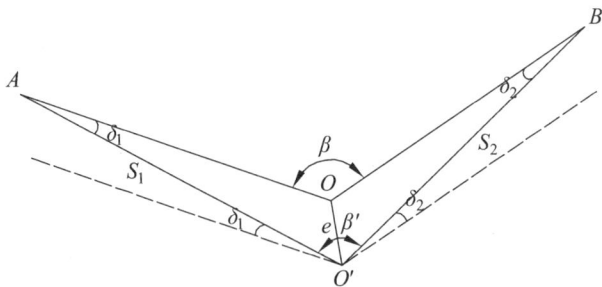

图 2.26 对中误差对水平角的影响

如图 2.26 所示，外业观测∠AOB，由于仪器对中不准确，而使仪器中心偏离至 O'，所以，导致观测的角度实际为∠AO'B。

设∠AOB = β、∠AO'B = β'、偏心距 OO' = e，则对中误差对水平角的影响为

$$\Delta\beta = \beta - \beta' = \delta_1 + \delta_2$$

偏心距 e 相对于 S_1、S_2 来说很微小，所以 δ_1、δ_2 很小，所以可把 e 看成一段圆弧，则

$$\delta_1 = \frac{e}{S_1} \times \rho$$

$$\delta_2 = \frac{e}{S_2} \times \rho$$

$$\Delta\beta = \delta_1 + \delta_2 = e\rho\left(\frac{1}{S_1} + \frac{1}{S_2}\right)$$

由上式可知，对中误差对水平角的影响与偏心距的大小及方向、水平角的大小、测站到目标的距离有关，所以为了减小对中误差的影响，对中偏差不宜太大，当边短时，要特别注意对中。

（2）目标偏心误差。

如图 2.27 所示。外业观测∠AOB，但由于 B 点上的标杆没有竖直，而观测时又照准标杆的上部，或者觇牌对中不完整，致使实际上的照准方向是 OB'方向，该偏心若在照准方向上，对水平角没有影响，在照准方向的垂直方向上偏心，影响最大。

$$\Delta\beta = \beta - \beta' = \frac{e}{S_1} \cdot \rho$$

为了减小目标偏心误差的影响，标杆要尽量竖直，观测时应尽量照准标杆的底部，在边较短时，越要注意将标杆竖直并立在点位中心，标杆直径尽量小一些。

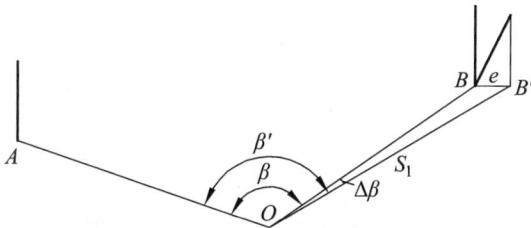

图 2.27 目标偏心对水平角的影响

（3）整平误差。

若照准部水准管检校不完善或仪器安置过程中整平不完善，引起竖轴倾斜，竖轴倾斜误差对水平角的影响，和测站点到目标点的高差成正比，并且不能通过盘左、盘右进行消除，因此，在观测过程中，特别是山区作业时，

应特别注意整平。

（4）照准误差。

在角度观测中，影响照准精度的因素有望远镜放大倍率、物镜孔径等仪器参数、人眼的判断能力、照准目标的形状、大小、颜色、衬托背景、目标影像的亮度和清晰度以及通视情况等，一般认为望远镜放大倍率和人眼的判断能力是影响照准精度的主要因素。另外，观测人员操作不正确、没有很好的消除视差，会产生较大的读数误差，因此，观测时应注意调焦和照准。

3. 外界条件的影响

外界条件的影响主要指各种外界条件的变化对角度观测精度的影响。如大风影响仪器稳定；大气透明度影响照准精度；空气温度变化，太阳的直接暴晒，地面辐射热会引起空气剧烈波动，使目标影像变得模糊甚至飘移；视线贴近地面或通过建筑物旁、接近水面的空间等还会产生不规则的折光；地面坚实与否影响仪器的稳定；等等。这些影响是极其复杂的，要想完全避免是不可能，但大多数与时间有关。因此，在角度观测时应注意选择有利的观测时间，操作要轻稳，尽量缩短观测时间，尽可能避开不利条件，以减少外界条件变化的影响。

2.2 距离测量和直线定向

2.2.1 钢尺量距

地面上两点沿铅垂线方向投影到水平面上的长度就称为水平距离，简称距离。

常用的距离测量方法有钢尺量距、视距测量、光电测距。

2.2.1.1 钢尺量距的工具

1. 丈量用尺

（1）钢卷尺。

如图 2.28 所示，钢卷尺是用宽度约为 10 ~ 15 mm 的薄钢带制成的带状尺，长度有 20 m、30 m、50 m 等几种。根据用途的不同，其分划有如下几种：适用于一般量距的厘米尺；适用于较精密量距的毫米尺。

图 2.28 钢卷尺

钢尺根据零点位置的标记形式的不同，可分为端点尺和刻线尺两种。如图 2.29 所示，端点尺的零点位于拉环的最外端，这种钢尺由于拉环位置容易变形，造成测量精度不高。刻线尺的零点位于尺前端的某一位置，相对于端点尺而言，刻线尺的测量精度较高。

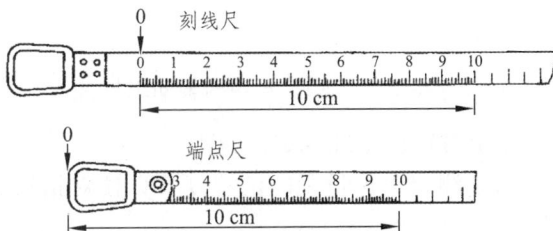

图 2.29 刻线尺与端点尺

（2）皮卷尺。

皮卷尺是用麻布或化纤混织物制成的带状尺，如图 2.30 所示，长度有 20 m、30 m 和 50 m 等，分划多为厘米，尺面上每分米和整米处有数字标记。皮卷尺大多为端点尺，常用在对精度要求不高的量距中。

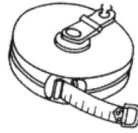

图 2.30　皮卷尺

2. 其他辅助工具

钢尺量距除了钢尺之外，还需要一些辅助工具，用于定位、定线和校正等。常用的辅助工具主要有测钎、花杆、垂球、弹簧秤和温度计等。

（1）花杆：如图 2.31（a）所示，主要由直径约 3 cm，长 2 ~ 3 m 的木材或者合金材料制成，杆身涂有间距 20 cm 的红白相间的油漆。主要用于直线定线。

（2）测钎：如图 2.31（b）所示，主要由长度约 30 ~ 40 cm，直径 5 mm 左右的铁丝磨尖制成，测钎主要用于标记所量尺段的起止点。在实际量距作业中，两个目标点之间的距离有可能会大于钢尺的最大长度，因此要采取分段测量的方式，测钎就是用于标定每个尺段的位置。

（3）垂球：如图 2.31（c）所示，是由金属制成的圆锥体，底部连接挂绳。主要用于在不平坦地面进行量距时，将钢尺的读数端点垂直投影到地面上。

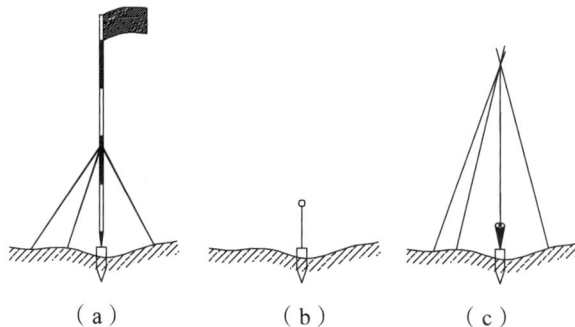

（a）　　　　　（b）　　　　　（c）

图 2.31　钢尺量距的辅助工具

（4）弹簧秤：用于对钢尺施加规定的拉力。

（5）温度计：用于测定钢尺量距时的温度，以便对钢尺丈量的距离施加温度改正。

2.2.1.2　直线定线

当所量距离较长，超过卷尺的最大长度时，往往不能一次量完，此时就要分段进行测量。分段测量时，为了使所测线段不会偏离直线方向，需要在直线方向的地面上设立若干个标记点，这项工作叫作直线定线，直线定线常用目测定线和仪器定线两种方法。

1. 目测定线

如图 2.32 所示，现欲丈量 A、B 两点之间的距离，若 A、B 两点之间互相通视，则可在 A、B 两点之间的直线方向上以一定距离标出 2 个分段点 1、2、点。具体步骤为：先在 A、B 两点上各竖立一根花杆，一名测量者位于 A 点后 $1 \sim 2\,\mathrm{m}$ 处，单眼目测 A、B 杆同侧，构成视线，然后指挥另一测量员左右移动花杆，使之位于 AB 直线上，定出 1 点，再以同样的方法由远到近定出 2 点。

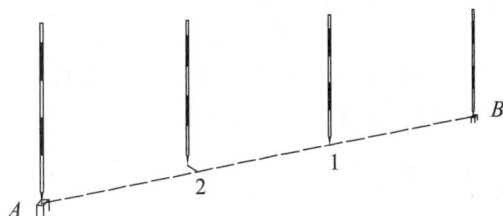

图 2.32　目测定线

2. 仪器定线

如图 2.33 所示。现欲丈量 A、B 两点间的距离，若两点间互相通视，可在 A 点安置全站仪，使望远镜纵丝照准 B 点，随后制动照准部，上下转动望远镜，另一测量员在全站仪使用者的指挥下，左右移动花杆，当花杆影像被纵丝平分时，定下该点。重复此步骤直至定出若干个标定点。

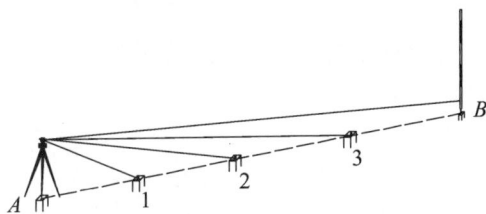

图 2.33　经纬仪定线

2.2.1.3　钢尺量距的一般方法

1. 平坦地面的距离丈量

在平坦的地面上进行量距时，可先进行目测定线，也可一边定线一边丈量。如图 2.34 所示，现欲丈量 A、B 两点间的距离 D，可由后尺手手持钢卷尺将零刻划线对准 A 点，前尺手手持钢卷尺末端，在后尺手的指挥下沿着 AB 直线方向将钢卷尺拉开，直至钢卷尺拉紧、拉平、拉稳后，前尺手在末端刻划线处竖直插下一根测钎，定下 1 点，此时 A 点至 1 点之间的距离就是整段钢卷尺的长度，称为一个整尺段。定下 1 点后，前后尺手持尺前进，待后尺手到达 1 点后，重复第一个步骤，得到第二个整尺段，依此类推直至得到第 n 个整尺段。若最后所剩距离不足一个整尺段的长度，称之为余长，用 q 表示，则 D 可由式（2.16）表示：

$$D = n \cdot l + q \qquad (2.16)$$

式中　n——整尺段数；

l——钢尺长度；

q——余长。

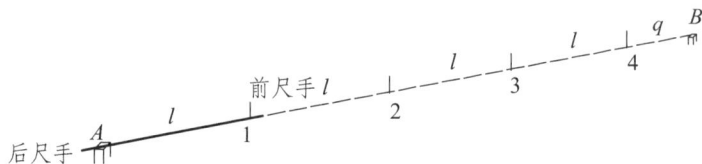

图 2.34 平地量距

为减小误差，在往测结束后，还需要从 B 点开始往 A 方向重新测量，这一步骤称为返测，返测操作程序与往测相同。

2. 倾斜地面的距离丈量

（1）平量法。

平量法适用于地势起伏较小的情况下。如图 2.35（a）所示，将钢尺零刻划线对准 A 点，拉平钢尺，再用垂球将钢尺的某一分划投影到地面上，得到点 1，并插上测钎，记录下分划读数 l_1，然后移动钢尺使其零刻划线对准 1 点，重复第一个步骤，得到点 2，依此类推直至 B 点。则 A、B 两点间的距离 D 可由式（2.17）表示：

$$D = l_1 + l_2 + \cdots + l_n \tag{2.17}$$

平量法需从高点至低点方向丈量两次，若两次丈量的相对误差≤1/1 000，则取其平均值作为最后结果。

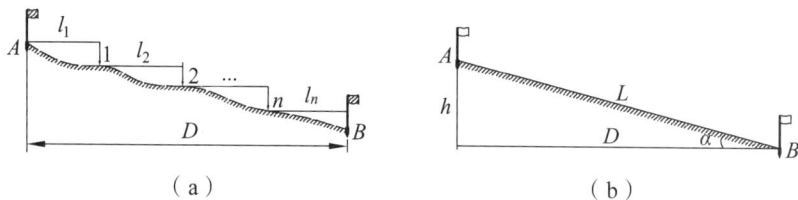

图 2.35 斜坡量距

（2）斜量法。

斜量法适用于坡度均匀时的量距。如图 2.35（b）所示，用钢尺沿着斜坡方向丈量斜距 L，同时测量 AB 两点的高差 h 或斜坡的倾角 α，则 A、B 两点间的距离 D 可由式（2.18）或（2.19）表示：

$$D = \sqrt{L^2 - h^2} \tag{2.18}$$

$$D = L \cdot \cos \alpha \tag{2.19}$$

2.2.1.4　钢尺量距的数据处理及精度评定

通常在进行完某段距离的往返丈量之后，都要对测量数据进行处理，主要涉及的内容是往返较差、相对误差和往返测平均值的计算。

1. 往返较差的计算

往测距离 $D_{往}$ 和返测距离 $D_{返}$，在理论上应该是严格相等的，但是在实际测量中，由于测量误差的存在，它们并不总是相等，而是存在一个差值 Δ，我们称之为往返较差，由下式（2.20）表示：

$$\Delta = D_{往} - D_{返} \tag{2.20}$$

2. 相对误差的计算

往返较差由于是一个绝对值，因此在作为评定测量精度的依据时并不十分严谨。

例如，往返丈量 AB 和 CD 两段距离。AB 段：往测为 1 400.262 m，返测为 1 400.435 m。CD 段：往测为 700.605 m，返测为 700.778 m。

则 AB 段和 CD 段的往返较差分别为：

$$\Delta_{AB} = D_{往} - D_{返} = 1\,400.262 - 1\,400.435 = -0.173\,(\text{m})$$

$$\Delta_{CD} = D_{往} - D_{返} = 700.605 - 700.778 = -0.173\,(\text{m})$$

由上述计算可知，虽然两段测量的往返较差相等，但是对于单位长度的精度来说，二者并不相等，因此，必须制定另一种衡量标准来对测量精度进行评定，即相对误差。相对误差指的是往返较差与观测值的比值，由式（2.21）表示：

$$k = \frac{1}{\dfrac{(D_{往} + D_{返})/2}{|\Delta|}} \tag{2.21}$$

所以，AB、CD 两段距离的相对误差分别为

$$k_{AB} = \frac{1}{\dfrac{(D_{往} + D_{返})/2}{|\Delta|}} = \frac{1}{\dfrac{(1\,400.262 + 1\,400.435)/2}{|-0.173|}} = \frac{1}{8\,095}$$

$$k_{CD} = \frac{1}{\dfrac{(D_{往} + D_{返})/2}{|\Delta|}} = \frac{1}{\dfrac{(700.605 + 700.778)/2}{|-0.173|}} = \frac{1}{4\,050}$$

由上述计算可知，$k_{AB} < k_{CD}$，因此，AB 的丈量精度比 CD 高。

3. 往返测平均值的计算

通过往返较差及相对误差的计算，如果观测成果符合限差要求，平坦地面一般量距的相对误差不得低于 1/2000，就可取其往返测平均值作为观测的结果。则

$$D = \frac{D_{往} + D_{返}}{2} \tag{2.22}$$

2.2.1.5　钢尺量距的误差分析及注意事项

1. 钢尺量距的误差分析

钢尺量距是一种精度较低的丈量方法，存在较多误差，主要来源有以下几种：

（1）尺长误差。

由于生产、运输等环节的影响，钢尺的名义长度往往与实际长度不符，称为尺长误差，而且尺长误差具有累积性，既丈量的距离越长，则尺长误差越大。因此，新购置的钢尺必须先经过鉴定，测出其尺长改正数方可使用。

（2）温度误差。

钢尺材料具有热胀冷缩的性质，因此钢尺的长度会随着温度的变化而变化，当丈量时的环境温度与钢尺检定时的标准温度不一致时，将会产生温度误差，精密量距时需结合温度改正数对数据进行处理。

（3）钢尺倾斜和垂曲误差。

在倾斜地面进行距离丈量的过程中，钢尺常处于悬空状态，如果悬空长度较大，钢尺中部会在重力影响下产生下垂，形成曲线，造成量得的长度比实际长度要大。因此，在这种情况下进行距离测量时，须在尺段悬空部位打托桩托住钢尺，保证钢尺处于水平状态。

（4）定线误差。

钢尺量距时，如果钢尺没有准确地放在所量距离的直线方向上，会造成所量距离结果比实际距离偏大，称之为定线误差。

（5）拉力误差。

在使用钢尺进行丈量时，若施加的拉力与对其检定时所施加的拉力不同的话，将会使钢尺的尺长发生改变，称之为拉力误差。

（6）丈量误差。

丈量误差指的是在丈量作业过程中，读数不准、测钎位置不准等人为因素对丈量结果造成的影响，这种影响可正可负，大小不定，为了减小丈量误差，要求作业人员在丈量过程中要配合协调、对点准确。

2. 钢尺的维护

（1）钢尺容易受到腐蚀、易生锈，在使用之后应及时拭去尺上的泥土和水，涂上机油以防生锈。

（2）丈量过程中，末端尺手应用尺夹夹住钢尺，拉出尺身，不可手握尺盘加力，以免拖出钢尺。

（3）在行人和车辆较多的地方进行量距时，中间要有专人保护，以防止尺身被车辆碾压而折断。

（4）拖拉钢尺时，要使尺身高出地面一定距离，切不可沿着地面拖拉，以免尺身受到磨损造成分划不清晰。

（5）丈量完毕收卷钢尺时，要按照规定方向转动摇柄，切不可强行反转折断尺身。

2.2.2 光电测距

2.2.2.1 电磁波测距技术发展简介

伴随着电子技术的发展，距离测量技术也逐渐进入电子测距的时代。20世纪40年代发明的电磁波测距仪就是一种电子测距仪器，它采用电磁波作为载体对距离进行测量，具有操作简便、精度高、测量范围广、不受地形限制等优点。

2.2.2.2 电磁波测距仪的分类和分级

1. 电磁波测距仪的分类

（1）按照载体信号的传播方法不同，可分为脉冲式测距仪和相位式测距仪。

（2）按照仪器载体的不同，可分为激光测距仪、红外测距仪、微波测距仪。

（3）按照测程的长短不同，可分为短程测距仪（3 km 以内）、中程测距仪（3～15 km）、远程测距仪（15 km 以上）。

微波和激光测距仪多属于远程测距仪，测程可达 60 km，一般用于大地测量；而红外测距仪一般属于中、短程测距仪，用于小地区控制测量、地形测量、地籍测量和工程测量中。

2. 电磁波测距仪的分级

测距仪按测距精度进行分级，测距仪可分为Ⅰ、Ⅱ、Ⅲ、Ⅳ四个等级。

测距仪的测距中误差按式（2.23）表示

$$m_D = \pm(a + b \cdot D) \tag{2.23}$$

式中　a——固定误差，mm；

　　　b——比例误差系数，mm/km；

　　　D——两点间的距离，km。

国家标准《中短程光电测距规范》（GB/T 16818—2008）规定测距仪的分级标准，见表 2.10。

表 2.10　测距仪的精度分级

精度等级	测距标准偏差
Ⅰ	$m_D \leqslant (1+D)$ mm
Ⅱ	$(1+D)$ mm $< m_D \leqslant (3+2D)$ mm
Ⅲ	$(3+2D)$ mm $< m_D \leqslant (5+5D)$ mm
Ⅳ（等外级）	$(5+5D)$ mm $< m_D$

注：D 为测量距离，单位为千米（km）。

2.2.2.3　光电测距的基本原理

如图 2.36（a）所示，欲测定 A、B 两点间的距离 D，安置仪器于 A 点，安置反射棱镜于 B 点。仪器发射的光束由 A 至 B，经反射棱镜反射后又返回到仪器。设光速 c 为已知，如果光束在待测距离 D 上往返传播的时间 t_{2D} 已知，则距离 D 可由式（2.24）求出。

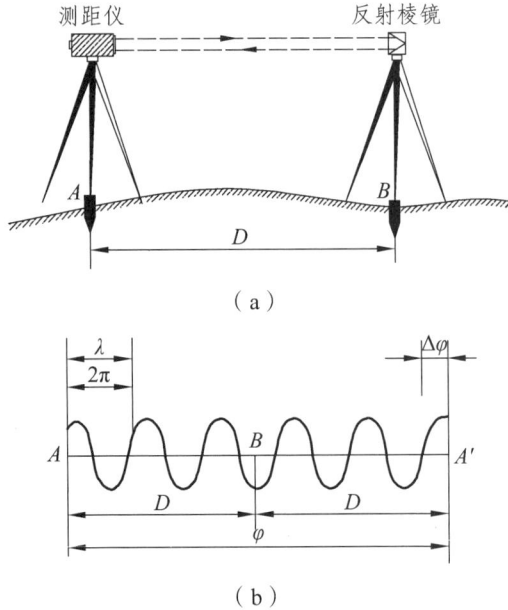

测距仪　　　　　　　　　　　　反射棱镜

（a）

（b）

图 2.36　脉冲式测距和相位式测距

$$D = \frac{1}{2}ct_{2D} \tag{2.24}$$

式中　D——AB 两点的距离，m；

　　　c——电磁波在大气中的传播速度，m/s；

　　　t_{2D}——电磁波往返传播所经历的时间，s。

测定电磁波传播往返时间有以下两种方法：

脉冲式测距：脉冲测距是利用计时装置直接测定光脉冲在待测距离上的往返传播时间，从而求出待测距离。

相位式测距：相位式测距是通过测量调制光在待测距离上往返传播产生的相位变化，从而间接求得待测距离，如图 2.36（b）所示。

2.2.3　直线定向

确定地面直线与基准方向之间的水平夹角称为直线定向。

1. 基准方向及其关系

我国通用的基准方向有真子午线方向、磁子午线方向和坐标纵线方向，也即真北方向、磁北方向和坐标北方向。简称三北方向。

（1）真子午线方向。

通过地面上一点的真子午线的切线方向即为该点的真子午线方向。它可以用天文测量或陀螺经纬仪测定。

（2）磁子午线方向。

通过地面上一点的磁子午线的切线方向即为该点的磁子午线方向。也就是磁针北端所指的方向，可用罗盘仪测定。

（3）坐标纵轴方向。

平面直角坐标系中的纵轴方向，坐标纵轴北端所指的方向为坐标北方向。在高斯平面直角坐标系中，其每一投影带中央子午线的投影为坐标纵轴方向。

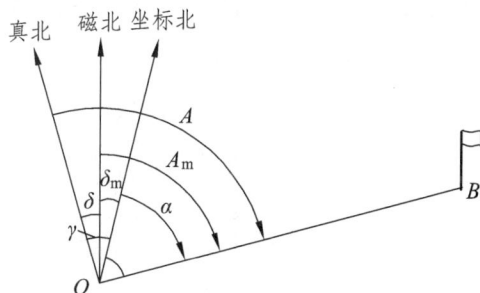

图 2.37　标准方向与方位角

如图 2.37 所示，由于地球的南、北极与地球磁南、北极不重合，因此，地面上某点的真子午线方向和磁子午线方向之间有一夹角，这个夹角称为磁偏角，以 δ 表示。当磁子午线北端在真子午线以东者称东偏，δ 取正值；在真子午线以西者则称西偏，δ 取负值。

地面上各点的磁偏角不是一个定值，它随地理位置不同而异。我国西北地区磁偏角为+6°左右，东北地区磁偏角则为-10°左右。此外，即使在同一地点，时间不同磁偏角也有差异。

地面某点的真子午线方向与坐标纵轴方向之间的夹角，称为子午线收敛角，以 γ 表示。坐标纵轴北端在真子午线以东，γ 取正值；以西，γ 取负值。

地面上某点的坐标纵轴方向与磁子午线方向间的夹角称为磁坐偏角，以 δ_{m} 表示。磁子午线北端在坐标纵轴以东者，δ_{m} 取正值；反之，δ_{m} 取负值。

2. 方位角

以基准方向的北端起，顺时针旋转至某直线的夹角，称为方位角，其取值范围 0°～360°。如图 2.37 所示，以真子午线方向为基准方向的，称为真方位角，用 A 表示；以磁子午线方向为基准方向的，称为磁方位角，用 A_{m} 表示；以坐标纵轴为基准方向的，称为坐标方位角，用 α 表示。

三种方位角之间的关系为

$$A = A_{\mathrm{m}} + \delta \tag{2.25}$$

$$A = \alpha + \gamma \qquad\qquad (2.26)$$

$$\alpha = A_m + \delta - \gamma \qquad\qquad (2.27)$$

3. 象限角

从基本方向的北端或南端起，到某一直线所夹的水平锐角，称为该直线的象限角，用 R 表示，其角值为 $0° \sim 90°$。象限角不但要写出角值，还要在角值之前注明象限名称。如图 2.38 所示，直线 O_1 位于第一象限，象限角为北东 R_1；直线 O_2 位于第二象限，象限角为南东 R_2；直线 O_3 位于第三象限，象限角为南西 R_3；直线 O_4 位于第四象限，象限角为北西 R_4。

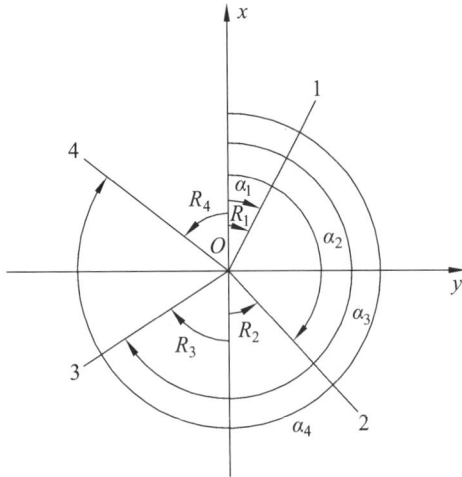

图 2.38　方位角与象限角的关系

4. 方位角与象限角的关系

如图 2.38 所示，方位角与象限角之间可以互相换算，其互换关系见表 2.11。

表 2.11　方位角与象限角的互换关系

象限		根据方位角 α 求象限角 R	根据象限角 R 求方位角 α
编号	名称		
I	北东（NE）	$R = \alpha$	$\alpha = R$
II	南东（SE）	$R = 180° - \alpha$	$\alpha = 180° - R$
III	南西（SW）	$R = \alpha - 180°$	$\alpha = 180° + R$
IV	北西（NW）	$R = 360° - \alpha$	$\alpha = 360° - R$

5. 坐标方位角的推算

（1）正、反坐标方位角。

在测量工作中，把直线的前进方向叫正方向；反之，称为反方向。如图 2.39 所示，A 为直线起点，B 为直线终点，AB 直线的坐标方位角 α_{AB} 称为直线的正坐标方位角，而 BA 直线的坐标方位角 α_{BA} 称为反坐标方位角。正、反坐标方位角的概念是相对的。

由于任何地点的坐标纵轴都是平行的，因此，所有直线的正坐标方位角和它的反坐标方位角均相差 $180°$，即

$$\alpha_{正} = \alpha_{反} \pm 180° \qquad (2.28)$$

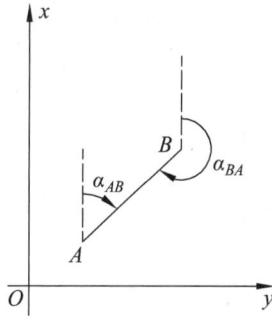

图 2.39　正、反坐标方位角

（2）坐标方位角的推算。

测量工作中并不直接测定每条直线的坐标方位角，而是根据已知方向及相关的水平夹角推算直线的方位角。

如图 2.40 所示，折线 $A \to B \to C \to D$ 所夹的水平角为 β_B、β_C，称为转折角，在推算时，如果选择推算方向为 $AB \to BC \to CD$，那么，水平角 β_B、β_C，位于推算方向的左侧，即为左角。反之则为右角。

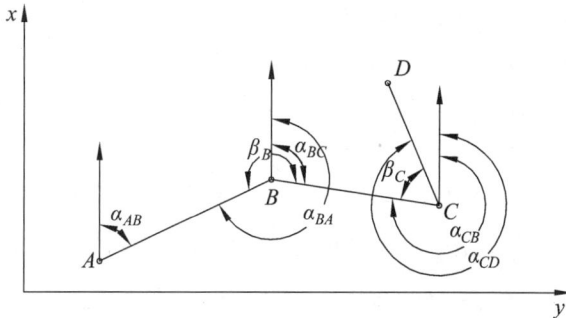

图 2.40　坐标方位角的推算

因　　　　　$\alpha_{BA} = \alpha_{AB} + 180°$

则　　　　　$\alpha_{BC} = \alpha_{BA} + \beta_B - 360° = \alpha_{AB} + \beta_B - 180°$

因　　　　　$\alpha_{CB} = \alpha_{BC} + 180°$

得左角公式

$$\alpha_{前} = \alpha_{后} + \beta_{左} \pm 180° \qquad (2.29)$$

上式中，前两项之和大于 $180°$，则取 "−" 号；前两项之和小于 $180°$，则取 "+" 号。

同理可得右角公式

$$\alpha_{前} = \alpha_{后} - \beta_{右} + 180° \tag{2.30}$$

2.2.4 坐标正反算

1. 坐标正算

已知一点的坐标以及两点间的距离和方位角，求待定点的坐标，称为坐标正算。

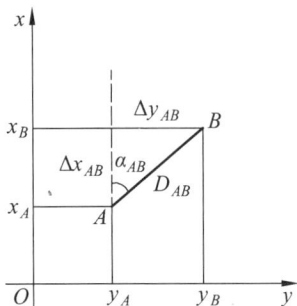

图 2.41 坐标正、反算

如图 2.41 所示，设 A 点的坐标已知，A、B 两点间的水平距离为 D_{AB}，方位角为 α_{AB}，则 B 点的坐标为：

$$x_B = x_A + \Delta x_{AB} = x_A + D_{AB}\cos\alpha_{AB}$$
$$y_B = y_A + \Delta y_{AB} = y_A + D_{AB}\sin\alpha_{AB} \tag{2.31}$$

式中　Δx_{AB}、Δy_{AB} 为纵、横坐标增量。

【例 1】若已知 $D_{AB} = 241.396\,\text{m}$，$\alpha_{AB} = 45°51'22''$，$x_A = 100.00\,\text{m}$，$y_A = 140.00\,\text{m}$。试求 B 点坐标。

【解】$\Delta x_{AB} = D_{AB}\cos\alpha_{AB} = 241.396\,\text{m} \times \cos 45°51'22'' = 168.123\,\text{m}$

$\Delta y_{AB} = D_{AB}\sin\alpha_{AB} = 241.396\,\text{m} \times \sin 45°51'22'' = 173.224\,\text{m}$

$x_B = x_A + \Delta x_{AB} = 100.000\,\text{m} + 168.123\,\text{m} = 268.123\,\text{m}$

$y_B = y_A + \Delta y_{AB} = 140.000\,\text{m} + 173.224\,\text{m} = 313.224\,\text{m}$

即 B 点坐标为（268.123 m，313.224 m）。

2. 坐标反算

若已知两点的坐标，求算其距离和方位角，称为坐标反算。

如图 2.41 所示，两点间距离 D_{AB} 为：

$$D_{AB} = \sqrt{\Delta x_{AB}^2 + \Delta y_{AB}^2}$$

$$D_{AB} = \frac{\Delta x_{AB}}{\cos \alpha_{AB}}$$ (2.32)

$$D_{AB} = \frac{\Delta y_{AB}}{\sin \alpha_{AB}}$$

方位角 α_{AB} 为

$$\alpha_{AB} = \arctan \frac{\Delta y_{AB}}{\Delta x_{AB}}$$ (2.33)

注意方位角的计算首先需根据式（2.34）求出象限角，再根据表 2.12，确定 R_{AB} 所在象限，再求出方位角。

$$R_{AB} = \arctan \frac{|\Delta y_{AB}|}{|\Delta x_{AB}|}$$ (2.34)

表 2.12   象限角与方位算的换算关系

Δx_{AB}	Δy_{AB}	R_{AB} 所在象限	α_{AB} 的计算公式
+	+	I	$\alpha_{AB} = R_{AB}$
−	+	II	$\alpha_{AB} = 180° - R_{AB}$
−	−	III	$\alpha_{AB} = 180° + R_{AB}$
+	−	IV	$\alpha_{AB} = 360° - R_{AB}$

【例 2】已知 A 点坐标：$x_A = 206.468 \text{ m}$、$y_A = 475.155 \text{ m}$，B 点坐标：$x_B = 180.213 \text{ m}$、$y_B = 456.486 \text{ m}$，试求 D_{AB}、α_{AB}。

【解】

$$\Delta x_{AB} = x_B - x_A = 180.213 - 206.468 = -26.255 \text{（m）}$$

$$\Delta y_{AB} = y_B - y_A = 456.486 - 475.155 = -18.669 \text{（m）}$$

$$R_{AB} = \arctan \frac{|\Delta y_{AB}|}{|\Delta x_{AB}|} = \arctan \frac{|-18.669|}{|-26.255|} = 35°24'55''$$

$$D_{AB} = \sqrt{\Delta x_{AB}^2 + \Delta y_{AB}^2} = \sqrt{(-26.255)^2 + (-18.669)^2} = 32.216 \text{（m）}$$

查表 2.12，直线 AB 在第三象限，有

$$\alpha_{AB} = 180° + R_{AB} = 180° + 35°24'55'' = 215°24'55''$$

3. 常用计算器的坐标正、反算计算

（1）casio fx-82ES 计算器进行坐标正、反算计算。

采用 casio fx-82ES 计算器进行坐标正算，以【例 1】为例说明，其操作步骤见表 2.13。

表 2.13　casio fx-82ES 计算器坐标正算实例

步骤	按键操作	屏幕显示	说明
1	SHIFT　Rec　241.396　SHIFT　,　45　o'''　51　o'''　22　o'''　)　=	Rec(241.396,45° 51'22") X=168.1233054	此操作计算出 A、B 两点的坐标增量，Δx=168.123 305 4 Δy=173.224 083 2
2	ALPHA　X　+　100　=	X+100 268.1233054	此操作计算出 B 点的 x 坐标值
3	ALPHA　Y　+　140　=	Y+140 313.2240832	此操作计算出 B 点的 y 坐标值

采用 casio fx-82ES 计算器进行坐标反算，以【例 2】为例说明，其操作步骤见表 2.14。

表 2.14　casio fx-82ES 计算器坐标反算实例

步骤	按键操作	屏幕显示	说明
1	SHIFT　Pol　180.213　−　206.468　SHIFT　,　456.486　−　475.155　)　=	Pol(180.312- 206.468,456.486- 475.155) r=32.21578163 θ=−144.5847162	此操作计算出 A、B 两点的距离及方位角，角度单位为度。D=32.215 781 63 a=−144.584 716 2
2	ALPHA　X　=	X 32.21578163	此操作可显示计算的距离
3	ALPHA　Y　+　360　=　o'''	Y+360 215°24'55.02"	此操作计算出方位角，注意，由于 θ 在 $-180°<\theta\leqslant180°$ 计算并显示结果，若计算出的 $\theta<0°$，则应加上 360°

（2）采用 casio fx-5800P 进行坐标正、反算计算。

采用 casio fx-5800P 计算器进行坐标正算，以【例 1】为例说明，其操作步骤见表 2.15。

表 2.15 casio fx-5800P 计算器坐标正算实例

步骤	按键操作	屏幕显示	说明
1	SHIFT　Rec　241.396　,　45　°'''　51　°'''　22　°'''　)　EXE	Rec(241.396,45°51′22″) X=168.1233054	此操作计算出 A、B 两点的坐标增量， Δx=168.123 305 4 Δy=173.224 083 2
2	ALPHA　I　+　100　SHIFT　▲　ALPHA　J　+　140　EXE　EXE	I+100▲ J+140 268.1233054	此操作计算出 B 点的 x、y 坐标值

采用 casio fx-5800P 计算器进行坐标反算，以【例2】为例说明，其操作步骤见表 2.16。

表 2.16 casio fx-5800P 计算器坐标反算实例

步骤	按键操作	屏幕显示	说明
1	SHIFT　Pol　180.312　-　206.468　,　456.486　-　475.155　)　EXE	Pol(180.312-206.468,456.486-475.155)	此操作计算出 A、B 两点的距离及方位角，角度单位为度。 D=32.215 781 63 a=-144.584 716 2
2	ALPHA　I　EXE	I 32.21578163	此操作可显示计算的距离
3	ALPHA　J　+　360　=　°'''	J+360 215°24′55.02″	此操作计算出方位角，注意，由于 θ 在 $-180°<\theta\leqslant180°$ 计算并显示结果，若计算出的 $\theta<0°$，则应加上 360°

其他型号计算器进行坐标正、反算时，原理基本相同，操作程序略有区别。

2.2.5 全站仪角度及距离测量

现场施测案例说明：如图 2.42 所示，地面上有 AOB 三点，现需测量 $\angle AOB$ 及 OA、OB 的平距，其测量步骤如下：

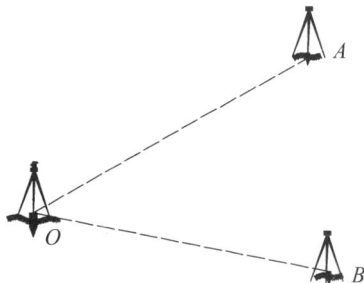

图 2.42 角度及距离测量示意图

1. 安置仪器

将全站仪安置在测站 O 点上，对中整平，安置棱镜于 A、B 两点上，对中整平后，将棱镜正对全站仪。

2. 开机

按 ⏻ 打开电源，上下转动一下望远镜，完成仪器的初始化，此时仪器一般处于测角状态，检查电池电量是否充足。

3. 温度、气压和棱镜常数设置

由于全站仪测量时采用的电磁波的速度随大气的温度和压力而有所改变，在高精度的距离测量时，需要进行温度和气压设置，由仪器自动对测距结果实施大气改正。

棱镜常数是指棱镜的标志中心和反射中心不一致而产生一个距离差值，所以测量时为了显示出正确的距离，必须将这个差值预先输入仪器，测量时仪器进行自动改正。棱镜常数对同一型号的棱镜来说是个固定的，一般目前采用的三棱镜组的棱镜常数 0 mm，单棱镜的棱镜常数为-30 mm。

操作步骤：

（1）按 ◢ 进入平距、高差测量模式。

（2）按 [F3]（S/A）键进入音响模式选择界面。

（3）按照菜单提示进行温度、气压及棱镜常数设置。

4. 角度和距离测量

下面以方向观测法为例来说明操作程序。

（1）第一测回：

① 盘左，照准 A 点，置数 0°附近，读数 0°03′01″，记录见表 2.17。

② 按键 [◢]，切换成平距测量模式，采用精测模式，按键 [F1]（测距）

4 次，测量 *OA* 距离，将 4 个距离值记录于表 2.17 中，四个距离值之差不超过 5 mm，取平均值作为平距中数 134.561 m。

③ 顺时针转动照准部，照准 *B* 点，读数 90°01′15″，记录。

④ 按键［F1］（测距）4 次，测量 *OB* 距离，将 4 个距离值记录于表 2.17 中，四个距离值之差不超过 5 mm，取平均值作为平距中数 143.214 m。

⑤ 盘右，照准 *B* 点，读数 270°01′03″，记录，计算 *B* 方向 2*C* 值为+12″。

⑥ 逆时针转动照准部，照准 *A* 点，读数 180°02′57″，记录，计算 *A* 方向 2*C* 值为+4″。

⑦ 比较同一测回 2*C* 互差，要求 2*C* 互差不超过 13″。该测回 2*C* 互差为 8″，没有超限。

⑧ 计算半测回方向值和一测回方向值。

（2）第二测回：

观测程序和计算程序与第一测回相同，不再赘述，计算结果见表 2.17。

2 个测回观测及计算完成之后，得到第一测回 *B* 方向的方向值为 89°58′10″，第二测回 *B* 方向的方向值为 89°58′13″，要求同一方向值各测回较差不超过 9″，此次观测同一方向值各测回较差为 3″，没有超限，取两个测回的平均方向值 89°58′12″作为最后结果。

表 2.17　角度及距离观测记录

测站	觇点	读数/(°′″) 盘左	盘右	2*C*/(″)	半测回方向/(°′″)	一测回方向/(°′″)	各测回平均方向/(°′″)	备注
O	*A*	0 03 01	180 02 57	+4	0 00 00	0 00 00	0 00 00	
					0 00 00			
	B	90 01 15	270 01 03	+12	89 58 14	89 58 10	89 58 12	
					89 58 06			
	A	90 03 00	270 02 47	+13	0 00 00	0 00 00		
					0 00 00			
	B	180 01 10	0 01 03	+7	89 58 10	89 58 13		
					89 58 16			

边名		平距观测值/m	平距中数/m	边名		平距观测值/m	平距中数/m
OA	1	134.561	134.561	*OB*	1	143.214	143.214
	2	134.562			2	143.213	
	3	134.561			3	143.214	
	4	134.561			4	143.213	

2.3 导线测量

2.3.1 导线的布设形式

导线测量是图根控制的常用方法，图根导线的布设形式有三种形式。

1. 闭合导线

如图 2.43 所示。从已知点 B 点出发，经过待测点 C、D、E，最后闭合到 B 点的导线，称为闭合导线。

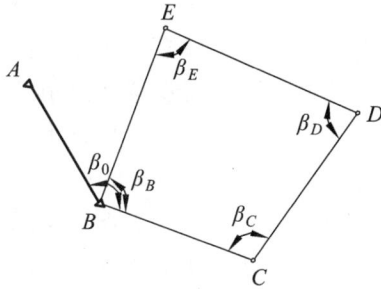

图 2.43　闭合导线

2. 附合导线

如图 2.44 所示。从已知点 B 点出发，经过待测点 C、D，最后附合到另一个已知点 E 点的导线，称为附合导线。

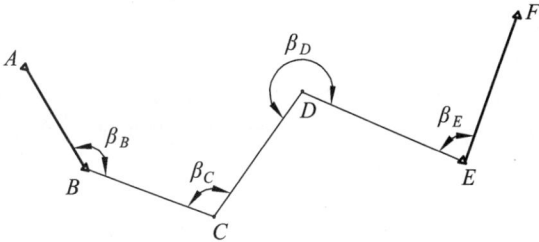

图 2.44　附合导线

3. 支导线

如图 2.45 所示。从已知点 B 点出发，经过待测点 C、D，既不闭合又不附合的导线，称为支导线。

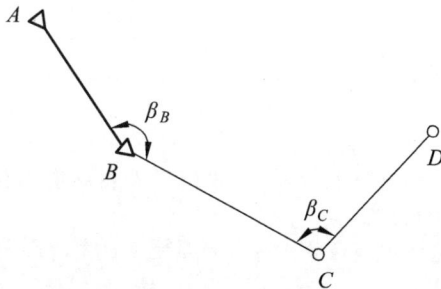

图 2.45　支导线

闭合导线、附合导线具有严格几何条件检核，实际工作中得到了广泛应用；支导线没有检核条件，一般不宜采用，特殊情况下需要采用时，最多只能支出两点。

2.3.2 导线测量的工作程序

1. 外业工作

导线测量的外业工作包括踏勘选点（埋设标志）、角度观测、边长测量和导线定向等四个方面。

（1）踏勘选点。

首先根据测区的范围、地形起伏情况、高等级控制点的分布情况及有关比例尺的地形图。在已有的地形图上初步拟定控制点的位置和导线的布设形式，然后到实地上落实并标定点位。对于面积较小的测区，亦可直接到实地选择并标定点位。点位的选择应符合下述要求：

① 导线点应选在土质坚实、视野开阔、便于安置仪器和施测的地方。

② 相邻导线点应互相通视，以便于测角和测距。

③ 导线点应均匀分布在测区内，相邻两导线边长应大致相等。

④ 导线点的密度合理，应满足测图或施工测量的需要。

点位选好后，做好标记，并按前进顺序编写点名或点号。为了便于日后寻找，应量出导线点与附近固定的明显地物点的距离，绘一草图（示意图），这种图称为"点之记"。

（2）角度观测。

导线的转折角采用测回法观测。转折角有左、右角之分，在导线前进方向左侧的水平角称为左角。在导线前进方向右侧的水平角称为右角。导线测量一般测量左角，闭合导线测量内角。

导线的等级不同，测角技术要求也不同，导线测量，宜采 6″级仪器 1 测回测定水平角，上下半测回差不超过 24″，现行国家标准《工程测量规范》（GB50026）中其主要技术要求不应超过表 2.18 的规定。

表 2.18　图根导线测量的主要技术要求

导线长度	相对闭合差	测角中误差/（″）		方位角闭合差/（″）	
		一般	首级控制	一般	首级控制
$\leqslant a \times M$	$\leqslant 1/(2000 \times a)$	30	20	$60\sqrt{n}$	$40\sqrt{n}$

注：1. a 为比例系数，取值宜为 1，当采用 1∶500、1∶1000 比例尺测图时，其值可在 1~2 选用。

　　 2. M 为测图比例尺分母，对于工矿区现状图测量，不论测图比例尺大小，M 均应取值为 500。

　　 3. 隐蔽或施测困难地区导线相对闭合差可放宽，但不应大于 1/（1000×a）。

（3）边长测量。

导线边长的测量可以采用钢尺量距和电磁波测距，不论采用何种方法测距，要求测距精度≤1/2000。

（4）导线定向。

导线定向可分为两种情况：第一种是与高级控制点相连接的导线，如图 2.43 所示，该闭合导线与 AB 已知边相连接，所以需要测定连接角 β_0 进行定向；如图 2.44 所示，该附合导线需要测定连接角 β_B、β_E 进行定向。第二种是独立导线，即没有与高级控制点相连接，可在第一个导线点上用罗盘仪测出第一条边的磁方位角 A_m 代替坐标方位角 α 进行定向，并假定第一点的坐标。

2. 内业计算

导线测量外业工作结束后，需要进行导线内业计算。内业计算的目的是求待测点的坐标。内业计算之前，要全面检查外业观测数据有无遗漏，记录计算是否正确，成果是否符合限差要求等。

2.3.3　闭合导线测量实例

某测区图根控制测量采用闭合导线，如图 2.46 所示。

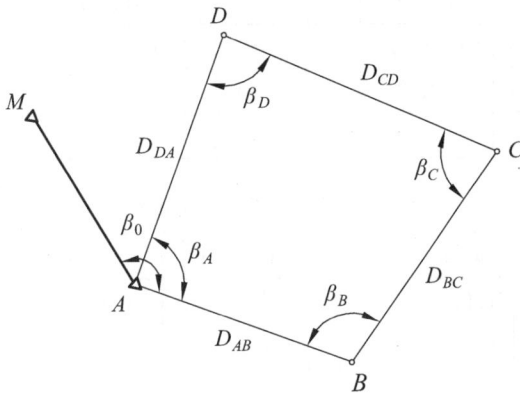

图 2.46　闭合导线略图

2.3.3.1　外业工作

该闭合导线与高级控制点 M、A 点相连接，M、A 点坐标已知。

外业工作包括：

观测转折角：β_A、β_B、β_C、β_D。

观测导线边边长（往返观测）：D_{AB}、D_{BC}、D_{CD}、D_{DA}。

观测与已知边的连接角 β_0。

1. A 点观测程序及成果

观测目的：观测 β_0、β_A、D_{AD}、D_{AB}。

如图 2.47 所示，采用方向观测法进行三个方向一测回的观测，可不归零，观测结果见表 2.19 和表 2.20。

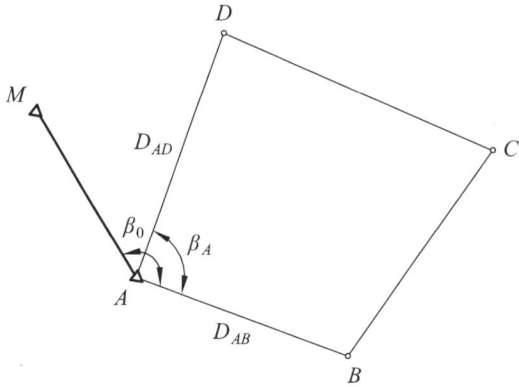

图 2.47　A 点观测示意

表 2.19　角度观测记录

| 测站 | 觇点 | 读　数/(°′″) | | 平均读数/(°′″) | 一测回归零方向/(°′″) | 角值/(°′″) | 备注 |
		盘左	盘右				
A	M	0 02 10	180 02 00	0 02 05	0 00 00		
	D	108 52 56	288 52 43	108 52 50	108 50 45	91 39 50	β_A
	B	200 32 45	20 32 35	200 32 40	200 30 35	200 30 35	β_0

表 2.20　距离观测记录

边名	平距观测值/m		平距中数/m	边名	平距观测值/m		平距中数/m
AD	1	120.738		AB	1	129.958	
	2	120.736	120.737		2	129.957	129.958
	3	120.736			3	129.958	
	4	120.738			4	129.958	

2. B 点观测程序及成果

观测目的：观测 β_B、D_{BA}、D_{BC}。

如图 2.48 所示，采用测回法进行两个方向一测回的观测，观测结果见表 2.21 和表 2.22。

3. C 点观测程序及成果

观测目的：观测 β_C、D_{CB}、D_{CD}。

如图 2.49 所示，采用测回法进行两个方向一测回的观测，观测结果见表 2.23 和表 2.24。

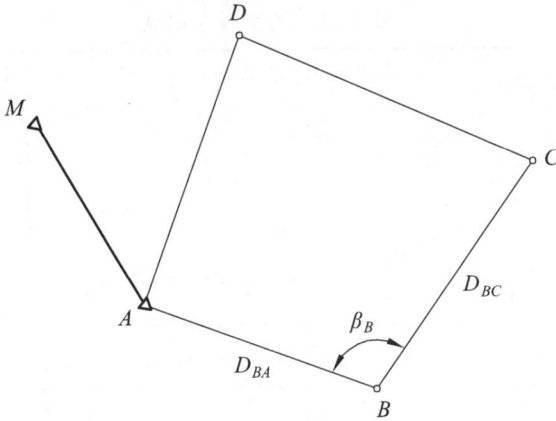

图 2.48　B 点观测示意

表 2.21　角度观测记录

测站	测回	竖盘位置	目标	度盘读数/ (° ′ ″)	半测回角值/ (° ′ ″)	一测回角值/ (° ′ ″)	各测回平均角值/ (° ′ ″)
B	1	左	A	0 02 30	90 12 24	90 12 24	
			C	90 14 54			
		右	A	180 02 40	90 12 23		
			C	270 15 03			

表 2.22　距离观测记录

边名	平距观测值/m		平距中数/m	边名	平距观测值/m		平距中数/m
BA	1	129.960	129.960	BC	1	147.325	147.325
	2	129.960			2	147.325	
	3	129.960			3	147.325	
	4	129.960			4	147.326	

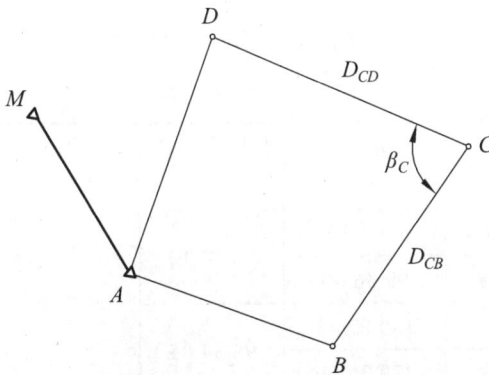

图 2.49　C 点观测示意

表 2.23 角度观测记录

测站	测回	竖盘位置	目标	度盘读数/ (° ′ ″)	半测回角值/ (° ′ ″)	一测回角值/ (° ′ ″)	各测回平均角值/ (° ′ ″)
C	1	左	B	0 03 00	78 33 10	78 33 09	
			D	78 36 10			
		右	B	180 03 07	78 33 08		
			D	258 36 15			

表 2.24 距离观测记录

边名	平距观测值/m	平距中数/m	边名	平距观测值/m	平距中数/m
CB	1 147.322	147.323	CD	1 136.655	136.656
	2 147.324			2 136.657	
	3 147.324			3 136.655	
	4 147.322			4 136.657	

4. D 点观测程序及成果

观测目的：观测 β_D、D_{DC}、D_{DA}。

如图 2.50 所示，采用测回法进行两个方向一测回的观测，观测结果见表 2.25 和表 2.26。

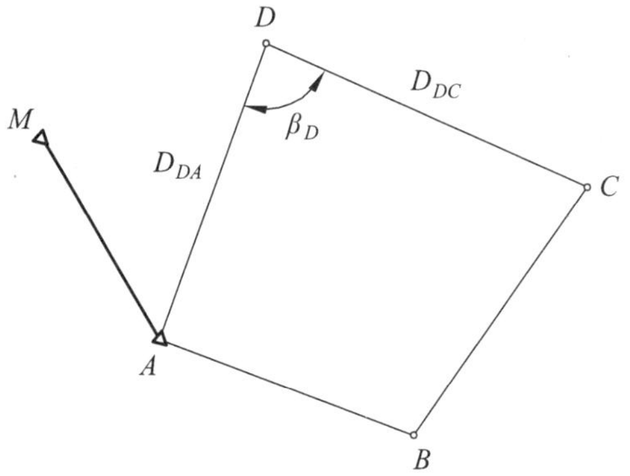

图 2.50　D 点观测示意

表 2.25 角度观测记录

测站	测回	竖盘位置	目标	度盘读数/ (° ′ ″)	半测回角值/ (° ′ ″)	一测回角值/ (° ′ ″)	各测回平均角值/ (° ′ ″)
D	1	左	C	0 02 30	99 34 10	99 34 08	
			A	99 36 40			
		右	C	180 02 45	99 34 05		
			A	279 36 50			

表 2.26　距离观测记录

边名		平距观测值/m	平距中数/m	边名		平距观测值/m	平距中数/m
DC	1	136.653	136.653	DA	1	120.736	120.736
	2	136.653			2	120.736	
	3	136.653			3	120.736	
	4	136.653			4	120.736	

5. 整理、绘制导线计算示意图

根据外业成果整理、绘制导线计算示意图，如图 2.51 所示，示意图上应注明导线点点号、相应的角度和边长及起算点的坐标。

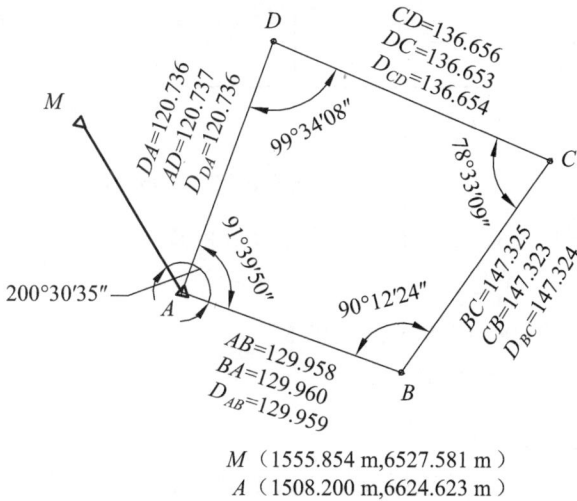

M（1555.854 m,6527.581 m）
A（1508.200 m,6624.623 m）

图 2.51　导线计算示意

2.3.3.2　内业工作

1. 起始坐标方位角推算

（1）采用坐标反算计算 α_{AM}。

① 计算纵坐标增量：

$$\begin{aligned}
\Delta x_{AM} &= x_M - x_A \\
&= 1\,555.854 - 1\,508.200 \\
&= 47.654\,(\text{m})
\end{aligned}$$

② 计算横坐标增量：

$$\begin{aligned}
\Delta y_{AM} &= y_M - y_A \\
&= 6\,527.581 - 6\,624.623 \\
&= -97.042\,(\text{m})
\end{aligned}$$

③ 计算象限角 R_{AM}：

$$R_{AM} = \arctan \frac{|\Delta y_{AM}|}{|\Delta x_{AM}|} = \arctan \frac{|-97.042|}{|47.654|} = 63°50'45''$$

判断纵、横坐标增量的正负号，Δx_{AM} 为 '+' 值，Δy_{AM} 为 '-' 值。

根据纵、横坐标增量的正负号查找表 2.26，判断该直线所在象限为第四象限，选择所在象限的象限角转换为方位角计算公式。

表 2.26　增量、象限对照

Δx	Δy	所在象限	α 的计算公式
+	+	1	$\alpha=R$
−	+	2	$\alpha=180°-R$
−	−	3	$\alpha=180°+R$
+	−	4	$\alpha=360°-R$

象限角转换为方位角：

$$\alpha_{AM} = 360° - R_{AM} = 360° - 63°50'45'' = 296°09'15''$$

（2）根据图中连接角 $\angle MAB$ 计算起算方位角 α_{AB}。

$$\begin{aligned}
\alpha_{AB} &= \alpha_{AM} + \beta_0 \\
&= 296°09'15'' + 200°30'35'' - 360° \\
&= 136°39'50''
\end{aligned}$$

2. 导线坐标计算表计算

将图 2.51 的外业观测数据及已知数据填写于表 2.27 的相应栏目里。第 1 列填写点号，从已知点 A 开始编号，闭合导线一般逆时针编号，这样使内角为左角。

闭合导线是由折线组成的多边形，因而闭合导线必须满足两个几何条件：一个是多边形内角和条件，即多边形的内角和具有理论值，但由于观测存在误差，内角与理论值不相等，所以必须对观测角进行必要的改正。另一个是坐标条件，即从起算点开始，逐点推算导线点的坐标，最后回到起算点，由于是同一个点，推算出的坐标应该等于已知坐标。

闭合导线计算的方法步骤如下：

（1）角度闭合差的计算与调整。

n 边形内角和的理论值应为

$$\sum \beta_{理} = (n-2) \times 180° \tag{2.35}$$

由于测角误差的存在，观测得到内角和 $\sum \beta_{测}$ 与其理论值 $\sum \beta_{理}$ 不相符合，两者的差值称为角度闭合差。角度闭合差用 f_β 表示，则

$$f_\beta = \sum \beta_{测} - \sum \beta_{理} \tag{2.36}$$

该闭合导线观测得到的内角和为

$$\sum \beta_{测} = 359°59'31''$$

该闭合导线是四边形，所以其内角和的理论值为

$$\sum \beta_{理} = (n-2)\times 180° = (4-2)\times 180° = 360°$$

所以，其角度闭合差为

$$f_\beta = \sum \beta_{测} - \sum \beta_{理} = 359°59'31'' - 360° = -29''$$

表 2.27　闭合导线计算

点号	观测角/ (° ′ ″)	改正后角值/ (° ′ ″)	坐标方位角/ (° ′ ″)	距离 /m	坐标增量/m		坐标值/m	
					Δx	Δy	x	y
1	2	3	4	5	6	7	8	9
A							1 508.200	6 624.623
			136 39 50	129.959	-0.007 -94.524	0.003 89.188		
B	+8 90 12 24	90 12 32					1 413.669	6 713.814
			46 52 22	147.324	-0.008 100.714	0.003 107.523		
C	+7 78 33 09	78 33 16					1 514.375	6 821.340
			305 25 38	136.654	-0.007 79.214	0.003 -111.353		
D	+7 99 34 08	99 34 15					1 593.582	6 709.990
			224 59 53	120.736	-0.006 -85.376	0.003 -85.370		
A	+7 91 39 50	91 39 57					1 508.200	6 624.623
			136 39 50					
B								
				534.673	0.028	-0.012		
Σ	359 59 31	360 00 00						

辅助计算	$f_\beta = \sum \beta_{测} - (n-2)\times 180° = 359°59'31'' - (4-2)\times 180° = -29''$ $f_{\beta允} = \pm 60''\sqrt{n} = \pm 60''\sqrt{4} = 120''$ $f_x = \sum \Delta x_{测} = +0.028 \text{ m}$ $f_y = \sum \Delta y_{测} = -0.012 \text{ m}$ $f_D = \sqrt{f_x^2 + f_y^2} = \sqrt{(+0.028)^2 + (-0.012)^2} = 0.030 \text{ m}$ $K = \dfrac{f_D}{\sum D} = \dfrac{1}{\dfrac{\sum D}{f_D}} = \dfrac{1}{\dfrac{534.673}{0.030}} \approx \dfrac{1}{17\,822}$

图根控制测量时，角度闭合差的允许值取

$$f_{\beta允} = \pm 60''\sqrt{n} \qquad\qquad (2.37)$$

本例的

$$f_{\beta允} = \pm60''\sqrt{n} = \pm60''\sqrt{4} = 120''$$

$|f_\beta| \leqslant |f_{\beta允}|$，角度闭合差符合限差要求，然后将闭合差按相反符号平均分配到观测角中。每个角度的改正数用 v_β 表示，则，

$$v_\beta = -\frac{f_\beta}{n} \qquad (2.38)$$

式中　f_β——角度闭合差，($''$)；

　　n——闭合导线内角个数。

如果 f_β 的数值不能被 n 整除而有余数时，可将余数调整分配到边长相差较大的夹角上使调整后的内角和等于 $\sum\beta_理$。

如果角度闭合差超过允许值，应分析原因，进行外业局部或全部返工。

该例的角度闭合差改正数为

$$v_\beta = -\frac{f_\beta}{n} = -\frac{-29''}{4} \approx 7''$$

角度闭合差改正数写在表 2.27 第 2 列观测值秒值的上方，然后计算改正后的角度，填写在表 2.27 的第 3 列。改正后角值的和应该等于其理论值，据此可检核计算的正确性。

（2）导线边方位角的推算。

AB 的方位角为 $136°39'50''$，填入表 2.24 第 4 列，作为起算边方位角，再采用改正后的角值，按左角公式推算其他边的方位角，即

$$\alpha_{BC} = \alpha_{AB} + \beta_B \pm 180° = 136°39'50'' + 90°12'32'' - 180° = 46°52'22''$$

$$\alpha_{CD} = \alpha_{BC} + \beta_C \pm 180° = 46°52'22'' + 78°33'16'' + 180° = 305°25'38''$$

······

以此计算其他各边的方位角，计算见表 2.27 第 4 列，最后推算的 AB 边的方位角应该与其已知数值相等；如不等，表示方位角推算有错误，应查明原因，加以改正。

（3）坐标增量的计算。

按坐标增量计算公式计算，即

$$\left.\begin{array}{l}\Delta x_i = D_i \cdot \cos\alpha_i \\ \Delta y_i = D_i \cdot \sin\alpha_i\end{array}\right\} \qquad (2.39)$$

本例中 AB 边的坐标增量为

$$\left.\begin{array}{l}\Delta x_{AB} = D_{AB} \cdot \cos\alpha_{AB} = 129.959 \times \cos136°39'50'' = -94.524(\text{m}) \\ \Delta y_{AB} = D_{AB} \cdot \sin\alpha_{AB} = 129.959 \times \sin136°39'50'' = 89.188(\text{m})\end{array}\right\}$$

其他边的坐标增量计算见表 2.27 第 6、7 两列。计算位取至 0.001 m。

（4）坐标增量闭合差的计算与调整。

闭合导线每一条边的坐标增量计算出来之后，如图 2.52 所示，由于闭合导线是从一个已知点通过待测点最后闭合到同一个点上，其各边纵、横坐标增量的代数和在理论上应等于零，即

$$
\left.
\begin{aligned}
\sum \Delta x_{理} = 0 \\
\sum \Delta y_{理} = 0
\end{aligned}
\right\}
\tag{2.40}
$$

因为角度和边长测量均存在误差，尽管已经进行了角度闭合差的调整，但调整后的角值和真值还是有差距，所以由边长、方位角计算出的纵、横坐标增量，其代数和 $\sum \Delta x_{测}$、$\sum \Delta y_{测}$ 与其理论值有差距。这个差值即是纵、横坐标增量闭合差，如图 2.53 所示，则

$$
\left.
\begin{aligned}
f_x = \sum \Delta x_{测} - \sum \Delta x_{理} = \sum \Delta x_{测} - 0 = \sum \Delta x_{测} \\
f_y = \sum \Delta y_{测} - \sum \Delta y_{理} = \sum \Delta y_{测} - 0 = \sum \Delta y_{测}
\end{aligned}
\right\}
\tag{2.41}
$$

本例中

$$
\left.
\begin{aligned}
f_x = \sum \Delta x_{测} = +0.028 \text{ m} \\
f_y = \sum \Delta y_{测} = -0.012 \text{ m}
\end{aligned}
\right\}
$$

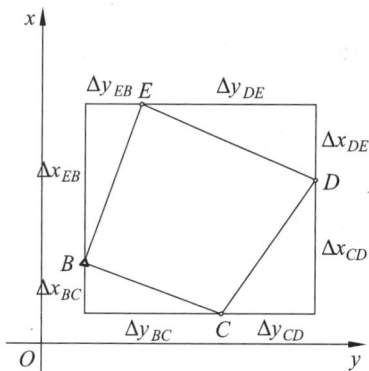

图 2.52　导线坐标增量代数和　　　图 2.53　导线坐标增量闭合差

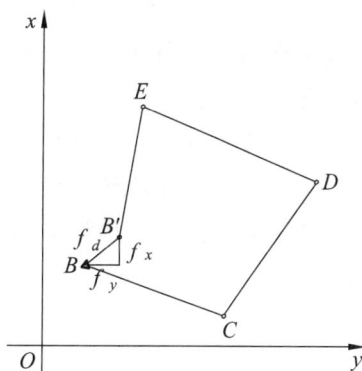

由于纵、横坐标增量闭合差的存在，使闭合导线由 B 点出发最后不是闭合到 B 点，而是落在 B' 点，产生了一段差距 BB'，这段差距称为导线全长闭合差，如图 2.53 所示。

$$
f_D = \sqrt{f_x{}^2 + f_y{}^2}
\tag{2.42}
$$

本例中

$$
f_D = \sqrt{f_x{}^2 + f_y{}^2} = \sqrt{(+0.028)^2 + (-0.012)^2} = 0.030\,(\text{m})
$$

导线全长闭合差 f_D 主要由量边误差引起，一般来说，导线愈长，全长闭合差也愈大，因此，单纯用导线全长闭合差 f_D 还不能正确反映导线测量的精度，通常采用 f_D 与导线全长 $\sum D$ 的比值来表示，写成分子为 1 的形式，称为

导线全长相对闭合差 K，来衡量导线测量精度，则

$$K = \frac{f_D}{\sum D} = \frac{1}{\sum D / f_D} \qquad (2.43)$$

本例中

$$K = \frac{f_D}{\sum D} = \frac{1}{\dfrac{\sum D}{f_D}} = \frac{1}{\dfrac{534.673}{0.030}} \approx \frac{1}{17\,822}$$

图根控制测量时，要求 K 值不应超过 1/2 000，困难地区也不应超过 1/1 000，若 K 值不满足限差要求，首先检查内业计算有无错误，其次检查外业成果，若均不能发现错误，则应到现场重测可疑成果或全部重测；若 K 值满足限差要求，可进行坐标增量闭合差的调整。

坐标增量闭合差的调整是将增量闭合差 f_x、f_y 反号，按与边长成正比分配于各个坐标增量上。纵、横坐标增量改正数的计算式如下

$$\left. \begin{array}{l} v_{\Delta x i} = -\dfrac{f_x}{\sum D} \cdot D_i \\[3mm] v_{\Delta y i} = -\dfrac{f_y}{\sum D} \cdot D_i \end{array} \right\} \qquad (2.44)$$

改正数的计算值写于各边坐标增量计算值的上方。它们的总和应与坐标增量闭合差数值相等、符号相反，以此进行检核。

改正后的 $\sum \Delta x$、$\sum \Delta y$ 应该等于零，以此进行检核，如不等表示计算有错误。

（5）导线点坐标计算。

坐标增量调整后，可根据起算点的坐标和调整后的坐标增量，逐点计算导线的坐标，计算公式为

$$\left. \begin{array}{l} x_{前} = x_{后} + \Delta x_i \\[2mm] y_{前} = y_{后} + \Delta y_i \end{array} \right\} \qquad (2.45)$$

式中　$x_{前}$、$y_{前}$——第 i 边前一点的纵、横坐标，m；

　　　　$x_{后}$、$y_{后}$——第 i 边后一点的纵、横坐标，m；

　　　　Δx_i、Δy_i——第 i 边的纵、横坐标增量，m。

按上式计算导线各点的坐标，填于表 2.24 第 8、9 列中。

2.3.4　附合导线测量实例

某测区图根控制测量采用附和导线如图 2.54 所示。

2.3.4.1　外业工作

该闭合导线与高级控制点 A、B、E、F 点相连接，A、B、E、F 点坐标已知。外业工作包括：

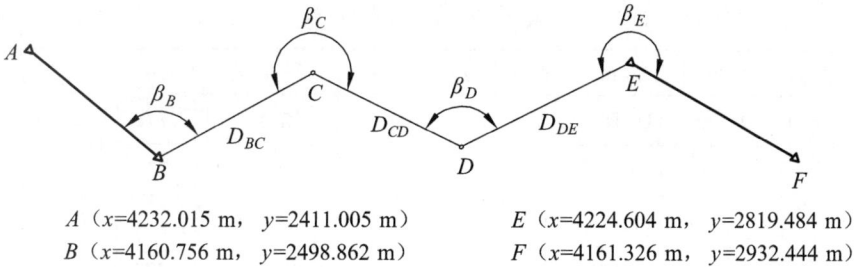

A（x=4232.015 m, y=2411.005 m）　　　E（x=4224.604 m, y=2819.484 m）

B（x=4160.756 m, y=2498.862 m）　　　F（x=4161.326 m, y=2932.444 m）

图 2.54　附和导线略图

观测转折角：β_C、β_D。

观测导线边边长（往返观测）：D_{BC}、D_{CD}、D_{DE}。

观测与已知边的连接角 β_B、β_E。

1. B 点观测记录

B 点观测记录见表 2.28 和表 2.29。

表 2.28　角度观测记录

测站	测回	竖盘位置	目标	度盘读数/（°′″）	半测回角值/（°′″）	一测回角值/（°′″）	各测回平均角值/（°′″）
B	1	左	A	0 02 30	112 41 29	112 41 27	
			C	112 43 59			
		右	A	180 02 40	112 41 25		
			C	292 44 05			

表 2.29　距离观测记录

边名	平距观测值/m	平距中数/m	边名	平距观测值/m		平距中数/m
	1			1	119.179	
	2		BC	2	119.179	119.179
	3			3	119.179	
	4			4	119.179	

2. C 点观测记录

C 点观测记录见表 2.30 和表 2.31。

表 2.30　角度观测记录

测站	测回	竖盘位置	目标	度盘读数/（°′″）	半测回角值/（°′″）	一测回角值/（°′″）	各测回平均角值/（°′″）
C	1	左	B	0 02 10	234 02 05	234 02 03	
			D	234 04 15			
		右	B	180 02 15	234 02 01		
			D	54 04 16			

表 2.31　距离观测记录

边名	平距观测值/m		平距中数/m	边名	平距观测值/m		平距中数/m
CB	1	119.181	119.181	*CD*	1	112.770	112.771
	2	119.181			2	112.771	
	3	119.181			3	112.772	
	4	119.182			4	112.772	

3. *D* 点观测记录

D 点观测记录见表 2.32 和表 2.33。

表 2.32　角度观测记录

测站	测回	竖盘位置	目标	度盘读数/(°′″)	半测回角值/(°′″)	一测回角值/(°′″)	各测回平均角值/(°′″)
D	1	左	*C*	0 02 10	127 54 43	127 54 40	
			E	127 56 53			
		右	*C*	180 02 15	127 54 37		
			E	307 56 52			

表 2.33　距离观测记录

边名	平距观测值/m		平距中数/m	边名	平距观测值/m		平距中数/m
DC	1	112.765	112.765	*DE*	1	127.282	127.282
	2	112.765			2	127.282	
	3	112.765			3	127.283	
	4	112.765			4	127.282	

4. *E* 点观测记录

E 点观测记录见表 2.34 和表 2.35。

表 2.34　角度观测记录表

测站	测回	竖盘位置	目标	度盘读数/(°′″)	半测回角值/(°′″)	一测回角值/(°′″)	各测回平均角值/(°′″)
E	1	左	*D*	0 02 10	235 34 31	235 34 29	
			F	235 36 41			
		右	*D*	180 02 20	235 34 27		
			F	55 36 47			

表 2.35　距离观测记录

边名	平距观测值/m		平距中数/m	边名	平距观测值/m		平距中数/m
ED	1	127.278	127.278		1		
	2	127.278			2		
	3	127.278			3		
	4	127.278			4		

5. 整理、绘制导线计算示意图

根据外业成果整理、绘制导线计算示意图，如图 2.55，示意图上应注明导线点点号、相应的角度和边长及起算点的坐标。

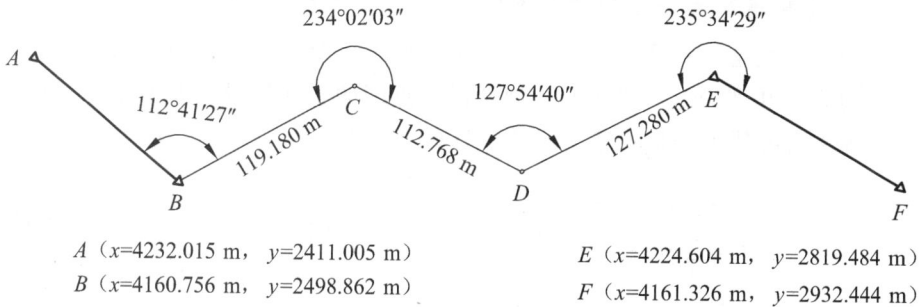

A（x=4232.015 m，　y=2411.005 m）
B（x=4160.756 m，　y=2498.862 m）
E（x=4224.604 m，　y=2819.484 m）
F（x=4161.326 m，　y=2932.444 m）

图 2.55　附和导线计算示意

2.3.4.2　内业工作

附合导线的计算与闭合导线的计算基本相同，现将其不同说明如下：

1. 角度闭合差的计算不同

附合导线不是闭合多边形，其角度闭合差的产生，是从起算边方位角经过转折角推算到终边方位角，其推算的终边方位角的数值与终边方位角的已知值的差距就是附合导线的角度闭合差，称为方位角闭合差。

如图 2.55 所示，为两端附合在已知控制点 A、B 和 E、F 上的附合导线，根据左角公式，从起始边 AB 的方位角 α_{AB} 通过各转折角，可推算出终边方位角 α'_{EF}，则

$$\alpha'_{EF} = \alpha_{AB} + \sum_{i=1}^{4} \beta_i - 4 \times 180°$$

如转折角个数为 n，则

$$\alpha'_{EF} = \alpha_{AB} + \sum_{i=1}^{n} \beta_i - n \times 180° \tag{2.46}$$

由于角度测量存在误差，使推算的 α'_{EF} 与已知 α_{EF} 不相符合，而产生方位角闭合差

$$f_{\beta} = \alpha'_{EF} - \alpha_{EF} \tag{2.47}$$

写成一般形式为

$$f_{\beta} = \alpha_{起} + \sum_{i=1}^{n} \beta_i - n \times 180° - \alpha_{终} \tag{2.48}$$

式中　n——转折角个数；

$\alpha_{起}$——附合导线的起算边方位角；

$\alpha_{终}$——附合导线的终边方位角；

f_{β}——方位角闭合差。

2. 坐标增量闭合差的计算不同

附合导线是从一个已知点出发，附合到另一个已知点，因此纵、横坐标增量的代数和理论上应等于起、终两已知点间的坐标增量，如不相等，其差值即为附合导线的坐标增量闭合差，计算公式为

$$\left.\begin{aligned} f_x &= \sum \Delta x_{测} - (x_{终} - x_{起}) \\ f_y &= \sum \Delta y_{测} - (y_{终} - y_{起}) \end{aligned}\right\} \tag{2.49}$$

3. 附合导线计算实例

如图 2.55 所示，附合导线坐标计算见表 2.36。

表 2.36　附合导线计算

点号	观测角/(°′″)	改正后角值/(°′″)	坐标方位角/(°′″)	距离/m	坐标增量/m		坐标值/m	
					Δx	Δy	x	y
1	2	3	4	5	6	7	8	9
A							4 232.015	2 411.005
			129 02 41					
B	+1 112 41 27	112 41 28					4 160.756	2 498.862
			61 44 09	119.180	0.003 56.436	0.004 104.971		
C	+1 234 02 03	234 02 04					4 217.195	2 603.837
			115 46 13	112.768	0.002 -49.027	0.003 101.553		
D	+1 127 54 40	127 54 41					4 168.170	2 705.393
			63 40 54	127.280	0.003 56.431	0.004 114.087		
E	+1 235 34 29	235 34 30					4 224.604	2 819.484
			119 15 24					
F							4 161.326	2 932.444
Σ	710 12 39			359.228	63.840	320.611		

辅助计算

$$\alpha'_{EF} = \alpha_{AB} + \sum \beta_{测} - n \times 180° = 129°02'41'' + 710°12'39'' - 4 \times 180° = 119°15'20''$$

$$f_\beta = \alpha'_{EF} - \alpha_{EF} = 119°15'20'' - 119°15'24'' = -4''$$

$$f_{\beta允} = \pm 60'' \sqrt{n} = \pm 60'' \sqrt{4} \approx 120''$$

$$f_x = \sum \Delta x_{测} - (x_C - x_B) = 63.840 - (4224.604 - 4160.756) = -0.008 \text{(m)}$$

$$f_y = \sum \Delta y_{测} - (y_C - y_B) = 320.611 - (2819.484 - 2498.862) = -0.011 \text{(m)}$$

$$f_D = \sqrt{f_x^2 + f_y^2} = \sqrt{(-0.008)^2 + (-0.011)^2} = 0.014 \text{(m)}$$

$$K = \frac{f_D}{\sum D} = \frac{1}{\dfrac{\sum D}{f_D}} = \frac{1}{\dfrac{359.228}{0.014}} \approx \frac{1}{25\,659}$$

项目三　静态卫星定位测量

【学习内容及教学目标】

通过本项目学习，了解 GNSS 控制网设计方案的制定，掌握静态卫星定位测量的技术书的编写，掌握静态卫星定位测量外业观测的作业流程，掌握静态卫星定位测量内业数据处理流程，掌握 GNSS 控制网上交成果资料的方法。

【能力培养目标】

1. 具有根据实际项目要求布设 GNSS 控制网的能力。
2. 具有对静态卫星定位测量外业观测具体实施的能力。
3. 具有对静态卫星定位测量内业数据进行后处理的能力。

【思政目标】

1. 培养学生严谨细微、实事求是的工作作风；良好的职业道德意识及敬业爱岗精神；诚实守信，乐于奉献的人格素质；团结协作，互相帮助的团队意识。
2. 培养学生认真、执着的职业发展定力，具有测绘工程项目的组织、管理能力，具有组织协调、控制和领导工程活动的领导潜力。
3. 培养学生具有"爱岗敬业、奉献测绘；维护版图、保守秘密；严谨求实、质量第一；崇尚科学、开拓创新；服务用户、诚信为本；遵纪守法、团结协作"的测绘职业道德规范意识。
4. 依托"国之利器，守护安全"主题文化活动，引导学生了解中国北斗卫星导航系统的发展历程，理解中国发展自己的全球导航卫星系统的必要性和紧迫性。通过了解北斗卫星导航系统建设的历程和取得成就，树立正确的国家荣辱观，激发学生勇于探索及创新的精神。

【工程测量工岗位目标】

1. 能进行 GNSS 控制网技术设计及技术设计书的编写工作。
2. 能进行静态卫星定位测量外业观测工作。
3. 能采用相关内业数据处理软件进行静态卫星定位基线解算工作。

3.1 GNSS 控制网技术设计书

3.1.1 技术设计书的内容

为了保证测绘成果满足要求和符合标准，需制订切实可行的技术方案。在测绘项目作业前应进行技术设计，形成适宜、充分、有效的技术设计文件，才能确保测绘成果能满足要求和技术标准。

技术设计书内容通常包括概述、作业区自然地理概况与已有资料情况、引用文件、成果主要技术指标和规格、设计方案等方面。

1. 概述

概述部分主要说明任务的来源、目的、任务量、作业范围和作业内容、行政隶属及完成期限等任务基本情况。

2. 作业区自然地理概况与已有资料情况

（1）自然地理概况。

应根据不同专业测绘任务的具体内容和特点，根据需要说明与测绘作业有关的测区自然地理概况。

① 测区的地形概况，地貌特征，居民地、道路、水系、植被等要素的分布与主要特征，地形类别，困难类别，海拔高度，相对高差等。

② 测区的气候情况，如气候特征、风雨季节等。

③ 测区需要说明的其他情况，如测区有关地质与水文地质的情况，以及测区经济发达程度等。

（2）已有资料情况。

主要说明已有资料的数量、形式、施测年代、采用的坐标系统、高程和重力基准，资料的主要质量情况（包括已有资料的主要技术指标和规格等）和评价；说明已有资料利用的可能性和利用方案等。

3. 引用文件

说明专业技术设计书编写过程中所引用的标准、规范或其他技术文件。文件一经引用，便构成专业技术设计书设计内容的一部分。

4. 成果主要技术指标和规格

根据具体成果，规定其主要技术指标和规格，一般可包括成果坐标系统、高程基准、重力基准、时间系统、投影方法、精度或技术等级及其他主要技术指标等。

5. 设计方案

设计方案的主要内容包括作业所需的主要装备、工具、材料和其他设施，作业的主要过程、各工序作业方法和精度质量要求，上交和归档成果及其资料的内容和要求。

（1）技术设计中应考虑的因素。

① 测站因素：网点的密度、网的图形结构、时段分配、重复设站和重合点的布置等。

② 卫星因素：卫星高度角与观测卫星的数目、几何图形精度衰减因子、卫星信号质量。大部分接收机具有解码并记录来自卫星的广播星历表的能力。

③ 仪器因素：接收机、天线质量、记录设备。

④ 后勤因素：使用的接收机台数、来源和使用时间，各观测时段的机组调度，交通工具和通信设备的配置等。

（2）选点、埋石。

① 选点：测量线路、标志布设的基本要求，点位选址、重合利用旧点的基本要求，需要联测点的踏勘要求，点名及其编号规定，选址作业中应收集的资料和其他相关要求等。

② 埋石：测量标志标石材料的选取要求，石子、沙、混凝土的比例，标石、标志、观测墩的数学精度，埋设的标石、标志及附属设施的规格、类型，测量标志的外部整饰要求，埋设过程中需获取的相应资料（地质、水文、照片等）及其他应注意的事项，路线图、点之记绘制要求，测量标志保护及其委托保管要求。

（3）GNSS 控制测量。

设计方案内容主要包括：

① 规定 GNSS 接收机或其他测量仪器的类型、数量、精度指标，以及对仪器校准或检定要求，规定测量和计算所需的专业应用软件和其他配置。

② 规定作业的主要过程、各工序作业方法和精度质量要求；确定观测网的精度等级和其他技术指标等；规定观测作业各过程的方法和技术要求；规定观测成果记录的内容和要求；规定外业数据处理的内容和要求；规定外业成果检查（或检验）、整理、预处理的内容和要求，基线向量解算方案和数据质量检核的要求，必要时需确定平差方案、高程计算方案等；规定补测与重测的条件和要求；规定其他特殊要求，如拟定所需的交通工具、主要物资及其供应方式、通信联络方式及其他特殊情况下的应对措施。

③ 规定上交和归档成果及其资料的内容和要求。

（4）大地测量数据处理。

设计方案内容主要包括：

① 规定计算所需的软、硬件配置及其检验和测试要求。

② 规定数据处理的技术路线或流程。

③ 规定各过程作业要求和精度质量要求。说明对已知数据和外业成果资料的统计、分析和评价的要求；说明数据预处理和计算的内容和要求，如采用的平面、高程、重力基准和起算数据；确定平差计算的数学模型、计算方

法和精度要求；规定程序编制和检验的要求等；提出精度分析、评定的方法和要求等；规定其他有关的技术要求内容。

④ 规定数据质量检查的要求。

⑤ 规定上交成果内容、形式、打印格式和归档要求等。

3.1.2　GNSS 静态测量控制网精度标准

对 GNSS 静态测量控制网的精度要求，主要取决于其控制网的用途。精度指标通常均以 GNSS 静态测量控制网中相邻点之间的距离误差来表示，其形式为

$$m_R = \delta_D + p_p \times D \qquad (3.1)$$

式中：m_R——GPS 网中相邻点间的距离误差（mm）；

　　　δ_D——与接收设备有关的常量误差（mm）；

　　　p_p——比例误差（$\times 10^{-6}$ mm）；

　　　D——相邻点间的距离（km）。

根据 GNSS 网的不同用途，其精度可划分为如表 3.1 所列的五类标准。

表 3.1　不同级别 GNSS 网的精度标准

类别	测量类型	常量误差 δ_D/mm	比例误差 p_p/（$\times 10^{-6}$ mm）
A	地壳形变测量或国家高精度 GNSS 网	≤5	≤0.1
B	国家基本控制测量	≤3	≤1
C	控制网加密、城市测量、工程测量	≤10	≤5
D	控制网加密、城市测量、工程测量	≤10	≤10
E	控制网加密、城市测量、工程测量	≤10	≤20

在 GNSS 网总体设计中，精度指标是比较重要的参数，它的数值将直接影响 GNSS 网的布设方案、观测数据的处理以及作业的时间、经费。在实际设计工作中，用户可根据所作控制的实际需要和可能，合理地制订。既不能制订过低而影响网的精度，也不必要盲目追求过高的精度造成不必要的支出。

3.1.3　GNSS 网的特征条件

在进行 GNSS 网图形设计前，必须掌握 GNSS 网的特征条件计算方法。

1. GNSS 网特征条件的计算

在进行 GNSS 网图形设计前，必须明确有关 GNSS 网构成的几个概念及计算方法。

按 R. A sany 提出的观测时段计算公式：

$$C=nm/N \qquad\qquad (3.2)$$

式中　C——观测时段数；

　　　n——网点数；

　　　m——每点设站次数；

　　　N——接收机数。

故在 GNSS 网中：

$$总基线数：J_总=CN(N-1)/2 \qquad\qquad (3.3)$$

$$必要基线数：J_必=n-1 \qquad\qquad (3.4)$$

$$独立基线数：J_独=C(N-1) \qquad\qquad (3.5)$$

$$多余基线数：J_多=C(N-1)-(n-1) \qquad\qquad (3.6)$$

依据以上公式，就可以确定出一个具体 GNSS 网图图形结构的主要特征。

2. GNSS 网同步图形构成及独立边的选择

根据（3.3）式，对于由 N 台 GNSS 接收机构成的同步图形中一个时段包含的 GNSS 基线（或简称 GNSS 边）数为

$$J=N(N-1)/2 \qquad\qquad (3.7)$$

但其中仅有 $N-1$ 条是独立的 GNSS 边，其余为非独立 GNSS 边。当接收机数 $N=2$、3、4 时所构成的同步图形，如图 3.1 所示。

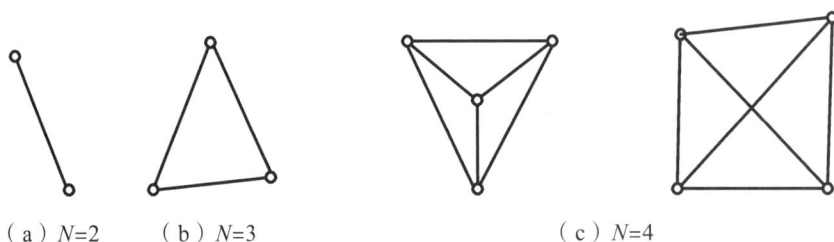

（a）$N=2$　　（b）$N=3$　　　　　　（c）$N=4$

图 3.1　N 台接收机同步观测所构成的同步图形

对应于图 3.1，独立的 GNSS 边可以有不同的选择，如图 3.2。

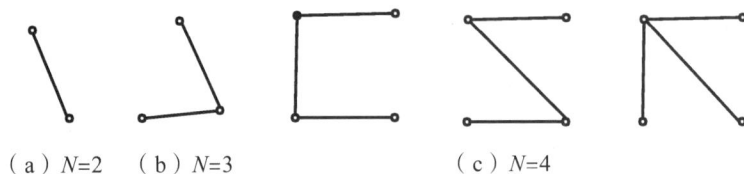

（a）$N=2$　　（b）$N=3$　　　　　（c）$N=4$

图 3.2　GNSS 独立边的不同选择图形

当同步观测的 GNSS 接收机数 $N \geq 3$ 时，同步闭合环的最少个数应为

$$T=J-(N-1)=(N-1)(N-2)/2 \qquad\qquad (3.8)$$

接收机数 N 与 GNSS 边数 J 和同步闭合环数 T（最少个数）的对应关系

如表 3.2 所示。

表 3.2　N 与 J、T 关系

N	2	3	4	5	6
J	1	3	6	10	15
T	0	1	5	6	10

理论上，同步闭合环中各 GNSS 边的坐标差之和（即闭合差）应为 0，但解算基线的数学模型不完善等原因致使同步闭合环的闭合差不等于零。GNSS 测量规范对这一闭合差的限差做了规定。

值得注意，当同步闭合环的闭合差较小时，通常只能说明 GNSS 基线向量的计算合格，并不能说明 GNSS 边的观测精度高，也不能发现接收的信号受到干扰而产生的某些粗差。

为了确保 GNSS 观测成果的可靠性，有效地发现观测成果中的粗差，必须使 GNSS 网中的独立边构成一定的几何图形。这种几何图形，可以是由数条 GNSS 独立边构成的非同步多边形（异步闭合环或独立环），如三边形、四边形、五边形等多边形。当 GNSS 网中有若干个起算点时，也可以是由两个起算点之间的数条 GNSS 独立边构成的附合路线。

3.1.4　GNSS 网的图形设计

GNSS 网的图形设计虽然主要决定于用户的要求，但是经费、时间和人员的消耗以及所需接收设备的类型、数量和后勤保障条件等，也都与 GNSS 网的设计有关。对此应当充分加以顾及，以期在满足用户要求的条件下尽量减少消耗。

1. 设计原则

为了满足用户的要求，设计的一般原则是：

（1）GNSS 网一般应通过独立观测边构成闭合图形，例如三角形、多边形或附合线路，以增加检核条件，提高网的可靠性。

（2）GNSS 网点应尽量与原有地面控制网点相重合。重合点一般不应少于 3 个（不足时应联测）且在网中应分布均匀，以便可靠地确定 GNSS 网与地面网之间的转换参数。

（3）GNSS 网点应考虑与水准点相重合，而非重合点一般应根据要求以水准测量方法（或相当精度的方法）进行联测，或在网中设一定密度的水准联测点，以便为大地水准面的研究提供资料。

（4）为了便于观测和水准联测，GNSS 网点一般应设在视野开阔和容易到达的地方。

（5）为了便于用经典方法联测或扩展，可在 GNSS 网点附近布设一通视良好的方位点，以建立联测方向。方位点与观测站的距离，一般应大于 300 m。

2. 基本形式

根据 GNSS 测量的不同用途，GNSS 网的独立观测边均应构成一定的几何图形。图形的基本形式如下：

（1）三角形网。

GNSS 网中的三角形边由独立观测边组成，如图 3.3 所示。根据经典测量可知，这种图形的几何图形几何结构强，具有良好的自检能力，能够有效地发现观测成果的粗差，以保障网的可靠性。同时，经平差后网中相邻点间基线向量的精度分布均匀。

但其观测工作量较大，尤其当接收机的数量较少时，将使观测工作的总时间大为延长，因此通常只有当网的精度和可靠性要求较高，接收机数目在三台以上时，才单独采用这种图形。

（2）环形网。

环形网（图 3.4）是由若干含有多条独立观测边的闭合环所组成的网，这种网形与经典测量中的导线网相似，图形的结构比三角形稍差。此时闭合环中所含基线边的数量决定了网的自检能力和可靠性。

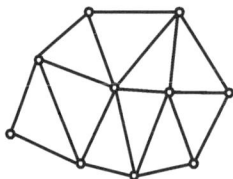

图 3.3　三角形网　　　　图 3.4　环形网

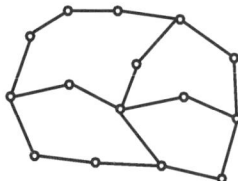

一般来说，闭合环中包含的基线边不能超过一定的数量。根据有关规范，对闭合环中基线的边数有相应限制，如表 3.3 所示。

表 3.3　最简独立闭合环或符合路线边数的规定

级　　别	A	B	C	D	E
路线边数	≤5	≤6	≤6	≤8	≤10

环形网的优点是观测工作量较小，且具有较好的自检性和可靠性，其缺点主要是，非直接观测的基线边（或间接边）精度较直接观测边低，相邻点间的基线精度分布不均匀。作为环形网特例，在实际工作中还可以按照网的用途和实际的情况，采用所谓附合线路。这种附合线路与经典测量中的附合导线相似。采用这种图形的条件是，附合线路两端点间的已知基线向量，必须具有较高的精度，另外，附合线路所包含的基线边数，也不能超过一定的限制。

（3）星形网。

星形网（图 3.5）的几何图形简单，但其直接观测边之间，一般不构成闭合图形，所以其检验与发现粗差的能力较差。

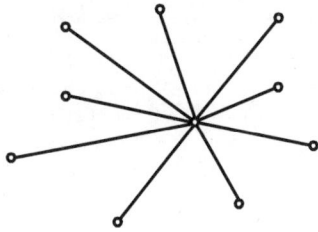

图 3.5　星形网

这种网的主要优点，是观测中通常只需要两台 GPS 接收机，作业简单。因此在快速静态定位和动态定位等快速作业模式中，大多采用这种网形。它广泛用于工程放样、边界测量、地籍测量和碎部测量等。

三角形和环形网，是大地测量和精密工程测量中普遍采取的两种基本图形。用户还可以根据实际情况采用上述两种图形的混合网形。

3.1.5　基线长度

GNSS 接收机对收到的卫星信号量测可达毫米级的精度。但是，由于卫星信号在大气传播时不可避免地受到大气层中电离层及对流层的扰动，导致观测精度的降低。因此在 GNSS 测量中，通常采用差分的形式，用两台接收机来对一条基线进行同步观测。在同步观测同一组卫星时，大气层对观测的影响大部分都被抵消了。基线越短，抵消的程度越显著，因为这时卫星信号通过大气层到达两台接收机的路径几乎相同。

因此，建议用户在设计基线边时以 20 km 范围以内为宜。基线边过长，一方面观测时间势必增加，另一方面由于距离增大而导致电离层的影响有所增强。

3.1.6　GNSS 网的基准

在全球定位系统中，卫星主要视作位置已知的高空观测目标。所以，为了确定接收机的位置，GNSS 卫星的瞬时位置通常归化到统一的地球坐标系统。现在全球定位系统采用的 WGS 84 坐标系统，是一个精确的全球大地坐标系统。而我国的国家大地坐标系采用的是 1954 北京坐标系、1980 西安坐标系或 CSCG2000 坐标系。通常在工程测量中，还往往采用独立的施工坐标系。因此，在 GNSS 测量中必须确定地区性坐标系与全球坐标系的大地测量基准之差，并进行两坐标系统之间的转换。

很多 GNSS 后处理软件都可以很方便就可实现 WGS 84、1954 北京坐标系、1980 西安坐标系中空间直角坐标、大地坐标及高斯平面直角坐标之间的转换，并且可以采用高斯投影或 UTM 投影在任何独立坐标系中进行网平差处理。

3.2　静态卫星定位测量外业观测

3.2.1　静态卫星定位测量外业观测作业人员操作内容

GNSS 仪器需严格对中整平、定向及量取仪器高。量取仪器高如图 3.6 所示，图中 R_0 为测量天线位置半径；h_0 为天线中部到相位中心的高度；h 为实际作业测量点到天线中部的长度。在安置接收机天线、设置接收机中的参数（如观测模式、截止高度角、和采样间隔等；如不设参数，接收机一般就采用缺省值）后，可进行测量工作。

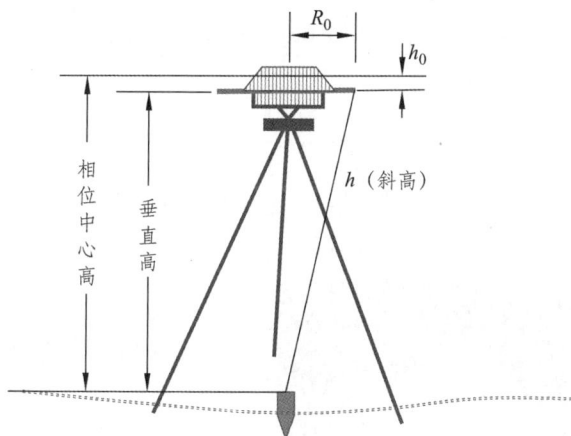

图 3.6　GNSS 外业观测量取天线高

3.2.2　静态卫星定位测量外业操作流程

静态卫星定位测量外业的操作流程为选点与埋石、GNSS 接收机的检查、观测方案设计、观测作业、外业观测、成果质量检核。

1. 选点

根据收集的测区内及周边现有平面和高程控制点以及测区地形图等，依据项目任务书（或合同书）及相关规范的要求在图上进行设计，标绘出计划设站的区域。

（1）选点的基本要求。

① 基本要符合规范《全球定位系统 GNSS 测量规范》（GB/T18314—2009）的相关要求。

② 测站四周视野开阔，高度角 15°以上不允许存在成片的障碍物。

③ 远离大功率无线电发射源，以免损坏接收机天线，应距离高压电线 50 m 以上，大功率无线发射源 200 m 以上。

④ 测站应远离房屋、围墙、广告牌、山坡及大面积平静水面（湖泊、池

塘）等信号反射物，以免出现严重的多路径效应。

⑤ 点位应位于地质条件良好、稳定、易于保护的地方，并尽可能顾及交通条件。

（2）选点作业。

测量人员应按照在图上选择的初步位置以及对点位的基本要求，在实地选定最终点位，并做好相应的标记。利用旧点时，应对旧点的稳定性、可靠性和完好性进行检查，符合要求时方可利用。新旧点重合时，应沿用旧点名，一般不应更改。选点工作完成后，应按规范要求的形式绘制 GNSS 网选点图，可以用相机或手机拍照片。

提交的资料：点之记（图 3.7）、GNSS 网选点图。

GPS E 级点点之记

点号	MP17	点名	MP17	标石类型	浇筑
网名	车平王格庄控制网	类级	E级	概略坐标（1980系标记） X	
所在地	车平区王格庄镇			Y	
地类	黄土地			H	
交通路线					

标石数码照片	交通路线图
	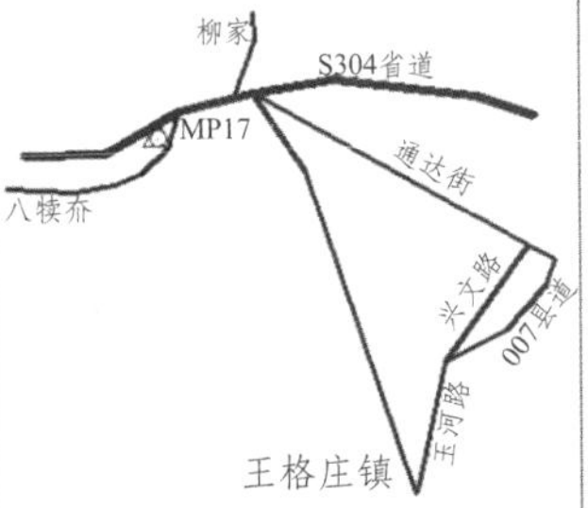

点位详细说明	点位略图
由车平区王格庄镇出发，沿玉河路向北行驶0.405公里后，进入兴文路继续行驶0.4公里左转进入通达街，然后行驶0.82公里后左转沿S304省道向西行驶0.82公里后，到达该点。	

是否联测高程	已联测。
单 位	
选点员	年 月 日
埋石员	年 月 日
利用旧点情况	否

图 3.7　GNSS 点之记

2. 埋石

C、D、E 级 GNSS 点在满足标石稳定、易于长期保存的前提下，均可根据具体情况选用。

3. 仪器的验检

（1）一般视检。

GNSS 接收机及其天线的外观是否良好，是否有挤压摩擦造成的伤痕，仪器、天线等设备的型号是否正确；各种零部件及附件、配件等是否齐全完好，是否与主体匹配；需紧固的部件是否有松动。

（2）通电检验。

有关的信号灯工作是否正常、按键及显示系统工作是否正常、仪器自测试结果是否正常等。

（3）实测检验。

测试检验是 GNSS 接收机检验的主要内容，检验方法有：用标准基线检验；已知坐标、边长检验；零基线检验；相位中心偏移量检验等。

（4）附件检验。

电池、电缆、电源是否完好；天线或基座上的圆水准器和光学对中期工作是否正常。

ℹ️ 注　意

不同类型的接收机参加共同作业时，应在已知基线上进行比对测试，超过相应等级限差时不得使用。

4. 观测方案的设计

（1）基本技术要求见表 3.4。

表 3.4　B、C、D 和 E 级 GNSS 网测量的基本技术要求

项目	级　别			
	B	C	D	E
卫星高度截止角	10	15	15	15
同时观测有效卫星数	≥4	≥4	≥4	≥4
有效观测卫星总数	≥20	≥6	≥4	≥4
观测时段数	≥3	≥4	≥4	≥4
时段长度	≥4	≥2	≥1.6	≥1.6
采样间隔/s	30	10~30	10~30	10~30

注：① 有效卫星指连续观测不短于一定时间的卫星，对于 B、C、D 和 E 级
　　　GNSS 网测量，该时间为 15 min。
　　② 时段长度为从开始记录数据至结束记录之间的时间段。
　　③ 观测时段数大于等于 1.6 是指采用网观测模式时，每测站至少观测
　　　一时段，其中至少 60% 的测站至少观测两个时段。
　　④ B、C、D、E 级可不观测气象元素，而只记录天气状况。
　　⑤ 实行分区观测时，相邻分区至少应有 4 个公共点。

（2）接收机数量的配置要求见表3.5。

静态控制测量中，应尽可能采用双频接收机，这样有利于周跳探测、电离层折射影响的消除以及观测值质量的保证。

表3.5　C、D和E级GNSS网测量的接收机配置要求

级别	C	D	E
双频	—	—	—
观测值种类	L1 载波相位	L1 载波相位	L1 载波相位
同步观测接收机数量	≥3	≥2	≥2

说明：接收机的数量最好为偶数：4~6 台，理论上接收机数量越多，网中直接联测点的数量就越多，网的结构就越好。

（3）接收机参数的设置。

在进行外业观测期间，接收机必须设置统一的卫星截止高度角和采样间隔参数，规范中的都是上限值，实际作业时，可适当减小它们的设置值，如卫星截止高度角可低至 10°，采样间隔可短至 5 s。

（4）设站及观测记录。

GNSS 接收机对中、整平，再量取仪器高，量取仪器高时对中误差不大于 1 mm，用钢卷尺在互为 120°的三处量取天线高，当互差不大于 3 mm 时（否则应重新架设仪器），取平均数。

最终天线高 h 由下式计算：

$$h = \sqrt{L^2 - R^2} \tag{3.9}$$

式中　R——天线底盘半径；

　　　L——三次量取斜高平均值。

观测记录：每个时段始末各记录一次观测卫星号、天气状况、实时定位的 PDOP 值，即一次在时段开始时，一次在时段结束时。但当时段超过 2 h 时候，应在协调世界时（UTC）整点时记录一次。每时段观测前后应量取天线高，两次差不应大于 3 mm。

（5）观测时段及观测时长的选择。

观测时段一般最好避开中午 11 点到下午 3 点，观测时段的选择主要取决于卫星星座，可以通过专门的星历预报软件来帮助确定合适的观测窗口。星历预报软件会根据测区的概略位置和 30 天以内的卫星概略星历（卫星历书），给出不同时刻测站上可见卫星数以及可见卫星的高度角和方位角，同时还给出该时刻由该测站及可见卫星所组成几何图形的 PDOP 值，这样用户就能选用卫星数较多、PDOP 值较小的时间段来进行观测。

（6）布网的形式。

在建立 GNSS 网时，通常网中的点的数量要远远多于用来观测的 GNSS 接收机的数量，这就需要采用逐步推进方式的同步图形扩展法来进行网测量。

同步图形扩展式是目前 GNSS 控制测量中普遍采用的一种布网模式。

同步图形扩展式布网形式就是多台接收机在不同测站上进行同步观测，在完成一个时段的同步观测后，又迁移到其他测站上进行同步观测，每次同步观测都可以形成一个同步图形，在测量过程中，不同的同步图形间一般有若干个公共点相连，整个 GNSS 网由这些同步图形构成。

在该布网形式中，接收机的数量通常远少于 GNSS 网的点数，所有接收机的地位是对等的，没有主次之分。会战式与同步图形扩展式在观测作业上非常相似，其主要区别是：会战式所采用的接收机数量较多，观测时段一般为 24 h，观测时间教长。

采用同步图形扩展式布网时，根据连接点的数量可将同步图形间的连接方式分为点连式、边连式、网连式。

① 点连式。

所谓点连式，就是在观测作业时相邻的同步图形间只通过一个公共点相连，如图 3.8 所示。点连式的优点是作业效率高、图形扩展迅速；缺点是图形强度低。

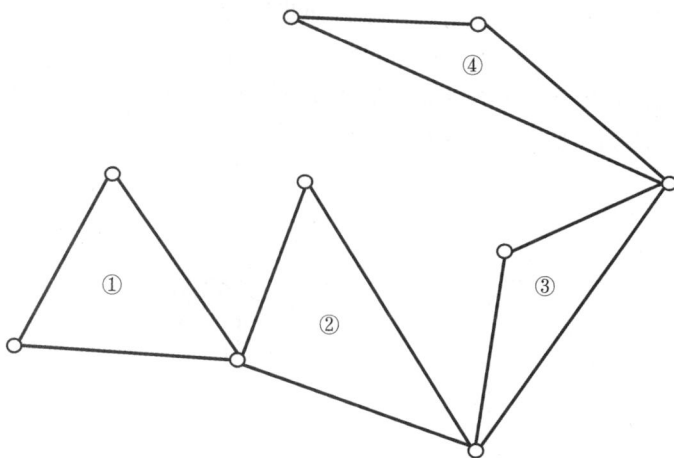

图 3.8 点连式

② 边连式。

所谓边连式，就是在观测作业时，相邻的同步图形间有一条（即两个公共点）相连，如图 3.9。边连式观测作业方式具有较好的图形强度和较高的作业效率。

③ 网连式。

是在作业时，相邻的同步图形间有 3 个以上（含 3 个）的公共点相连，显然采用网连式至少需要 4 台以上（含 4 台）接收机参与观测。网连式具有很强的图形强度，但作业效率较低。

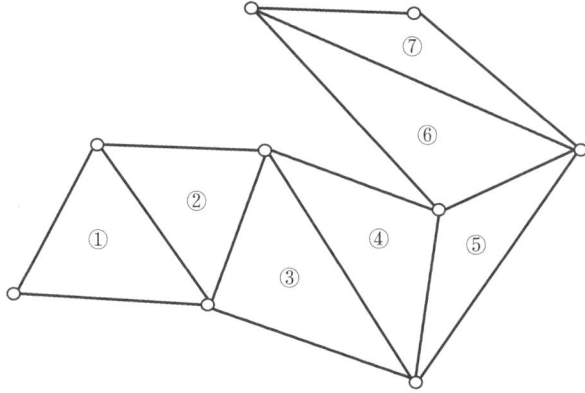

图 3.9　边连式

（7）迁站方案。

迁站方案是在连续多个时段的观测作业期间，解决何组何时在何点进行测量，以及如何达到该点的问题。常用的迁站方案：平推式、翻转式、伸缩式。

① 平推式。

平推式迁站法的基本原则是在进行同步图形的推进时，各小组从一点到另一点的路线距离长度基本一致，且每组运动的距离最短，如图 3.10 所示。为了满足上述要求时，在推进时，通常是所有的小组都要迁站，每个组基本上都是向前迁移到邻近的一个点。

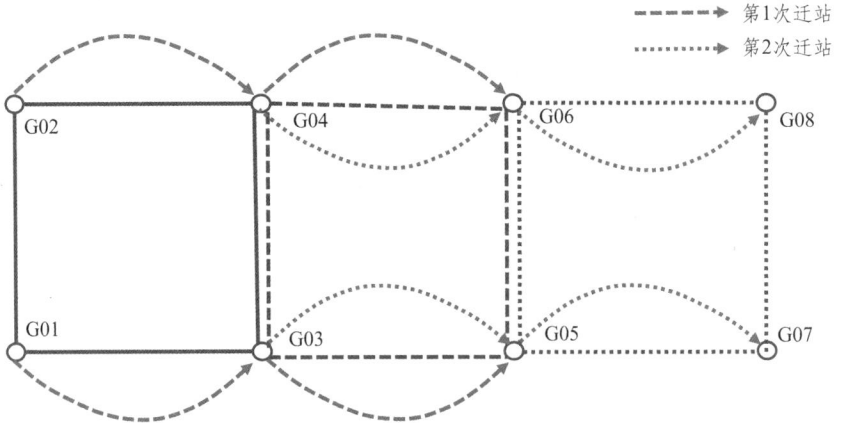

图 3.10　平推式迁站

从理论上看，平推式迁站法的效率很高，因为每个小组在一个共同的时间里进行迁站，时间利用率非常高。另外，平推式也提高测量成果的可靠性，因为在网中将会有许多的点是由不同的小组采用不同的设备测量的，这有利于发现上站错误以及削弱对中、整平误差的影响。但实际并非如此，平推式迁站效率低，所需物资多。

② 翻转式。

这种形式比较实用。翻转式迁站法是指在进行同步图形扩展时，一部分小组留在原测站上，另一部分小组迁站到新的测站上；在进行下一次同步图形扩展时，则上一次留在原测站上的小组迁站，而上一次迁站的小组则留在原测站上，如图 3.11 所示。

翻转式迁站法比较简单，各作业小组在外业观测中作业强度较小；但是，这种方式无法发现上站发生错误的情况。另外，为了削弱仪器对中整平误差的影响，在原测站上连续观测多个时段的小组一定要在进行每个时段测量时，重新安置仪器。

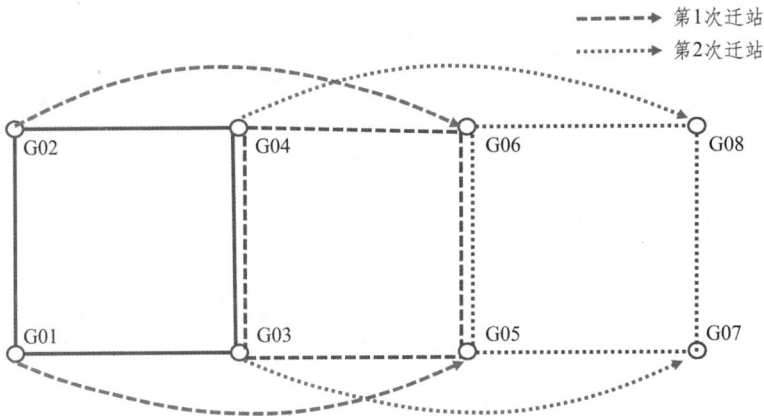

图 3.11　翻转式迁站

5. 观测作业

各作业组必须严格遵守调度命令，按照规定时间进行作业；在检查接收机电源电缆和天线等连接无误后方可开机；只有在有关指示灯和仪表显示正常后方可进行接收机的自我测试，输入测站、观测单元和时段等控制信息；在观测前和作业过程中，作业员应随时填写测量手簿中的记录项目；观测时，在接收天线 50 m 以内不得使用电台，10 m 以内不得使用对讲机，一定要严格对中、整平。

GNSS 观测人员应尽可能留在仪器旁，数分钟就查看一次接收机工作状态是否正常。在一个时段观测中，不应有下列操作：

（1）关机后重新启动接收机。

（2）进行仪器自检。

（3）改变截止高度角和采样间隔。

（4）改变天线位置。

（5）关闭文件或者删除文件。

在观测时，需填写 GNSS 静态测量外业测量手簿，如表 3.6 所示。

GNSS 填表说明：

（1）图幅编号填写点位所在的相应比例尺地形图编号。

（2）时段号按调度指令安排的编号填写；观测日期填写年、月、日，并打一斜线填写年/月/日。

表 3.6 GNSS 静态测量外业记录手簿

点号		点名		图幅编号	
观测记录员		观测日期		时段号	
接收机型号 及编号		天线类型 及编号		存储介质类型 及编号	
原始观测数 据文件名		RINEX 格式 数据文件名		备份存储介质 类型及编号	
近似纬度	° ′N	近似经度	° ′E	近似高程	m
采样间隔		开始记录时间	h min	结束记录时间	h min
天线高测定		天线高测定方法及略图		点位略图	
测前： 测后： 测定值____m ____m 修正值____m ____m 天线高____m ____m 平均值____m ____m					
时间（UTC）		跟踪卫星数		PDOP	

（3）接收机型号及编号、天线类型及编号均填写全名，如"Trimble R7 GNSS"，主机及天线编号（S/N、P/N）从主机及其天线的标牌上查取，填写完整。

（4）近似经纬度填至 1 s，近似高程填至 100 m。

（5）采样间隔填写接收机实际设置的数据采样率。

（6）点位略图按点附近地形地物绘制。

（7）测站作业记录：C 级每 2 h 记录一次，D、E 级观测开始与结束时各记录一次。

还需注意 GNSS 测量时间系统为 GNSS 时间系统，一般 GNSS 接收机手簿记录采用世界协调时（UTC），在作业过程中，GNSS 观测手簿中的开、关机时间可采用北京时间（BST）记录，两者可用 BST=UTC+8 h 式进行换算。

3.2.3 静态卫星定位测量外业数据检核

外业观测结束后，应及时从接收机中下载数据并进行数据处理，以便对外业数据的质量进行检核。检核的内容包括：记录的完整性、合理性以及观测成果的质量。

1. 记录的完整性及合理性检查

观测记录的完整性可由各作业小组在野外进行，也可以在完成观测时段或者每天在数据提交给内业数据处理时进行。

合理性检查包括下列检查项目：记录手簿中的内容是否完整？是否按照要求量测了天线高？天线类型及量测方式是否正确？天线高的数值是否合理？

通过点位略图和测量近似坐标等判定设站是否正确，若发现与点之记或原设计坐标存在较大差异，需与外业作业人员进行核实。

2. 质量检核

（1）同一时段观测值的数据剔除率不宜大于 10%。

（2）B、C、D、E 级 GNSS 网基线测量中误差 σ 采用外业测量时使用的 GNSS 接收机的标称精度，计算时边长按实际平均边长计算。

（3）三边同步环中只有两个同步边成果可以作为独立的成果，第三边成果应为其余两边的代数和。由于模型误差和处理软件的内在缺陷，第三边处理结果与前两边的代数和常不为零，各坐标分量闭合差（W_x、W_y、W_z）应符合下列要求：

$$\left.\begin{array}{l} W_x \leqslant \dfrac{\sqrt{3}}{5}\sigma \\[2mm] W_y \leqslant \dfrac{\sqrt{3}}{5}\sigma \\[2mm] W_z \leqslant \dfrac{\sqrt{3}}{5}\sigma \end{array}\right\} \qquad (3.10)$$

式中　σ——基线测量中误差，mm。

B、C、D、E 级 GNSS 网外业基线处理结果，其独立闭合环或附合路线坐标闭合差 W_s 和各坐标分量闭合差（W_x、W_y、W_z）应满足下式：

$$\left.\begin{array}{l} W_x \leqslant 3\sqrt{n}\sigma \\[2mm] W_y \leqslant 3\sqrt{n}\sigma \\[2mm] W_z \leqslant 3\sqrt{n}\sigma \\[2mm] W_s \leqslant 3\sqrt{n}\sigma \end{array}\right\} \qquad (3.11)$$

式中　n——闭合环边数；

　　　W_s——坐标闭合差，$W_s = \sqrt{W_x^2 + W_y^2 + W_z^2}$。

3.3　静态卫星定位测量数据处理

3.3.1　概述

　　GNSS 控制测量外业获取的数据，也需进行后处理才能得到相应成果，但与常规测量技术所测地面点之间的角度、距离、高差等相对关系量不同的是，GNSS 接收机静态模式采集的数据是地面接收机天线到卫星的距离和卫星星历等数据，并且 GNSS 测量坐标系统是 WGS84 坐标，而一般需要的坐标成果却是国家坐标系或某地区、某城市坐标系的数据，所以要得到有实用意义的测量定位成果，GNSS 静态控制测量的数据后处理也会较常规控制测量复杂一些。

3.3.1　静态卫星定位测量数据处理实例

　　以华测 GNSS 静态测量后处理软件 CGO2.0 为例，作业流程如图 3.12 所示。

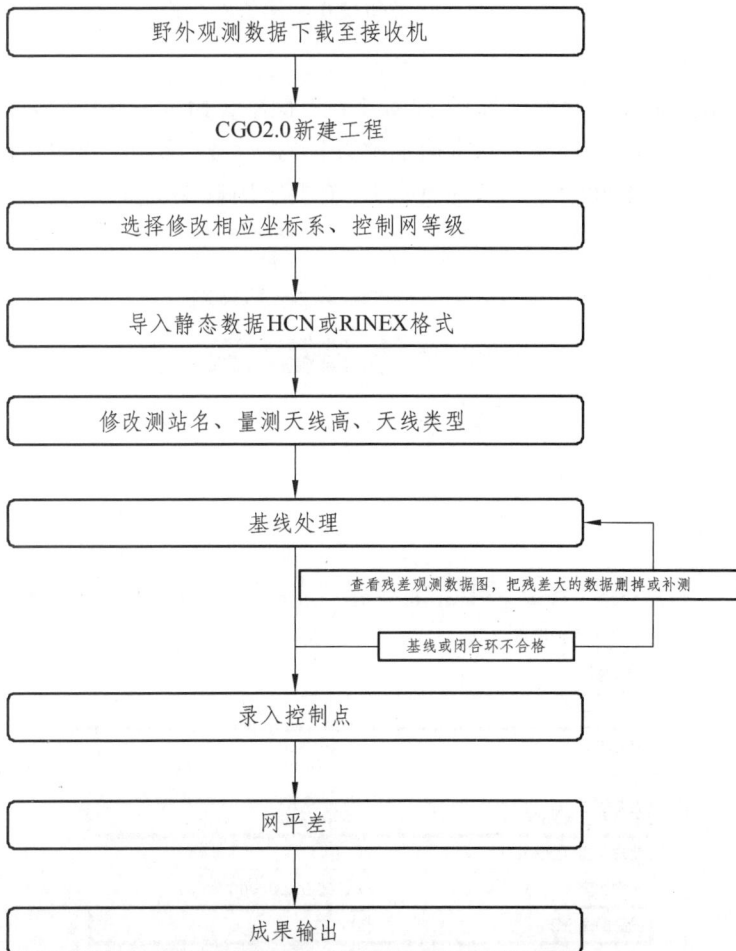

图 3.12　华测 CGO2.0 静态数据后处理流程

具体操作如下：

1. CGO2.0 新建工程

（1）打开 CGO2.0 软件，在功能菜单下选择[开始]—[新建]—[输入工程名称]—[选择存储位置]—[确定]，如图 3.13 所示。

图 3.13　CGO2.0 新建工程

（2）选择修改相应坐标系。

在弹出的坐标属性框中选择[坐标系统]（图 3.14）—在[投影]里面修改[中央子午线]（图 3.15）、[东方向加常数]（有带号，要在 500000 前面加带号，无带号默认 500000）、[投影面高]（有要求则输入）

图 3.14　选择坐标系统

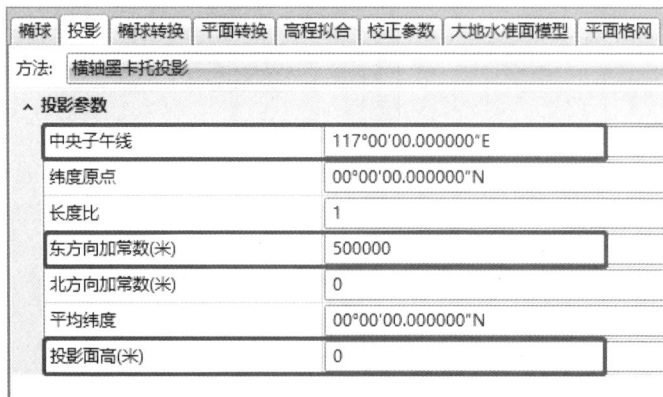

图 3.15　中央子午线、东方向加常数及投影面高

（3）选择时间系统和控制网等级。

如图 3.16 所示,点击[GNSS]模块—左上角[配置]—在时间系统里面选择[当地时间],设置时区。

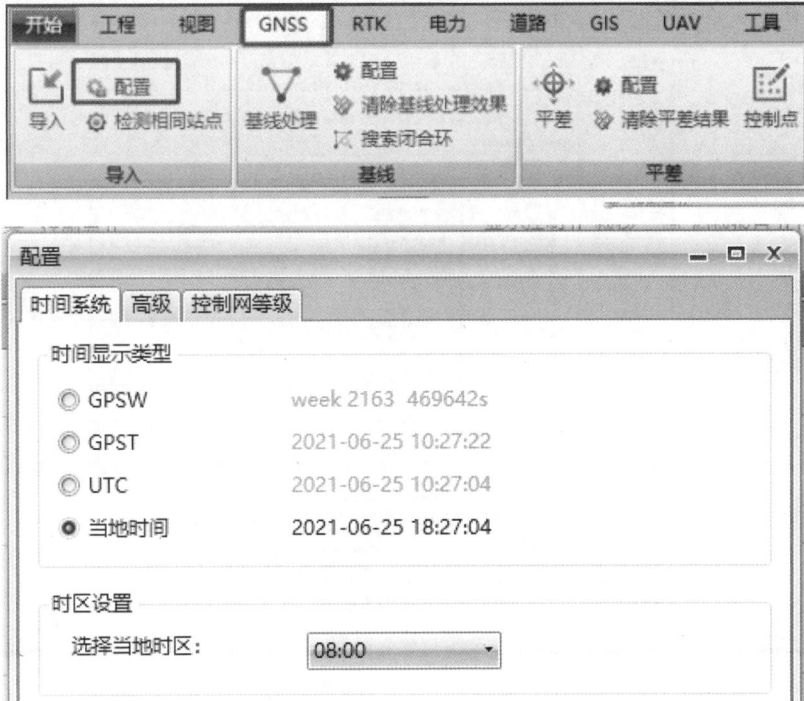

图 3.16　选择时间系统

如图 3.17 所示，[控制网等级]里面选择等级后点击[确定]。

图 3.17　选择控制网等级

2. 导入静态数据

此后处理软件支持 HCN 或 RINEX 格式的外业数据，如果是其他格式的

静态数据，可以转换为 RINEX 标准格式导入。如图 3.18 所示，点击[导入]
—选择静态数据—[打开]—等待进度条完成—点击[确定]。

图 3.18　导入静态数据

3. 修改测站名、量测天线高、天线类型

点击观测文件，根据外业观测记录，修改[测站]名称、[量测天线高]、[天线厂商]、[天线类型]、[测量方法]和[接收机类型]，如图 3.19 所示。

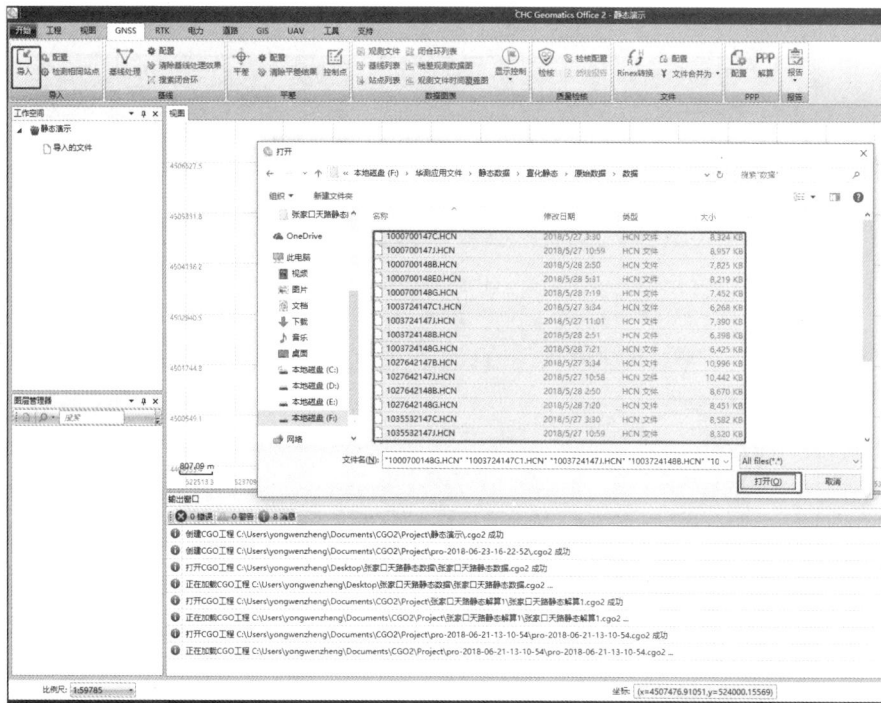

图 3.19　修改外业观测记录信息

4. 基线处理

点击基线处理[配置]—设置[高度截止角]、[采样间隔]和[卫星系统]—[确定]—点击[基线处理]—等待基线处理结果，如图 3.20 所示。

图 3.20　基线处理

5. 闭合环处理

基线处理完成之后，点击左侧[闭合环]选项，查看闭合环是否合格，对于不合格的闭合环，看是由哪三条基线组成的闭合环，针对性处理这三条基线，查看残差观测数据图，把观测质量差的数据删掉或补测，如图 3.21 所示。

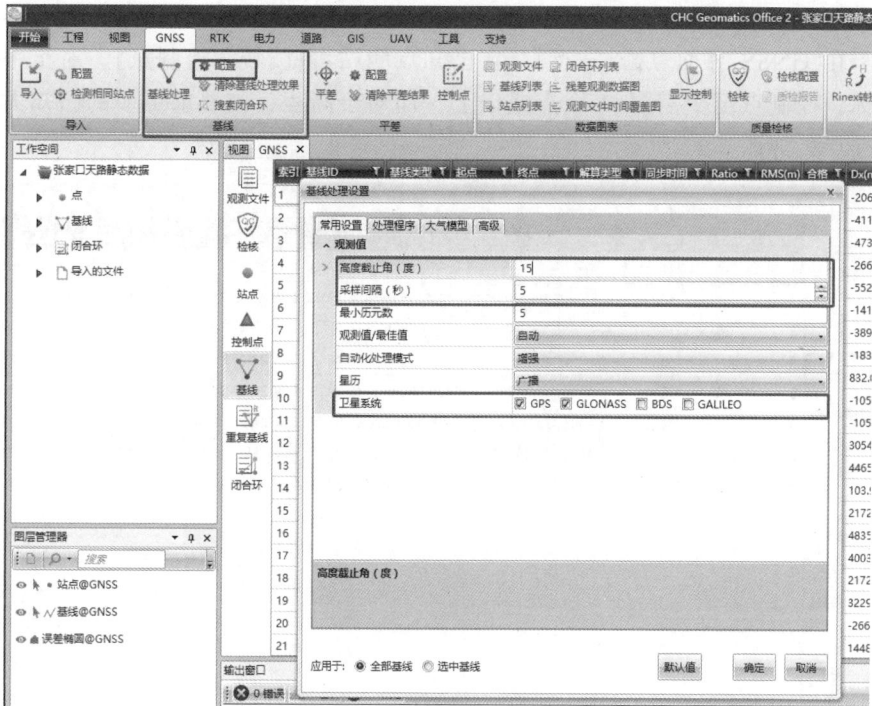

索引	环号	环形	质量	环中基线数	观测时间	环总长(m)	X闭合差(m)	Y闭合差(m)	Z闭合差(m)	边长闭合差(m)	相对误差(ppm)
1	C1	同步环	合格	3		11132.5384	-0.00028	0.00021	-0.00016	0.0004	0.034157
2	C2	同步环	合格	3		10495.1491	0.00034	0.00035	0.00129	0.0014	0.131388
3	C3	同步环	合格	3		10670.6571	-0.00029	0.00026	-0.00232	0.0024	0.220430
4	C4	同步环	合格	3		16311.9016	0.00137	-0.00743	-0.01208	0.0142	0.873499
5	C5	同步环	合格	3		11963.7981	-0.00409	0.01231	0.00715	0.0148	1.237942
6	C6	同步环	合格	3		11921.4317	0.00017	0.00300	0.00020	0.0030	0.252542
7	C7	同步环	合格	3		12558.5680	0.00015	0.00185	0.00036	0.0019	0.150468
8	C8	同步环	合格	3		15425.4077	-0.00440	0.00303	-0.00094	0.0054	0.351579
9	C9	同步环	合格	3		9174.1405	-0.00047	0.00170	-0.00108	0.0021	0.225940
10	C10	同步环	合格	3		11817.1686	-0.00439	0.00297	0.00123	0.0054	0.460249
11	C11	同步环	合格	3		15563.6657	-0.00766	0.01367	0.00768	0.0175	1.121379
12	C12	同步环	合格	3		12099.6489	-0.00462	0.00972	0.00208	0.0110	0.905717
13	C13	同步环	合格	3		14502.4971	-0.00221	-0.00607	-0.01156	0.0132	0.912816
14	C14	同步环	合格	3		11763.6401	-0.00342	-0.00072	-0.01019	0.0108	0.915957
15	C15	同步环	合格	3		15304.5299	-0.00121	0.00340	0.00196	0.0041	0.268353
16	C16	同步环	合格	3		13449.5318	-0.00008	0.00349	0.00557	0.0066	0.490362
17	C17	同步环	合格	3		15331.8896	0.00334	0.00222	0.00326	0.0052	0.336965
18	C18	同步环	合格	3		10008.7442	-0.00065	0.00006	-0.00041	0.0008	0.076784
19	C19	同步环	合格	3		9427.4626	0.00372	-0.00116	-0.00241	0.0046	0.485653
20	C20	同步环	合格	3		10283.0166	-0.00054	0.00814	0.00455	0.0093	0.908637
21	C21	同步环	合格	3		13090.4665	0.00067	0.00279	0.00318	0.0043	0.327620

图 3.21　闭合环处理

6. 录入控制点

在 GNSS 界面点击[站点]，在已知点测站右键[转为控制点]。对于平面坐标，控制点至少需要 2 个点或以上；而对于高程，则要求更多的已知大地水准点。如图 3.22 所示。

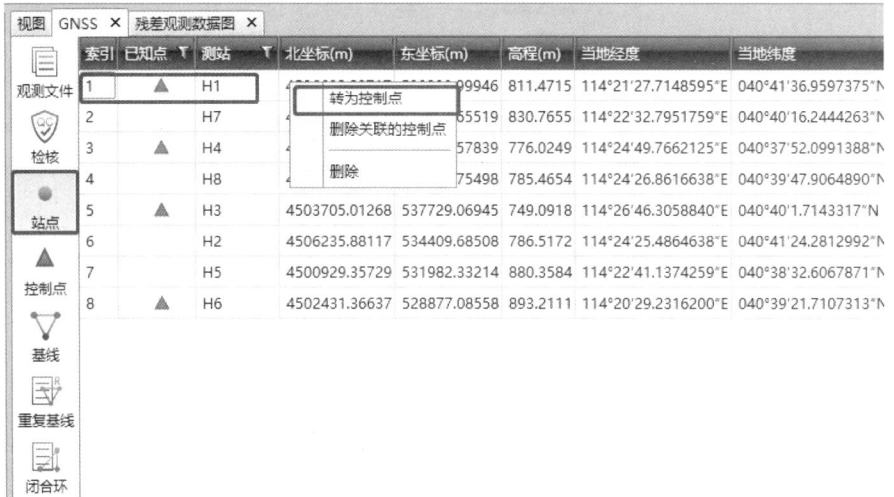

图 3.22　转为控制点

接下来，在 GNSS 界面点击[控制点]选中测站，在右面[属性窗口]地方坐标系输入[北坐标]、[东坐标]、[高程]、[约束方法]—[确定]，如图 3.23 所示

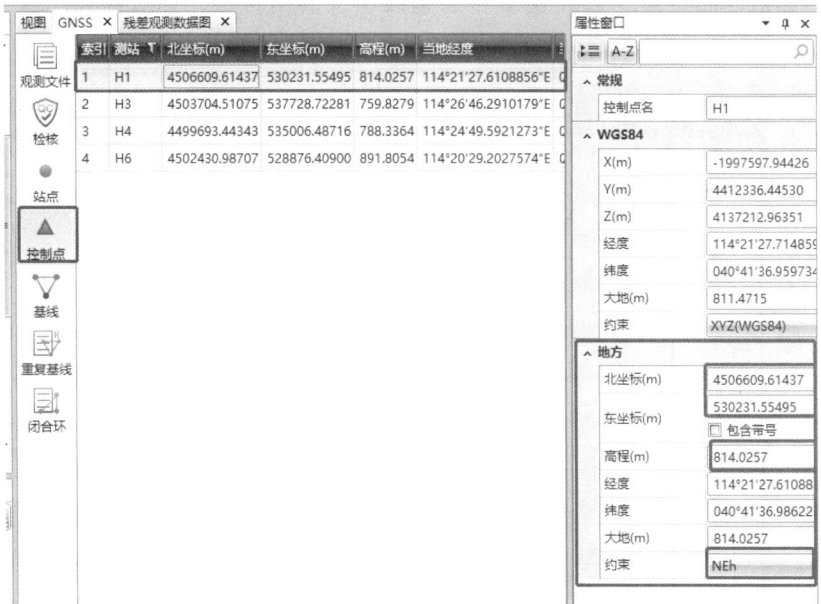

图 3.23　设置测站点相关属性

7. 网平差

点击[平差]—选择平差类型—点击[平差]—平差方式有[全自动平差]、[自由网平差]、[三维约束平差]、[二维约束平差]等，此例选择[二维约束平差]—[打开报告]，如图 3.24 所示。

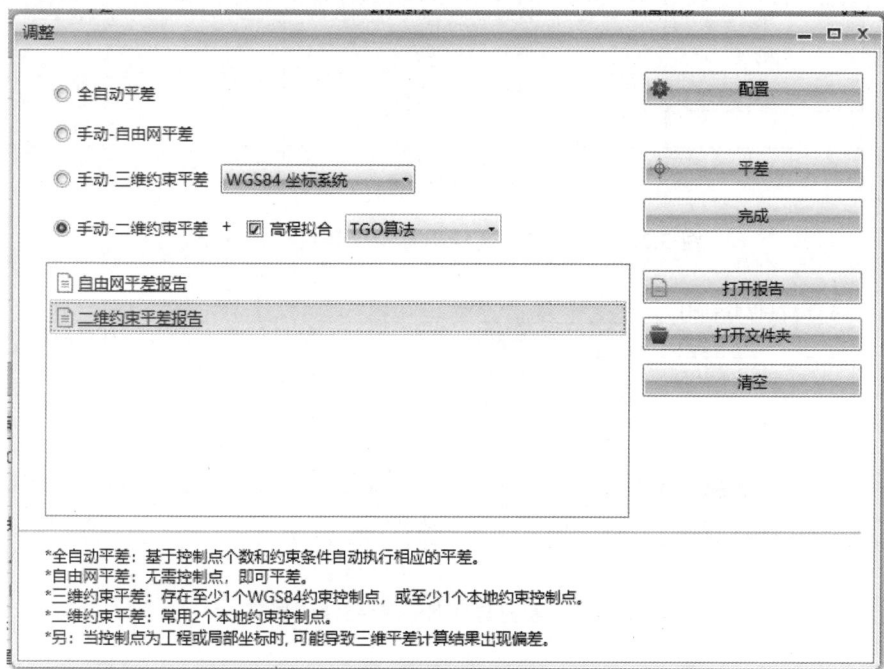

图 3.24　网平差

8. 网平差报告

在平差报告里面查看精度指标，所有精度指标满足后，静态处理完成，图 3.25～图 3.27 为精度指标样例。

2 平差统计

名称	值
网参考因子	0.151
x2卡方检验	合格
Chi2计算值	38.23606
Chi2检验范围	21.12581～54.83302
单位权中误差比	1.03059
精度置信水平	2 sigma
自由度	3

图 3.25　网平差统计

5.5 当地坐标系统下平面坐标

点ID	北坐标(m)	北坐标中误差(m)
H1	4506609.95409	0.00108
H7	4504126.53074	0.00068
H4	4499693.80951	0.00132
H8	4503262.30989	0.00078
H3	4503704.84590	0.00118
H2	4506235.99285	0.00107
H5	4500929.67834	0.00089
H6	4502431.32297	0.00090

图 3.26　北、东、高程坐标中误差统计（局部）

5.6 最弱边和最弱点统计

最弱边基线名	基线ID	DX(m)	Std.DX(m)
B12(H4->H5)	H4->H5	3054.8289	0.0017

当地最弱点名	北坐标(m)	北坐标中误差(m)
H2	4506235.99285	0.00107

图 3.27　最弱边和最弱点统计（局部）

项目四　地形数据采集的基本方法

【学习内容及教学目标】

通过本项目学习，了解地物地貌在图上的表示方法，掌握应用比例符号、非比例符号、线状符号、注记符号表示地物的方法，掌握应用等高线加注高程表示地貌的方法，掌握采用全站仪、GNSS-RTK 卫星定位接收机进行外业数据采集的方法，掌握采用绘图软件进行地形图的绘制方法，掌握地形图的基本应用方法。

【能力培养目标】

1. 具有采用全站仪、GNSS-RTK 卫星定位接收机外业数据采集的能力。
2. 具有采用相应软件进行地形图绘制的能力。
3. 具有地形图应用能力。

【思政目标】

1. 培养学生严谨细微、实事求是的工作作风；良好的职业道德意识及敬业爱岗精神；诚实守信，乐于奉献的人格素质；团结协作，互相帮助的团队意识。

2. 培养学生认真、执着的职业发展定力，具有测绘工程项目的组织、管理能力，具有组织协调、控制和领导工程活动的领导潜力。

3. 培养学生具有"爱岗敬业、奉献测绘；维护版图、保守秘密；严谨求实、质量第一；崇尚科学、开拓创新；服务用户、诚信为本；遵纪守法、团结协作"的测绘职业道德规范意识。

4. 依托"维护版图，保守秘密"主题文化活动，进一步强化学生的国家版图意识，知道国土安全是立国之基，是国家生存和发展的基本条件，而相关测绘、地信数据不可以示人。让学生懂得自己作为测绘人员，要比普通人更能识别错误的地图和非法的测绘。通过学习，树立学生社会责任感、使命感和对国家疆域的认知、认同和自觉维护的意识，维护国家版图尊严。

【工程测量工岗位目标】

1. 能胜任采用多种方法进行野外地形数据外业采集工作。
2. 能胜任采用多种成图软件进行图形绘制及编辑工作。

4.1 地形图概述

4.1.1 地物地貌在图上的表示方法

通过控制测量，在测区里建立了一系列的符合相应精度的等级控制点，然后根据这些控制点测定地物与地貌，从而绘制地形图。在地形图上，地物与地貌是用一定的图式符号来表示的，国家测绘局制定了统一的地形图图式，作为识图和绘图的依据。

4.1.1.1 地物的表示方法

地物指地面上有明显轮廓线的固定物体，如房屋、公路、菜地、电杆等，根据地物的特性和大小，可用以下不同的符号进行表示。

1. 比例符号

根据地物的形状和大小按照一定的比例尺缩绘于图上，该图形与地物真实形状呈相似性，这种符号称为比例符号，如房屋、菜地等。

2. 非比例符号

地物轮廓很小，如果按比例缩绘不能进行绘制，但该地物又必须测绘，采用测定其中心位置，然后用象形符号进行表示，称为非比例符号。如水准点、消火栓等，非比例符号只能表示地物的位置和类别，不能表示其形状和大小，非比例符号应用时需注意符号定位中心的位置。

3. 线状符号

长度依比例，而宽度不依比例绘制的符号，称为线状符号，如电力线、围墙等。

4. 注记符号

有些地物除了用上面的符号表示之外，还得加上一定符号和文字的说明，这种符号称为注记符号，如河流需标出其流向，旱地需标明植被种类等。

常见的地形图图例见表 4.1。

4.1.1.2 地貌的表示方法

地貌是指地表的自然起伏状态，一般用等高线加注高程的方法进行表示。

1. 等高线的概念

地面上高程相等的相邻点连成的闭合曲线称为等高线。如图 4.1 所示，假想高程为 10 m 的水平面与山有一个封闭的交线，如图 4.1 上图所示，将此交线投影到水平面 H 上，得到 10 m 的等高线，依此类推，高程 11 m、12 m……的水平面同样与山有交线，将这些交线都投影到水平面 H 上，如图 4.1 下图所示，这样就得到了用等高线表示的山的形状。

表 4.1　1∶500、1∶1000、1∶2000 地形图图例

编号	符号名称	1∶500　1∶1000	1∶2000	编号	符号名称	1∶500　1∶1000	1∶2000
1	一般房屋 混——房屋结构 3——房屋层数	混3	1.6	19	旱地	1.0 2.0	10.0 10.0
2	简单房屋						
3	建筑中的房屋	建		20	花圃	1.6 1.6	10.0 10.0
4	破坏房屋	破					
5	棚房	45° 1.6		21	有林地	a 1.6 松6	
6	架空房屋	砼4 砼4 1.0	1.0				
7	廊房	混3 1.0	1.0	22	人工草地	2.0 3.0	10.0 10.0
8	台阶	0.6 1.0 1.0					
9	无看台的露天体育场	体育场		23	稻田	0.2 3.0 1.0	10.0 10.0
10	游泳池	泳					
11	过街天桥			24	常年湖	青湖	
12	高速公路 a.收费站 0——技术等级代码	a 0	0.4	25	池塘	塘	塘
13	等级公路 2——技术等级代码 (G325)——国道路线编码	2(G325)	0.2 0.4	26	常年河 a.水涯线 b.高水界 c.流向 d.潮流向 ←〜〜 涨潮 →〜〜 落潮	a b 0.15 3.0 1.0 0.5 d 7.0	
14	乡村路 a.依比例尺的 b.不依比例尺的	a 4.0 1.0 0.2 b 8.0 2.0 0.3					
15	小路	1.0 4.0 0.3					
16	内部道路	1.0 1.0		27	喷水池	1.0 3.6	
17	阶梯路	1.0		28	GPS控制点	B 14 495.267 3.0	
18	打谷场、球场	球					

续表

编号	符号名称	1：500 1：1000	1：2000	编号	符号名称	1：500 1：1000	1：2000
29	三角点 凤凰山——点名 394.468——高程	△ 凤凰山 394.468 3.0		47	挡土墙	1.0 ⊥⊥⊥⊥⊥⊥ 6.0	0.3
30	导线点 116——等级、点号 84.46——高程	2.0 □ I16 84.46		48	栅栏、栏杆	10.0 1.0 ╷──╷──╷	
31	埋石图根点 16——点号 84.46——高程	1.6 ◇ 16 2.6 84.46		49	篱笆	10.0 1.0 ┼──┼──┼	
32	不埋石图根点 25——点号 62.74——高程	1.6 ○ 25 62.74		50	活树篱笆	6.0 1.0 o o o o o o o o o o o 0.6	
33	水准点 II京石5——等级、 点名、点号 32.804——高程	2.0 ⊗ II京石5 32.804		51	铁丝网	10.0 1.0 ×──×──×	
34	加油站	1.6 ⌶ 3.6 1.0		52	通讯线 地面上的	4.0 ──o────o──	
35	路灯	2.0 1.6 ⌾ 4.0 1.0		53	电线架	⊷⊶	
36	独立树 a.阔叶	a 2.0 ⌾ 3.0 1.6 1.0		54	配电线 地面上的	4.0 ──•────•──	
	b针叶	b ⇧ 3.0 1.6 1.0		55	陡坎 a.加固的 b.未加固的	a ⊥⊥⊥⊥⊥⊥⊥⊥⊥⊥ 2.0 b ‖‖‖‖‖‖‖‖‖‖	
	c.果树	c 1.6 ⌽ 3.0 1.0		56	散树、行树 a.散树 b.行树	a o 1.6 10.0 1.0 b o o o o	
	d.棕榈、椰子、槟榔	d 2.0 ⍬ 3.0 1.0		57	一般高程点及注记 a一般高程点 b独立性地物的高程	a b 0.5 •163.2 75.4	
37	上水检修井	⊖ 2.0		58	名称说明注记	**友谊路** 中等线体4.0(18k) **团结路** 中等线体3.5(15k) **胜利路** 中等线体2.75(12k)	
38	下水（污水）、 雨水检修井	⊕ 2.0		59	等高线 a.首曲线 b.计曲线 c.间曲线	a ∼∼∼ 0.15 b ∼∼∼ 0.3 1.0 6.0 c ∼– –∼ 0.15	
39	下水暗井	⊘ 2.0					
40	煤气、天然气检修井	⊘ 2.0					
41	热力检修井	⊖ 2.0					
42	电信检修井 a.电信人孔 b.电信手孔	a ⊗ 2.0 2.0 b ⊠ 2.0		60	等高线注记	∼∼25∼∼	
43	电力检修井	⊘ 2.0		61	示坡线	0.8	
44	污水篦子	2.0 ⊜ ▥ 1.0					
45	地面下的管道	4.0 ── ── 污 ── ── 1.0					
46	围墙 a.依比例尺的 b.不依比例尺的	10.0 a ▬▬▬▬▬▬ 10.0 b ■──■── 0.3 0.6		62	梯田坎	0.8 •56.4 1.2	

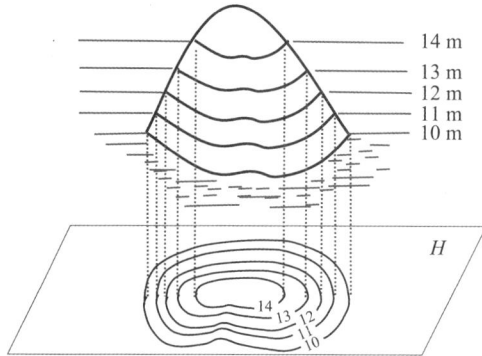

图 4.1　等高线的原理示意

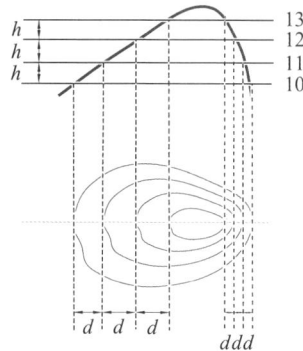

图 4.2　等高距与等高线平距的关系

2. 等高距和等高线平距

相邻两条等高线的高差称为等高距,用 h 表示,图 4.1 和图 4.2 中等高距都为 1 m,相邻两条等高线之间的水平距离称为等高线平距,用 d 表示,等高距和等高线平距之间的关系表示地面坡度,用 i 表示。则

$$i = \frac{h}{d}$$

（4.1）

等高距的确定是根据地形图比例尺和地面起伏情况确定,测图规范对大比例尺测图的基本等高距进行了明确规定。基本等高距的选择见表 4.2,同一测区或同一幅图中只能采用一种基本等高距。

表 4.2　大比例尺地形图的基本等高距

比例尺	基本等高距/m			
	平地	丘陵地	山地	高山地
1∶500	0.5	0.5	0.5 或 1.0	1.0
1∶1000	0.5	0.5 或 1.0	1.0	1.0
1∶2000	0.5 或 1.0	1.0	1.0 或 2.0	2.0
1∶5000	0.5 或 1.0	1.0 或 2.0	2.0 或 5.0	5.0

如图 4.2 所示，该幅图的基本等高距是 1 m，而等高线平距的大小，从图中可看出，因地面的起伏状况不同，等高线平距有大有小，平距越大，坡度越小；平距越小，坡度越大。也就是等高线越密集的地方，坡度越陡；等高线越稀疏的地方，坡度越缓。

3. 等高线的分类

为了更好地表示地貌特征，便于识图用图，地形图上主要采用下列四种等高线，如图 4.3 所示。

（1）首曲线。

按基本等高距绘制的等高线称为首曲线。首曲线一般用细实线表示。

（2）计曲线。

为了图面清晰和读图方便，每隔四条首曲线加粗描绘一条，这条加粗的等高线称为计曲线。计曲线的高程均是基本等高距的 5 倍，一般在计曲线上注记高程，字头指向上坡方向，计曲线一般用粗实线表示。

（3）间曲线。

按 1/2 基本等高距绘制的等高线称为间曲线,其目的是为了显示首曲线不能显示的地貌特征。在平地当基本等高线间距过大时，可加绘间曲线。间曲线可不闭合。间曲线一般用长虚线表示。

（4）助曲线。

当间曲线仍不足以显示地貌特征时，还可加绘 1/4 基本等高距的等高线，称为助曲线。助曲线可不闭合。助曲线一般用短虚线表示。

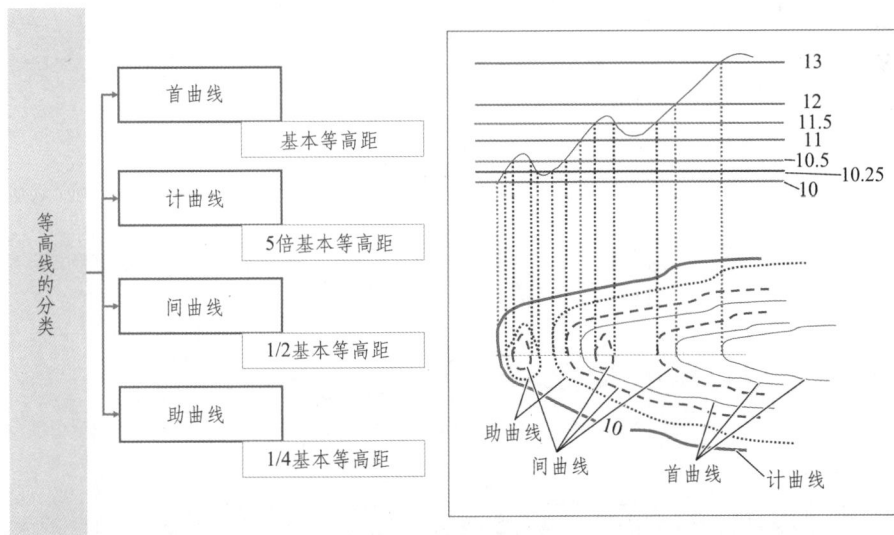

图 4.3　等高线的分类

4. 几种典型地貌的等高线

（1）山头和洼地。

如图 4.4 所示，山头和洼地的等高线都是封闭的一组曲线，可根据注记进

150

行区别，也可根据示坡线进行区别，如图中垂直于等高线的小短线就是示坡线，示坡线指示下坡方向。

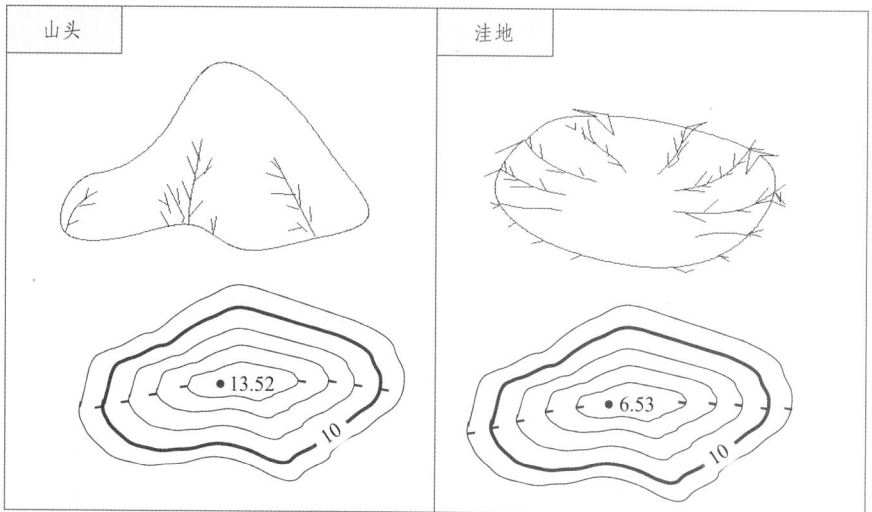

图 4.4　山头和洼地的等高线

（2）山脊和山谷。

如图 4.5 所示，沿着一个方向延伸的高地称为山脊，山脊上最高点的连线称为山脊线，它是雨水分流的界限，也称为分水线；两山脊之间沿着一个方向延伸的洼地称为山谷线，雨水汇合在此下泻，故称为合水线，或集水线。

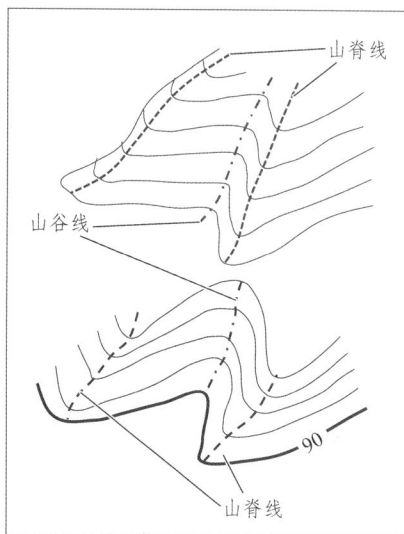

图 4.5　山脊和山谷

（3）陡崖和悬崖。

如图 4.6 所示，近于垂直的陡坡称为陡崖，陡崖的等高线将重合在一起，重合部分用陡崖符号代替，图 4.6 中（a）图为石质陡崖，（b）图为土质陡崖。山头上部突出，中间凹进的陡崖称为悬崖，悬崖凹进部分的等高线会与上部的等高线相交，凹进被山头遮挡的部分等高线用虚线表示，如图 4.6（c）图所示。

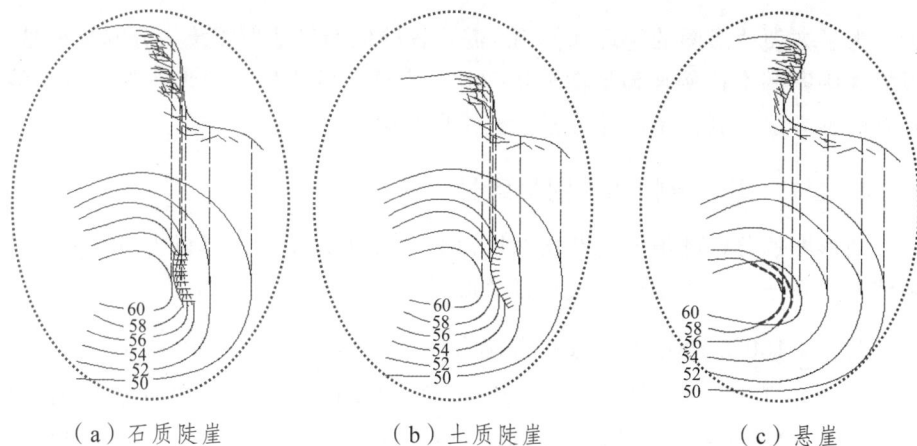

（a）石质陡崖　　　　　（b）土质陡崖　　　　　（c）悬崖

图 4.6　陡崖与悬崖

（4）鞍部。

两个山头之间的形如马鞍形的低凹部分称为鞍部，其等高线形状如图 4.7 所示。

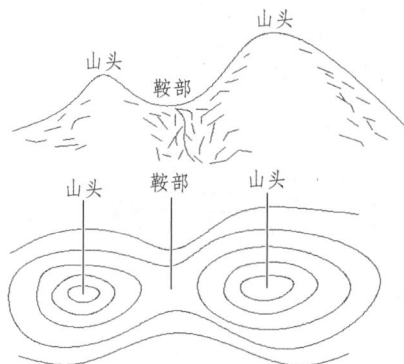

图 4.7　鞍部的等高线

5. 等高线的特性

（1）同一条等高线上各点的高程都相等。

（2）等高线是一条闭合的曲线，它若不在本图幅内闭合，必延伸或迂回到其他图幅内闭合。

（3）除陡崖和悬崖外，不同高程的等高线不能相交和重合。

（4）在同一幅图中，等高线越密集，表示坡度越陡，等高线越稀疏，表示坡度越缓。

（5）等高线通过分水线时，与分水线垂直相交，凸向低处；等高线通过合水线时，与合水线垂直相交，凸向高处。

4.1.2　地形图的分幅与编号

为了方便地形图的管理和使用，需将各种比例尺地形图统一分幅及编号。根据《国家基本比例尺地形图分幅和编号方法》的规定，地形图的分幅与编号有两种方法：分别是国际分幅法及矩形分幅法。

4.1.2.1　国际分幅和老图号编号方法

地形图的分幅和编号是在比例尺为 1：100 万地形图的基础上按一定经差和纬差来划分的，每幅图构成一张梯形图幅。

1. 1：100 万地形图的分幅与编号

1：100 万的地形图国际上实行统一的分幅和编号。自赤道向北或向南分别按纬差 4°分成横行，各行依次以字母 A、B…V 表示。自经度 180°开始起算，自西向东按经差 6°分成纵列，各列依次用 1、2…60 表示，如图 4.8 所示。

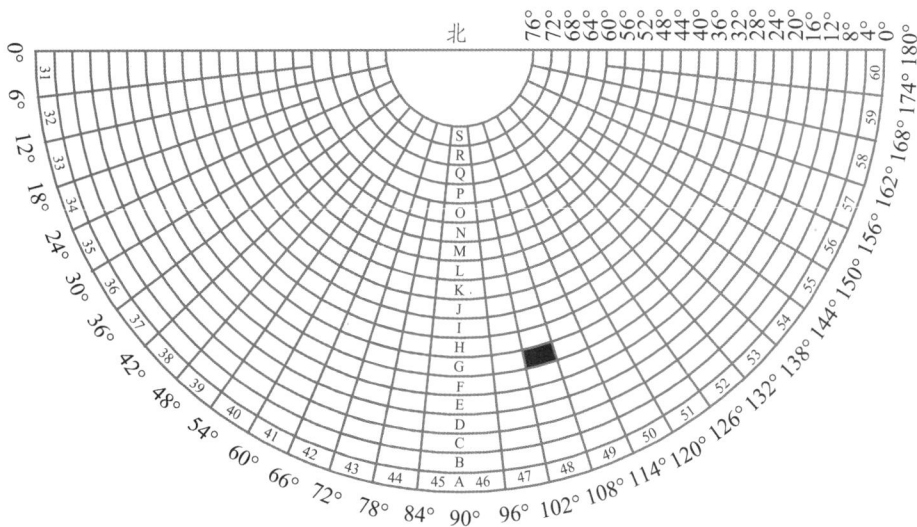

图 4.8　1：100 万地形图分幅与编号

每一幅图的编号由其所在的"横行-纵列"的代号组成。例如东经 106°09′20″，北纬 26°56′30″，其所在的 1：100 万比例尺图的图号为 G-48。

由于南北半球的经度相同而纬度对称，为了区别南北半球对应图幅的编号，规定在南半球的图号前加一个 S。如 SG-48 表示南半球的图幅，而 G-48 表示北半球的图幅。

2. 1：50 万、1：25 万、1：10 万地形图的分幅与编号

这三种比例尺的地形图都是在 1：100 万图幅的基础上进行分幅的，将一副 1：100 万地形图按经差 3°、纬差 2°分成 2 行 2 列，形成 4 幅 1：50 万地形图，在 1：100 万的图号后写上各自的代号 A、B、C、D 进行编号。将一副 1：100

万地形图按经差 1°30′、纬差 1°分成 4 行 4 列，形成 16 幅 1：25 万地形图，在 1：100 万的图号后写上各自的代号（1）~（16）进行编号。将一副 1：100 万地形图按经差 30′、纬差 20′分成 12 行 12 列，形成 144 幅 1：10 万地形图，在 1：100 万的图号后写上各自的代号 1~144 进行编号。

例如：东经 106°09′20″，北纬 26°56′30″，其所在的 1：50 万、1：25 万、1：10 万图幅的编号分别为 G-48-B、G-48-（7）、G-48-45，如图 4.9 所示。

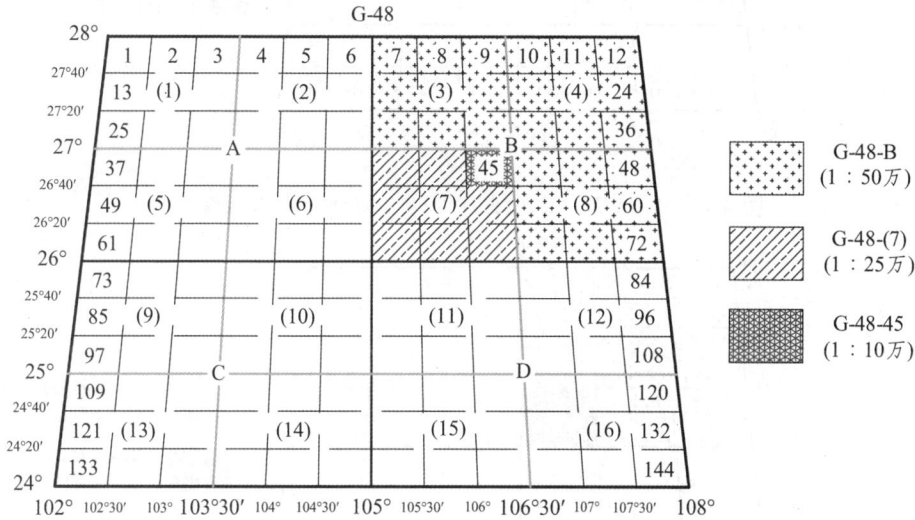

图 4.9 1：50 万、1：25 万、1：10 万地形图分幅与编号

3. 1：5 万、1：2.5 万、1：1 万地形图的分幅与编号

这三种比例尺的地形图是在 1：10 万图幅的基础上分幅与编号的。一幅 1：10 万的图幅，划分成 4 幅 1：5 万的地形图，在 1：10 万的图号后写上各自的代号 A、B、C、D。每幅 1：5 万的地形图又可分为 4 幅 1：2.5 万的地形图，在 1：5 万的图号后写上各自的代号 1、2、3、4 进行编号。每幅 1：10 万地形图分为 64 幅 1：1 万的地形图，在 1：10 万的图号后写上各自的代号（1）（2）…（64）进行编号，如图 4.10 所示。

例如：东经 106°09′20″，北纬 26°56′30″，其所在的 1：5 万、1：2.5 万、1：1 万图幅的编号分别为 G-48-45-A、G-48-45-A-2、G-48-45-（11），如图 4.10 所示。

4. 1：5000、1：2000 地形图的分幅与编号

这两种比例尺是以 1：1 万地形图的分幅与编号为基础的。每幅 1：1 万的图幅分为 4 幅 1：5000 的地形图，分别在 1：1 万的图幅号后面写上各自的代号 a、b、c、d。每幅 1：5000 的图幅又分成 9 幅 1：2000 的地形图，分别在 1：5000 的图幅号后面写上各自的代号 1、2…9 进行编号。

例如：东经 106°09′20″，北纬 26°56′30″，其所在的 1：5000、1：2000 图幅的编号分别为 G-48-45-（11）-a、G-48-45-（11）-a-9，如图 4.11 所示。

154

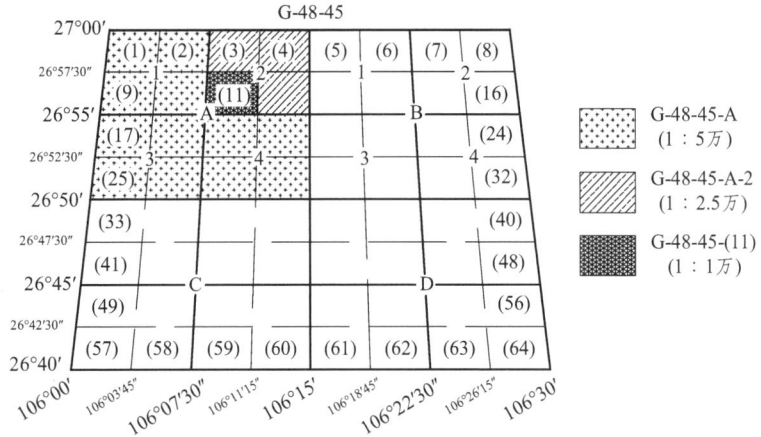

图 4.10 1∶5 万、1∶2.5 万、1∶1 万地形图的分幅与编号

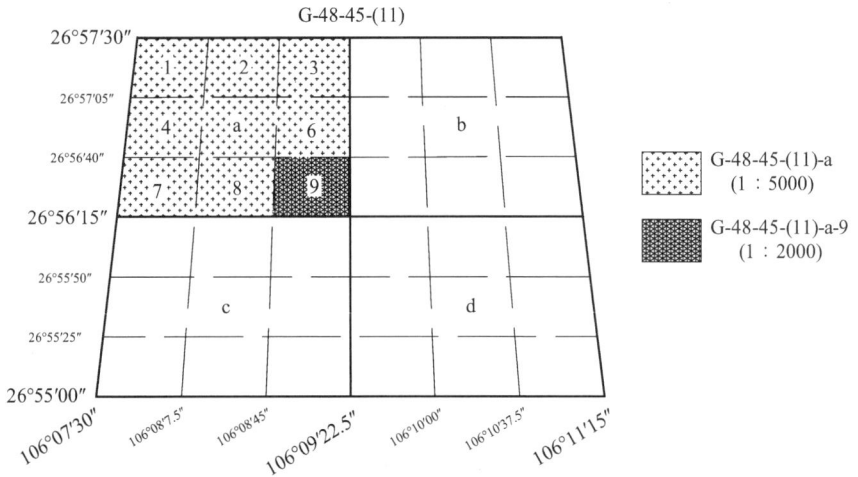

图 4.11 1∶5000、1∶2000 地形图的分幅与编号

各种比例尺地形图的分幅与编号列于表 4.3 中。

表 4.3 各种比例尺地形图分幅与编号表

比例尺	图幅大小		分幅方法		分幅编号
	经差	纬差	分幅基础	分幅数	
1∶100 万	6°	4°	全球		纵 A~V
					横 1~60
1∶50 万	3°	2°	1∶100 万	4	A、B、C、D
1∶25 万	1°	40′	1∶100 万	16	[1]~[36]
1∶10 万	30′	20′	1∶100 万	144	1~144
1∶5 万	15′	10′	1∶10 万	4	A、B、C、D
1∶2.5 万	7′30″	5′	1∶5 万	4	1、2、3、4
1∶1 万	3′45″	2′30″	1∶10 万	64	（1）~（64）
1∶5000	1′52.5″	1′15″	1∶1 万	4	a、b、c、d
1∶2000	37.5″	25″	1∶5000	9	1~9

4.1.2.2 国际分幅新图号编号方法

1. 编号方法概述

20 世纪 90 年代以后,国家测绘总局审查通过了国家基本比例尺地形图分幅编号的新方法。1:50 万 ~ 1:5000 地形图的分幅与编号,是在 1:100 万地形图的基础上,采用行列编号方法,如图 4.12 所示,其编号由所在 1:100 万地形图的图号、比例尺代码和图幅的行列号共 10 位码组成,如图 4.13 所示。基本比例尺的代码及行列数见表 4.4。

表 4.4　国家基本比例尺地形图的比例尺代码及行列数

比例尺	1:50万	1:25万	1:10万	1:5万	1:2.5万	1:1万	1:5000
代码	B	C	D	E	F	G	H
每幅 1:100 万划分行列数	2 行× 2 列	4 行× 4 列	12 行× 12 列	24 行× 24 列	48 行× 48 列	96 行× 96 列	192 行 ×192 列

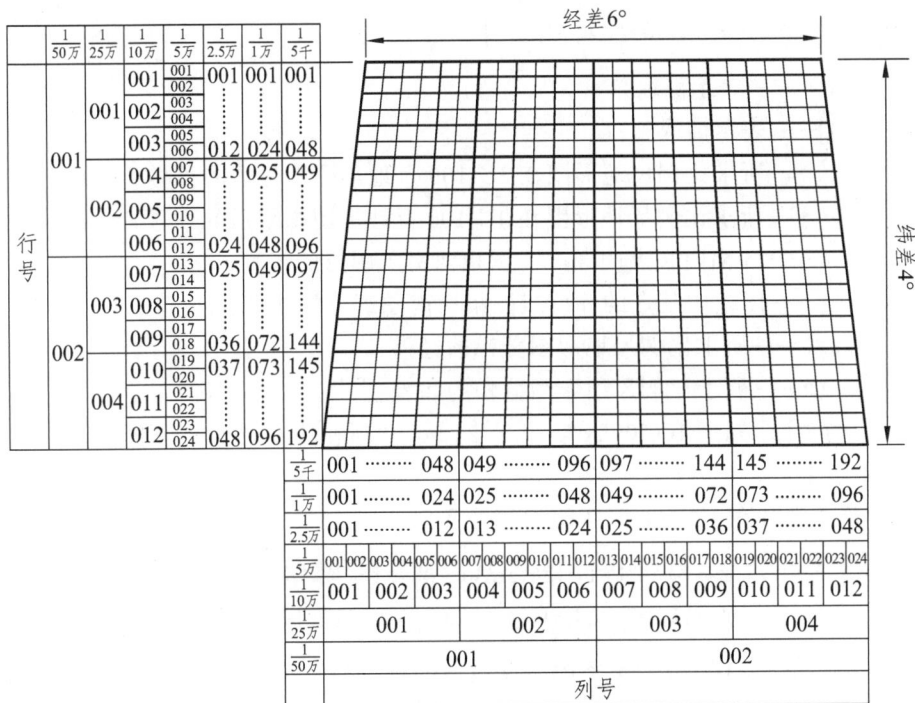

图 4.12　1:100 万图幅行列划分示意

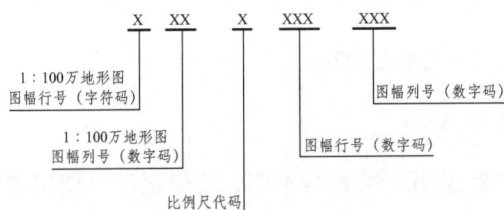

图 4.13　地形图编号示意

2. 编号应用实例

已知图幅内某点的经、纬度或西南图廓点的经、纬度计算编号。

（1）首先求其在 1∶100 万图幅的行号和列号

$$\left.\begin{aligned} a &= [\phi / 4°] + 1 \\ b &= [\lambda / 6°] + 31 \end{aligned}\right\} \tag{4.2}$$

式中　[]——表示商取整；

　　　a——1∶100 万地形图图幅所在纬度带字符码所对应的数字码；

　　　b——1∶100 万地形图图幅所在经度带的数字码；

　　　λ——图幅内某点的经度或图幅西南图廓点的经度；

　　　ϕ——图幅内某点的纬度或图幅西南图廓点的纬度。

（2）再按下式计算所求比例尺地形图在 1∶100 万地形图图号图号后的行、列号：

$$\left.\begin{aligned} c &= 4° / \Delta\phi - [(\phi / 4°)\ \Delta\phi] \\ d &= [(\lambda / 6°) / \Delta\lambda] + 1 \end{aligned}\right\} \tag{4.3}$$

式中　（）——表示商取余；

　　　[]——表示商取整；

　　　c——所求比例尺地形图在 1∶100 万地形图图号后的行号；

　　　d——所求比例尺地形图在 1∶100 万地形图图号后的列号；

　　　λ——图幅内某点的经度或图幅西南图廓点的经度；

　　　ϕ——图幅内某点的纬度或图幅西南图廓点的纬度；

　　　$\Delta\lambda$——所求比例尺地形图分幅的经差；

　　　$\Delta\phi$——所求比例尺地形图分幅的纬差。

【例 3】求东经 106°09′20″，北纬 26°56′30″所在的 1∶5 万的新图幅编号。

【解】

首先求其在 1∶100 万图幅的行号和列号：

$$a = [\phi / 4°] + 1 = [26°56′30″ / 4°] + 1 = 7（对应字符码：G）$$
$$b = [\lambda / 6°] + 31 = [106°09′20″ / 6°] + 31 = 48$$

然后求其在 1∶100 万地形图图号图号后的行、列号：

$$c = 4° / \Delta\phi - [(\phi / 4°)\ \Delta\phi] = 4° / 10′ - [(26°56′30″ / 4°) \times 10′] = 24 - [2°56′30″ \times 10′] = 7$$
$$d = [(\lambda / 6°) / \Delta\lambda] + 1 = [(106°09′20″ / 6°) / 15′] + 1 = [4°09′20″ / 15′] + 1 = 17$$

所以该图幅的编号为：G48E007017。

4.1.2.3　矩形分幅法

国际分幅法主要应用于国家基本图，工程建设中使用的大比例尺地形图，一般采用矩形分幅法。

矩形图幅的大小及尺寸如表 4.5 所示。

表 4.5　矩形图幅表

比例尺	正方形分幅		矩形分幅	
	图幅尺寸/（cm×cm）	实地面积/km²	图幅尺寸/（cm×cm）	实地面积/km²
1∶5000	40×40	4	50×40	5
1∶2000	50×50	1	50×40	0.8
1∶1000	50×50	0.25	50×40	0.2
1∶500	50×50	0.0625	50×40	0.05

采用矩形分幅时，大比例尺地形图的编号，一般采用图幅西南角的纵、横坐标千米数来表示，即"x-y"。1∶2000 比例尺地形图图号的坐标值取位至整千米数；1∶1000 取位至 0.1 千米数；1∶500 取位至 0.01 千米数。

如图 4.14 所示，该幅 1∶5000 的图幅编号为"50-20"，画斜线的 1∶2000 的图幅编号为"51-20"，画斜线的 1∶1000 的图幅编号为"50.5-21.0"，画斜线的 1∶500 的图幅编号为"50.00-21.75"。

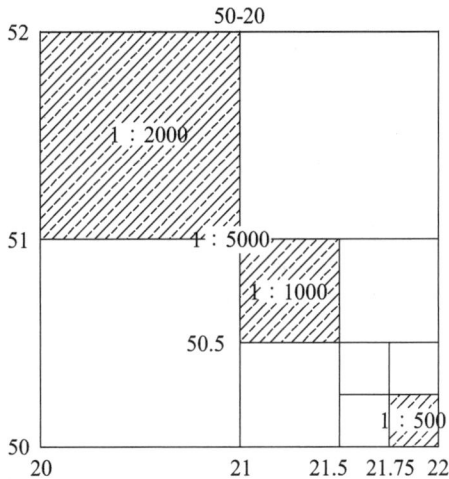

图 4.14　矩形图幅的分幅与编号

4.2　全站仪地理信息数据采集

大比例尺地形图测绘的主要方式有全站仪测图、卫星定位 RTK 成图、航空摄影测图等。

4.2.1　全站仪大比例尺地形图测绘原理

地物和地貌的形状和大小总是可以通过一系列的点、线表示出来，这些能够表示出地物及地貌轮廓及特征的点或线称为地形特征点或特征线。

大比例尺地形图的测绘，是在控制测量的基础上，测量每个控制点周围的地物及地貌特征点、特征线的平面位置和高程，并将其绘制到图纸上。

如图 4.15 所示，在地面上布设了 A、B、C、D、E 控制点，组成闭合导线进行控制测量，然后进行碎部测量。碎部测量是在控制点上安置仪器，测量其周围的地物和地貌，如图中所示，在控制点 A 上安置仪器，在地物和地貌的特征点上安置照准标志，仪器测出特征点的位置，通过测定出来的特征点的位置元素在图纸上将其确定出来从而勾绘出地物和地貌，可见，要测定地物和地貌的形状，其特征点的选择很重要，下面介绍地物及地貌特征点的选择。

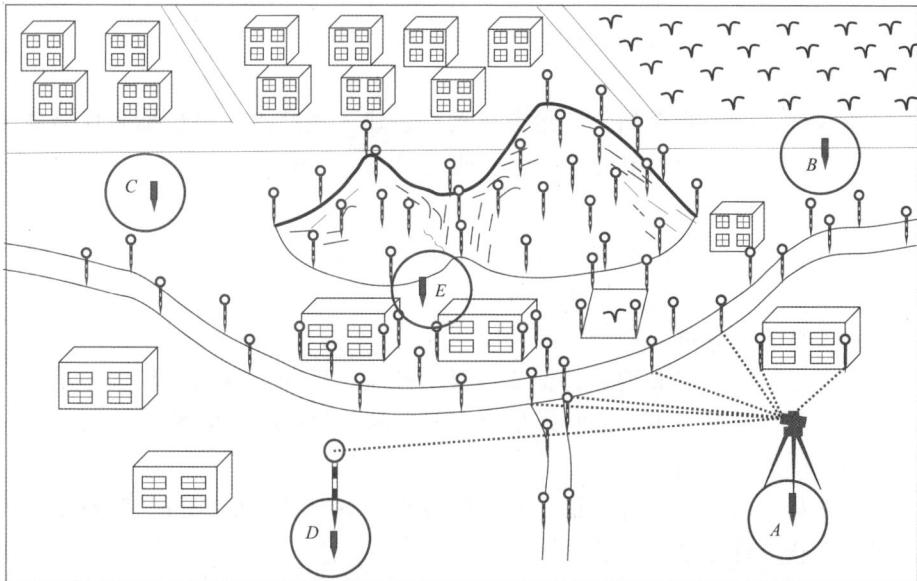

图 4.15　地物及地貌特征点示意

1. 地物特征点的选择概述

地物特征点主要指的是地物轮廓的转折点，比如房屋的屋角，道路或河流的转弯点、交叉点，植被边界点、转折点等。测量时如果正确的测出这些点的点位，通过其内在关系连接这些点位，就可得到相似的地物形状。

2. 地貌特征点的选择概述

地貌特征点主要包括山顶、鞍部、山脊和山谷的地形变换处、山坡的坡度变换处等，而山脊线和山谷线是表示地貌重要的特征线，这些点、线组成了地貌的基本骨架。为了能真实地表示实地情况，在地面平坦或坡度无明显变化的地区，碎部点的间距和最大视距应符合规范规定。

4.2.2　全站仪数据采集概述

全站仪数据测记模式为目前最常用的测记式数字测图作业模式，为绝大多数软件所支持，测记法按工作方式的不同可分为草图法和简码法。本任务主要基于南方 CASS 9.1 测图软件的全站仪数字测图技术。

1. 草图法

当地物较为凌乱时，采用草图法数据采集模式，也就是在数据采集时根据实地绘制草图，室内采用点号定位、坐标定位、编码引导几种方式成图。在测量过程中立尺员需要和观测员及时联系，使草图上标注的碎部点点号要和全站仪里记录的点号一致，而在测量每一个碎部点时不用在电子手簿或全站仪里输入地物编码，故又称为无码方式。其一个测站操作程序如下。

（1）绘草图。

立尺员根据地形情况绘制草图，如图 4.16 所示。

（2）建立测站。

在测站点上安置全站仪，量取仪器高，输入测站点三维坐标和仪器高。然后照准定向点，输入定向点的坐标或定向边的方位角。

（3）定向检核。

测量某一已知点的坐标，误差应小于图上 0.2 mm，满足要求后，即可开始数据采集，如超限，应重新定向。

（4）碎部点测量。

选择地物特征点和地貌特征点立反射棱镜，按照仪器的操作程序进行碎部点三维坐标数据采集，同时采集绘图信息和绘制草图，如图 4.16 所示。

（5）结束前定向检查。

照准某一已知点进行测量，其坐标误差应小于图上 0.2 mm，如有误，应改正或重新进行测量。

2. 简码法

当现场比较规整时，可使用"简码法"数据采集，其与"草图法"在野外测量时不同的是，每测一个地物点时都要在电子手簿或全站仪上输入地物点的简编码。

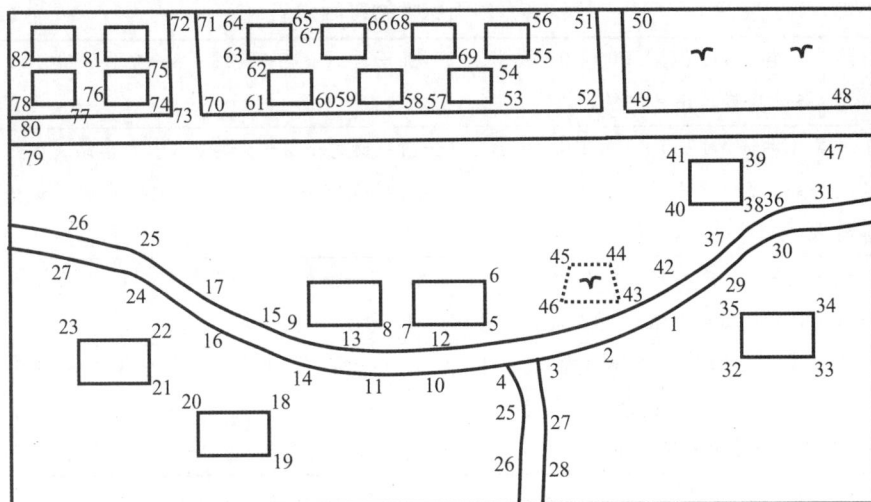

图 4.16　地形草图

南方 CASS 9.1 的野外操作码由描述实体属性的野外地物码和一些描述连接关系的野外连接码组成，如表 4.6 和表 4.7 所示。CASS 9.1 专门有一个野外操作码定义文件"JCODE.DEF"，该文件是用来描述野外操作码与 CASS 9.1 内部编码的对应关系的，用户可编辑此文件使之符合自己的要求。

野外操作码的定义有以下规则：

（1）野外操作码有 1~3 位，第一位是英文字母，大小写等价，后面是范围为 0~99 的数字，无意义的 0 可以省略，例如，A 和 A00 等价、F1 和 F01 等价。

（2）野外操作码后面可跟参数，如野外操作码不到 3 位，与参数间应有连接符"-"，如有 3 位，后面可紧跟参数，参数有下面几种：控制点的点名；房屋的层数；陡坎的坎高等。

（3）野外操作码第一个字母不能是"P"，该字母只代表平行信息。

（4）Y0、Y1、Y2 三个野外操作码固定表示圆，以便和老版本兼容。

（5）可旋转独立地物要测两个点以便确定旋转角。

（6）野外操作码如以 U，Q，B 开头，将被认为是拟合的，所以如果某地物有的拟合，有的不拟合，就需要两种野外操作码。

（7）房屋类和填充类地物将自动被认为是闭合的。

（8）房屋类和符号定义文件第 14 类别地物如只测三个点，系统会自动给出第 4 个点。

（9）对于查不到 CASS 编码的地物以及没有测够点数的地物，如只测一个点，自动绘图时不做处理，如测两点以上按线性地物处理。

南方 CASS 9.1 系统预先定义了一个"JCODE.DEF"文件，用户可以编辑"JCODE.DEF"文件以满足自己的需要，但要注意不能重复。

表 4.6 线面状地物符号代码

坎类（曲）：K（U）+数（0—陡坎，1—加固陡坎，2—斜坡，3—加固斜坡，4—垄，5—陡崖，6—干沟）
线类（曲）：X（Q）+数（0—实线，1—内部道路，2—小路，3—大车路，4—建筑公路，5—地类界，6—乡.镇界，7—县.县级市界，8—地区/地级市界，9—省界线）
垣栅类：W+数（0，1—宽为 0.5 米的围墙，2—栅栏，3—铁丝网，4—篱笆，5—活树篱笆，6—不依比例围墙，不拟合，7—不依比例围墙，拟合）
铁路类：T+数[0—标准铁路（大比例尺），1—标（小），2—窄轨铁路（大），3—窄（小），4—轻轨铁路（大），5—轻（小），6—缆车道（大），7—缆车道（小），8—架空索道，9—过河电缆]
电力线类：D+数（0—电线塔，1—高压线，2—低压线，3—通讯线）
房屋类：F+数（0—坚固房，1—普通房，2—一般房屋，3—建筑中房，4—破坏房，5—棚房，6—简单房）
管线类：G+数[0—架空（大），1—架空（小），2—地面上的，3—地下的，4—有管堤的]
植被土质：拟合边界：B—数（0—旱地，1—水稻，2—菜地，3—天然草地，4—有林地，5—行树，6—狭长灌木林，7—盐碱地，8—沙地，9—花圃）
不拟合边界：H—数（0—旱地，1—水稻，2—菜地，3—天然草地，4—有林地，5—行树，6—狭长灌木林，7—盐碱地，8—沙地，9—花圃）
圆形物：Y+数（0 半径，1—直径两端点，2—圆周三点）
平行体：P+[X（0—9），Q（0—9），K（0—6），U（0—6），…]
控制点：C+数（0—图根点，1—埋石图根点，2—导线点，3—小三角点，4—三角点，5—土堆上的三角点，6—土堆上的小三角点，7—天文点，8—水准点，9—界址点）

例如：K0——直折线型的陡坎，U0——曲线型的陡坎，W1——土围墙，T0——标准铁路（大比例尺），Y012.5——以该点为圆心半径为 12.5 m 的圆。

表 4.7 点状地物符号代码

符号类别	编 码 及 符 号 名 称				
水系设施	A00 水文站	A01 停泊场	A02 航行灯塔	A03 航行灯桩	A04 航行灯船
	A05 左航行浮标	A06 右航行浮标	A07 系船浮筒	A08 急 流	A09 过江管线标
	A10 信号标	A11 露出的沉船	A12 淹没的沉船	A13 泉	A14 水 井

续表

符号类别	编 码 及 符 号 名 称				
土质	A15 石 堆				
居民地	A16 学 校	A17 肥气池	A18 卫生所	A19 地上窑洞	A20 电视发射塔
	A21 地下窑洞	A22 窑	A23 蒙古包		
管线设施	A24 上水检修井	A25 下水雨水检修井	A26 圆形污水篦子	A27 下水暗井	A28 煤气天然气 检修井
	A29 热力检修井	A30 电信入孔	A31 电信手孔	A32 电力检修井	A33 工业、石油 检修井
	A34 液体气体储存 设备	A35 不明用途检修井	A36 消火栓	A37 阀 门	A38 水龙头
	A39 长形污水篦子				
电力设施	A40 变电室	A41 无线电杆.塔	A42 电 杆		
军事设施	A43 旧碉堡	A44 雷达站			
道路设施	A45 里程碑	A46 坡度表	A47 路 标	A48 汽车站	A49 臂板信号机
独立树	A50 阔叶独立树	A51 针叶独立树	A52 果树独立树	A53 椰子独立树	
工矿设施	A54 烟 囱	A55 露天设备	A56 地 磅	A57 起重机	A58 探 井
	A59 钻孔	A60 石油.天然气井	A61 盐 井	A62 废弃的小矿井	A63 废弃的平峒洞
	A64 废弃的竖井 井口	A65 开采的小矿井	A66 开采的平峒 洞口	A67 开采的竖井 井口	
公共设施	A68 加油站	A69 气象站	A70 路 灯	A71 照射灯	A72 喷水池
	A73 垃圾台	A74 旗 杆	A75 亭	A76 岗亭.岗楼	A77 钟楼.鼓楼.城楼
	A78 水 塔	A79 水塔烟囱	A80 环保监测点	A81 粮 仓	A82 风 车

符号类别	编码及符号名称				
公共设施	A83 水磨房.水车	A84 避雷针	A85 抽水机站	A86 地下建筑物天窗	
宗教设施	A87 纪念像碑	A88 碑.柱.墩	A89 塑像	A90 庙宇	A91 土地庙
	A92 教堂	A93 清真寺	A94 敖包.经堆	A95 宝塔.经塔	A96 假石山
	A97 塔形建筑物	A98 独立坟	A99 坟地		

4.2.3 苏光 RTS112R6L 全站仪数据采集

如图 4.17 所示，全站仪坐标数据采集工作前需要准备已知控制点坐标数据。下面以 A 点作为测站点，D 点作为定向点，建立测站及数据采集程序操作流程见图 4.18。

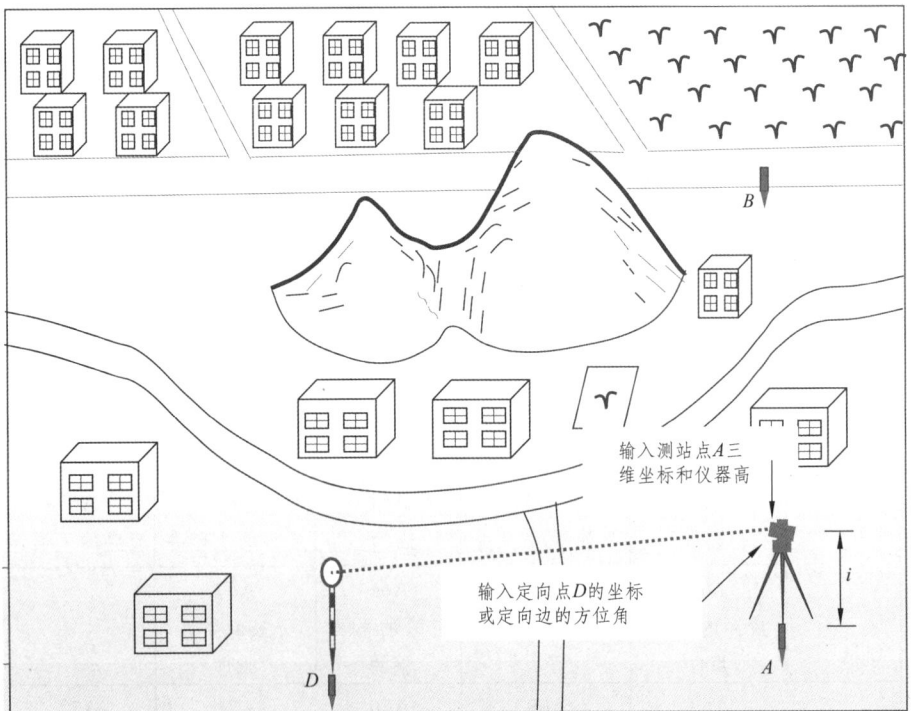

输入测站点 A 三维坐标和仪器高

输入定向点 D 的坐标或定向边的方位角

图 4.17 全站仪坐标数据采集外业示意

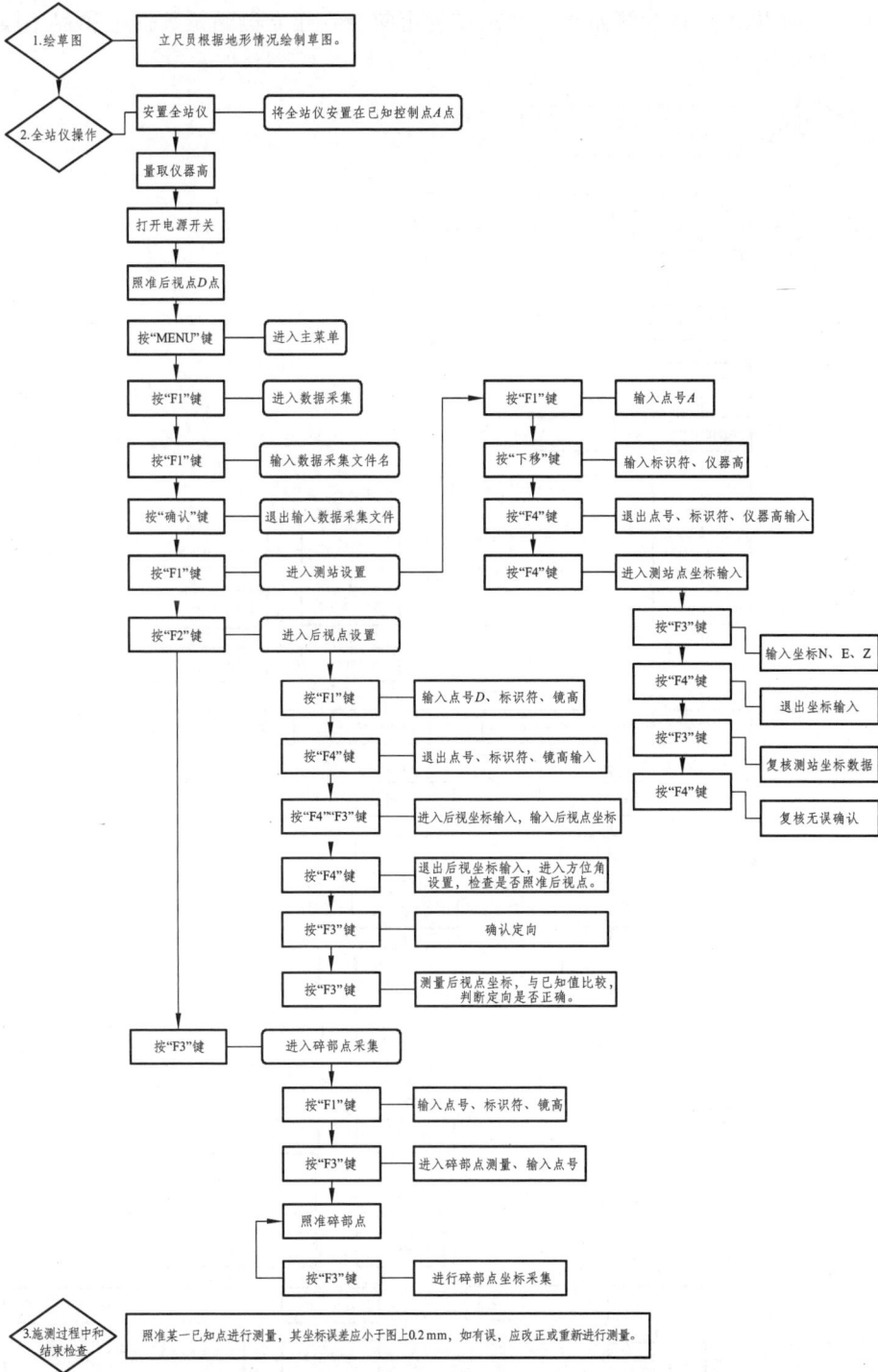

图 4.18 苏光 RTS112R6L 全站仪测站操作流程

4.2.4 华测 CTS-112R4 全站仪数据采集

如图 4.17 所示，全站仪坐标数据采集工作前需要准备已知控制点坐标数据。下面以 A 点作为测站点，D 点作为定向点，建立测站及数据采集程序操作流程见图 4.19。

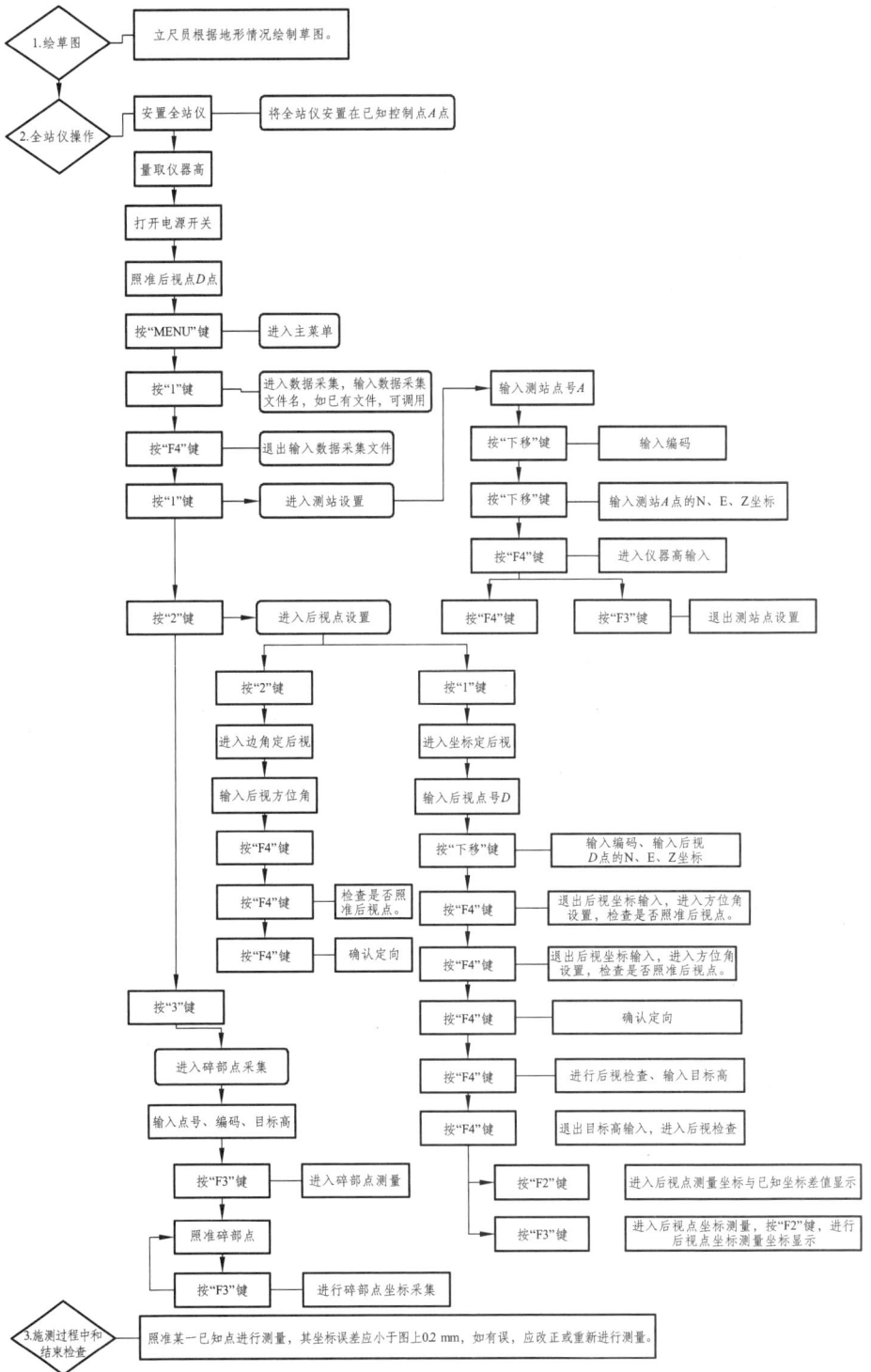

```
1.绘草图 ── 立尺员根据地形情况绘制草图。

2.全站仪操作 ── 安置全站仪 ── 将全站仪安置在已知控制点A点
                量取仪器高
                打开电源开关
                照准后视点D点
                按"MENU"键 ── 进入主菜单
                按"1"键 ── 进入数据采集，输入数据采集文件名，如已有文件，可调用 ── 输入测站点号A
                按"F4"键 ── 退出输入数据采集文件                  按"下移"键 ── 输入编码
                按"1"键 ── 进入测站设置                          按"下移"键 ── 输入测站A点的N、E、Z坐标
                                                                按"F4"键 ── 进入仪器高输入
                                                                按"F4"键    按"F3"键 ── 退出测站点设置
                按"2"键 ── 进入后视点设置
```

边角定后视分支：
```
按"2"键
进入边角定后视
输入后视方位角
按"F4"键
按"F4"键 ── 检查是否照准后视点。
按"F4"键 ── 确认定向
```

坐标定后视分支：
```
按"1"键
进入坐标定后视
输入后视点号D
按"下移"键 ── 输入编码、输入后视D点的N、E、Z坐标
按"F4"键 ── 退出后视坐标输入，进入方位角设置，检查是否照准后视点。
按"F4"键 ── 退出后视坐标输入，进入方位角设置，检查是否照准后视点。
按"F4"键 ── 确认定向
按"F4"键 ── 进行后视检查、输入目标高
按"F4"键 ── 退出目标高输入，进入后视检查
        按"F2"键 ── 进入后视点测量坐标与已知坐标差值显示
        按"F3"键 ── 进入后视点坐标测量，按"F2"键，进行后视点坐标测量坐标显示
```

碎部点采集分支：
```
按"3"键
进入碎部点采集
输入点号、编码、目标高
按"F3"键 ── 进入碎部点测量
照准碎部点
按"F3"键 ── 进行碎部点坐标采集

3.施测过程中和结束检查 ── 照准某一已知点进行测量，其坐标误差应小于图上0.2 mm，如有误，应改正或重新进行测量。
```

图 4.19 华测 CTS-112R4 全站仪测站操作流程

4.3 GNSS-RTK 地理信息数据采集

4.3.1 GNSS-RTK 测量方法概述

GNSS-RTK 技术是以载波相位观测量为根据的实时差分测量技术。如图 4.20 所示，实时动态测量的基本原理是在基准站上安置一台 GNSS 接收机，对所有可见卫星进行连续观测，并将其观测数据通过无线电传输设备，实时地发送给用户观测站（流动站、移动站）。在用户站上，GNSS 接收机在接收卫星信号的同时，通过无线电接收设备接收基准站传输的观测数据，然后根据相对定位的原理，实时地计算并显示用户站的三维坐标及其精度。通过实时计算的定位结果，便可监测基准站与用户站观测成果的质量和解算结果的收敛数据，从而可实时地判定解算结果是否成功，以减少冗余观测，缩短观测时间。

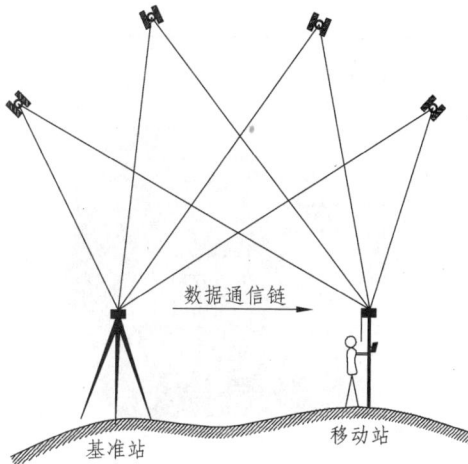

图 4.20 GNSS-RTK 测量原理

4.3.2 华测 i70 卫星定位接收机简介

（1）接收机外观，如图 4.21 所示。

1—卫星灯；2—差分数据灯；3—Fn 键；4—电源/确认键

图 4.21 接收机外观

（2）接收机指示灯及按键含义见表 4.8。

表 4.8　接收机指示灯及按键含义

LED 指示灯	颜色	含义
① 卫星灯	绿色	正在搜星，每隔 5 s 闪 1 下。
		搜星完成，卫星颗数 N，每 5 s 连闪 N 下。
② 差分数据灯	黄色/绿色	基站：基准站模式黄色 1 s 闪烁 1 次表示启动成功。
		移动站：移动站模式黄色 1 闪烁 1 次表示单点/浮动，绿色 1 s 闪烁 1 次表示固定。
按键		含义
③ Fn 键		按 Fn 键可操作液晶屏上下翻页。
④ 电源键/确认		开关机或确认某一功能时可按此键。
Fn 键+开关机键重新搜星		按住 Fn 键，连按 5 次关机键即可实现板卡复位，重新搜星。

（3）接收机下部，如图 4.22 所示。

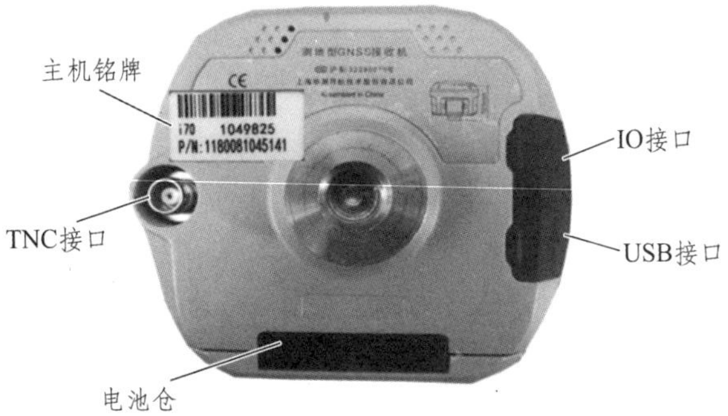

图 4.22　各接口、主机铭牌详细说明

（4）接口、主机铭牌释义见表 4.9。

表 4.9　接口、主机铭牌释义

主机铭牌	包含仪器型号、SN 号、PN 号等
TNC 接口	连接电台棒状天线
电池仓	安放电池，注意电池正反
IO 接口	USB 电源数据线（7 芯）外接供电、使用串口线输出自定义数据、使用电台数传线（7 芯）输出差分数据
USB 接口	可使用 USB 数据线下载静态数据、升级固件

（5）电台数传线（7 芯），如图 4.23 所示。

（6）棒状天线，如图 4.24 所示。

（7）手簿，如图 4.25 所示。

图 4.23　电台数传线（7 芯）外观

图 4.24　棒状天线外观

（a）HCE300 手簿　　　　　（b）HCE320 手簿

图 4.25　手簿

（8）关于 SIM 卡

采用网络模式进行工作时，需要准备已开通相应的数据通信业务的 SIM 卡，并每台主机安装一张 SIM 卡。

① 将接收机关机，打开电池后盖，将 SIM 卡插入卡槽中（SIM 卡芯片朝里）。

② 关闭电池后盖。

ⓘ 注　意

（1）切记要在关机状态下插拔 SIM 卡，否则会造成 SIM 卡烧坏。

（2）在网络模式工作时，不安装 SIM 卡，也可以开启手机热点进行数据通信。

4.3.3　华测 i70 GNSS-RTK 系统作业方案配置

该测量系统提供三种作业方案：内置电台模式、外挂电台模式、网络模式。

1. RTK 外挂电台作业模式外业数据采集

（1）基准站位置的选择要求：

① 交通方便，地势较高的点位。

②基准站 GPS 天线 15°高度角以上不能有成片的障碍物。

③基准站应远离高层建筑及成片水域。

④ 在基准站 200 m 范围内不能有强电磁干扰源。

（2）RTK 外挂电台作业基站操作流程见表 4.10。

表 4.10　基站安置与设置流程

基站安置与设置	主机及电台安装	安置三脚架
		安装基座
		将 30 m 加长杆与主机连接
		将主机连接到基座上
		并拧紧固定螺旋
		将外挂电台挂在三脚架中间位置
		采用电台数传一体线连接主机 IO 接口，将主机与电台相连
	高频电台天线安装	安置三脚架
		将鞭状天线、天线加长杆通过电台天线连接座连接起来
		使用铝盘将天线连接到三脚架上
		采用电台天线连接座电缆与外挂电台连接
	供电电瓶连接	采用电台数传一体线中电源连接接头与电瓶相连，注意"红+黑-"
	电台设置	打开电台
		设置信道，选择信道 1~9
		设置电台发射信号强弱
	主机设置	打开主机电源
		打开手簿电源，选择打开手簿 LandStar7 软件
		进入[配置]—[连接]
		查看目标蓝牙，是否为当前基站主机的编号，该编号有 7 位数据，在主机底部，注意查看
		如目标蓝牙为当前使用主机编号，选择连接按钮进行连接
		如目标蓝牙不是当前使用主机，蓝牙重新配对，配对完成进行连接
		进入[配置]—[工作模式]
		选择[自启动基准站]—[外挂电台（115200）]，按[接受]，基准站设置完成

（3）移动站操作流程见表4.11。

表4.11　移动站安置与设置流程

移动站安置与设置	移动站安装	将主机与对中杆连接
		将棒状天线连接到主机底部TNC接口
		将手簿托架连接到对中杆上，拎紧连接螺旋
		将手簿放到托架上，拎紧连接螺旋
	进入测地通软件	打开主机电源
		打开手簿电源，进入LandStar7软件
	采用蓝牙连接主机与手簿	进入[配置]—[连接]
		查看目标蓝牙，是否为当前使用主机的编号，该编号有7位数据，在主机底部，注意查看
		如目标蓝牙为当前使用主机编号，选择连接按钮进行连接
		如目标蓝牙不是当前使用主机，蓝牙重新配对，配对完成进行连接
	工作模式设置	进入[配置]—[工作模式]
		选择[新建]—工作方式为[自启动移动站]—数据接收方式选择[电台]—信道要与基站信道相同-其余默认
		移动站收到差分信号后会有一个单点定位→浮动→固定的RTK初始化过程，达到固定解后即可开始测量
	新建工程	进入[项目]—[工程管理]—[新建]
		输入工程名称，选择或新建坐标系，新建代码集或选择默认代码
		点击[确定]，即完成工程新建
	点校正	第一次到一个测区，想要测量的点与已知点坐标相匹配，需要做点校正
		输入已知点坐标：[项目]—[点管理]—[添加]。可进行控制点坐标添加
		进入[测量]—[点测量]，实地测量控制点
		在[项目]—[坐标系参数]中选择好坐标系，输入正确的中央子午线（如果有投影面高输入投影面高）
		进入[测量]—[点校正]—[添加]，GNSS点选择测量的坐标，已知点选择输入的平面坐标（NEH）
		方法选择：如果已知点平面和高程都用，在方法中选择[水平+垂直校正]；如果仅用平面坐标，选择[水平校正]；如果仅用高程坐标，选择[垂直校正]，以此选择完所有的控制点
		已知点对添加完成后，点击[计算]，如果残差较小，说明校正合格，点击[应用]，在弹出的提示中选择[是]

（4）测量或放样：点校正完成后即可开始测量/放样等工作。

2. RTK 内置电台作业模式外业数据采集

（1）RTK 内置电台作业基站操作流程见表 4.12。

表 4.12　基站安置与设置流程

基站安置与设置	安置三脚架 1 个
	安装基座
	将基座加长杆与主机连接
	将棒状天线连接到主机底部 TNC 接口
	打开主机电源
	检查工作模式，将工作模式设置为基站内置电台模式
	设置信道为确定值，共有 50 个信道可供选择
	将主机连接到基座上
	并拎紧固定螺旋
	内置电台作业模式基站设置完成

（2）移动站操作流程见表 4.13。

表 4.13　移动站安置与设置流程

移动站安置与设置	移动站安装	将主机与对中杆连接
		将棒状天线连接到主机底部 TNC 接口
		将手簿托架连接到对中杆上，拎紧连接螺旋
		将手簿放到托架上，拎紧连接螺旋
	进入 LandStar7 软件	打开主机电源
		打开手簿电源
		进入 LandStar7 软件
	采用蓝牙连接主机与手簿	进入配置菜单，选择[连接]
		查看目标蓝牙，是否为当前使用主机的编号，该编号有 7 位数据，在主机底部，注意查看
		如目标蓝牙为当前使用主机编号，选择[连接]进行连接
		如目标蓝牙不是当前使用主机，蓝牙重新配对，配对完成进行连接
	工作模式设置	进入[配置]—[工作模式]
		选择[新建]—工作方式为[自启动移动站]—数据接收方式选择[电台]—信道要与基站信道相同-其余默认
		移动站收到差分信号后会有一个单点定位→浮动→固定的 RTK 初始化过程，达到固定解后即可开始测量

续表

动站安置与设置	新建工程	进入[项目]—[工程管理]，点击[新建]
		输入工程名称，选择或新建坐标系，新建代码集或选择默认代码
		点击[确定]，即完成工程新建
	点校正	第一次到一个测区，想要测量的点与已知点坐标相匹配，需要做点校正
		输入已知点坐标：[项目]—[点管理]—[添加]，可进行控制点坐标添加
		进入[测量]—[点测量]，实地测量控制点
		在[项目]—[坐标系参数]中选择好坐标系，输入正确的中央子午线（如果有投影面高输入投影面高）
		进入[测量]—[点校正]—[添加]，GNSS 点选择测量的坐标，已知点选择输入的平面坐标（NEH）
		方法选择：如果已知点平面和高程都用，在方法中选择[水平+垂直校正]；如果仅用平面坐标，选择[水平校正]；如果仅用高程坐标，选择[垂直校正]，以此选择完所有的控制点
		已知点对添加完成后，点击[计算]，如果残差较小，说明校正合格，点击[应用]，在弹出的提示中选择[是]

（3）测量或放样：点校正完成后即可开始测量/放样等工作。

3. 多基站网络 RTK 作业模式外业数据采集

由于常规 RTK 作业工作距离短，定位精度随距离的增加而显著降低，目前利用多基站网络 RTK 技术取代 RTK 单独设站的应用已越来越广泛，所谓网络 RTK 也就是在某一区域内建立多个连续运行参考站系统（CORS）基准站，对该地区构成网络覆盖，并以这些基准站中的一个或多个为基准，计算和播发 GNSS 改正信息，对该地区的定位及导航用户进行实时改正的定位方式，称为网络 RTK。也称为多基站 RTK 技术。相对于传统 RTK 来说，网络 RTK 具有覆盖范围广、成本低、精度和可靠性高、应用范围广、初始化时间短等优点。

CORS 系统彻底改变了传统 RTK 测量作业方式，其主要优势体现在：

（1）改进了初始化时间、扩大了有效工作的范围。

（2）采用连续基站，用户随时可以观测，使用方便，提高了工作效率。

（3）拥有完善的数据监控系统，可以有效地消除系统误差和周跳，增强差分作业的可靠性。

（4）用户不需架设参考站，真正实现单机作业，减少了费用。

（5）使用固定可靠的数据链通信方式，减少了噪声干扰。

（6）提供远程互联网服务，实现了数据的共享。

（7）扩大了 GNSS 在动态领域的应用范围，更有利于车辆、飞机和船舶的精密导航。

（8）为建设数字化城市提供了新的契机。并能就地面沉降、地质灾害、地震等提供监测预报服务、研究探讨灾害时空演化过程。

国内现已建成的 CORS 大部分为省 CORS，以省为单位，在省内购买 CORS 服务，在本省进行 RTK 测量等工作均可接收到差分定位信号。千寻 CORS 是现阶段国内比较成熟 CORS 系统，并且是投入到生产中的全国一张网 CORS 系统，已经在测绘方面有较好的应用。

网络 RTK 作业模式下，用户不需架设基准站，其移动站操作流程：

（1）打开电池后盖，将 SIM 卡插入卡槽中（SIM 卡芯片朝里），如图 4.26 所示。

SIM卡槽

图 4.26　SIM 卡槽

（2）使用手簿进入 LandStar7 软件，将手簿与主机进行连接，操作方法与上述单基站内置电台操作基本相同，区别在于工作模式，其设置见表 4.14。

表 4.14　移动站安置与设置流程

工作模式设置	进入[配置]—[工作模式]
	选择[新建]—工作方式为自启动移动站—数据接收方式为手簿网络—通信协议为 CORS—输入网络域名/IP 地址、端口、源列表、用户名、密码等信息
	移动站收到差分信号后会有一个单点定位→浮动→固定的 RTK 初始化过程。达到固定解后即可开始测量

4.3.4　数据输出

数据导出操作步骤具体如下。

（1）将需要导出的工程在"工程管理"中设置为当前工程，进入[项目]
—[导出]，如图 4.27 所示。

图 4.27　LandStar7 软件项目页面

（2）输入导出文件名，根据相应的绘图软件选择对应的文件类型（可自
定义），如图 4.28 所示。

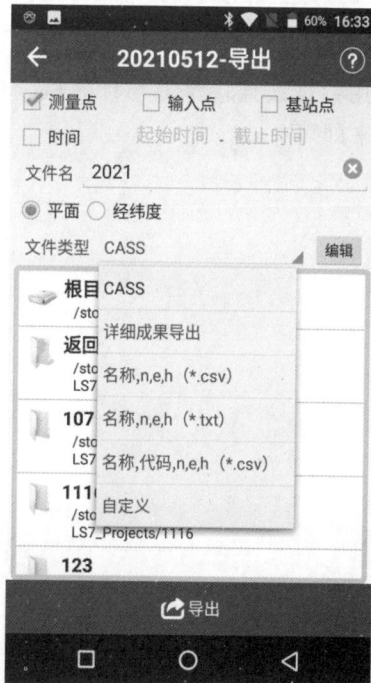

图 4.28　LandStar7 软件数据导出页面

（3）选择放置的文件夹—[导出]，如图 4.29 所示。

图 4.29 LandStar7 软件数据导出页面

（4）数据传输：采用数据线连接手簿与计算机，找到数据导出时放置的文件夹，将文件复制出来即可。

4.4 南方 CASS9.1 图形绘制

4.4.1 数据导入计算机

将全站仪或 RTK 接收机手簿通过通信电缆与计算机连接。根据不同仪器的数据传输方法将坐标数据文件导入计算机，并将数据转换成 CASS 坐标数据文件。

1. CASS 坐标数据文件文件格式

CASS 坐标数据文件扩展名是 ".DAT"，其格式为：

1 点点名，1 点编码，1 点 Y（东）坐标，1 点 X（北）坐标，1 点高程

……

N 点点名，N 点编码，N 点 Y（东）坐标，N 点 X（北）坐标，N 点高程

说明：

（1）文件内每一行代表一个点。

（2）每个点 Y（东）坐标、X（北）坐标、高程的单位均是米。

（3）编码内不能含有逗号，即使编码为空，其后的逗号也不能省略。

（4）所有的逗号不能在全角方式下输入。

2. 数据文件格式批量修改

外业数据采集完成之后，导出的数据，数据文件格式需要与相应绘图软件的坐标数据文件格式相同，如果直接修改 DAT 数据文件，非常不方便，这时可采用将 DAT 数据文件转换成易于编辑的 EXCEL 数据进行批量编辑。编辑之后，再将 EXCEL 数据转换成 DAT 数据文件。如图 4.30 所示。

```
1,,3139177.624,362035.158,849.96
2,,3139170.662,362038.268,849.952
3,,3139161.247,362042.43,849.961
4,,3139148.451,362046.652,849.953
5,,3139136.982,362049.976,849.954
6,,3139127.11,362053.079,849.962
7,,3139119.857,362054.788,849.961
8,,3139114.173,362056.062,849.943
9,,3139112.615,362058.409,850.088
10,,3139169.584,362022.765,850.828
11,,3139177.163,362024.681,850.094
12,,3139165.126,362024.892,850.866
13,,3139172.501,362032.455,849.896
14,,3139160.045,362027.142,850.862
```

点号	编码	Y（东向）坐标	X（北向）坐标	高程
1		3139177.624	362035.158	849.96
2		3139170.662	362038.268	849.952
3		3139161.247	362042.43	849.961
4		3139148.451	362046.652	849.953
5		3139136.982	362049.976	849.954
6		3139127.11	362053.079	849.962
7		3139119.857	362054.788	849.961
8		3139114.173	362056.062	849.943
9		3139112.615	362058.409	850.088
10		3139169.584	362022.765	850.828
11		3139177.163	362024.681	850.094
12		3139165.126	362024.892	850.866
13		3139172.501	362032.455	849.896
14		3139160.045	362027.142	850.862

图 4.30 CASS 格式数据与 EXCEL 数据对比示意

（1）DAT 数据→EXCEL 数据：

新建 EXCEL 文件打开，点击 [数据]—[导入数据]—[选择数据源]—[选择原始数据类型（分隔符号）]—[选择逗号分隔符]—[下一步]—[完成]，经过此项操作，DAT 数据导入 EXCEL 表格，可以进行批量操作。

（2）EXCEL 数据→DAT 数据：

将按照相应绘图软件的坐标数据文件格式编辑完成之后的 EXCEL 文件"另存为"，选择文件类型".csv（逗号分隔）"进行保存，保存后可用记事本打开，由于 EXCEL 的多版本区别，记事本打开之后可能需要粘贴出来，新建文本文档并将格式改为".DAT"，才能被 CASS 软件识别。

4.4.2　南方 CASS 9.1 主界面介绍

南方 CASS 9.1 的操作界面主要分为：图形界面、命令栏、任务栏、下拉菜单、CASS 实用工具栏、CAD 工具栏、屏幕菜单等，如图 4.31 所示。

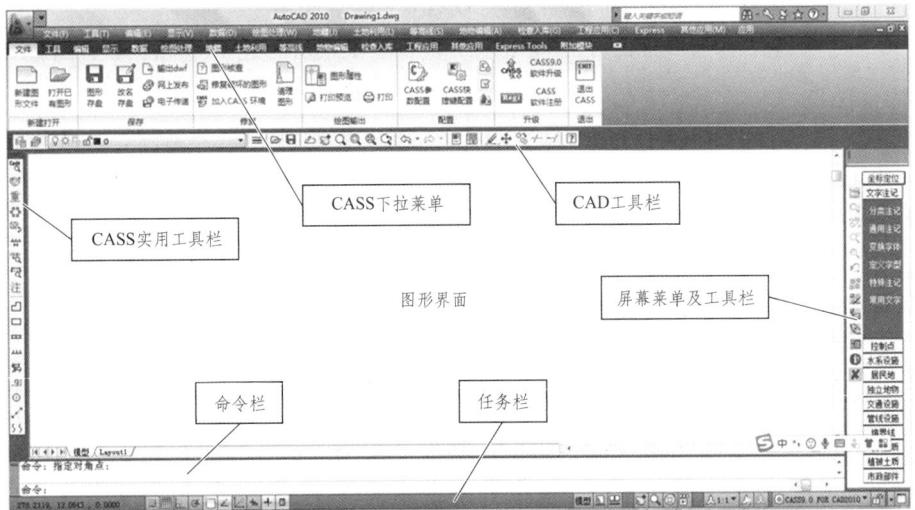

图 4.31　CASS 主界面示意

4.4.3　南方 CASS 9.1 系统常用快捷命令

南方 CASS 9.1 系统常用快捷命令见表 4.15。

表 4.15　南方 CASS 9.1 系统常用快捷命令

快捷键	作用	快捷键	作用
A	画弧	J	复合线连接
B	自由连接	K	绘制陡坎
C	画圆	L	画直线
E	删除	M	移动
F	图形复制	N	批量拟合复合线
G	追加高程点到数据文件中	O	批量修改复合线高
H	线型换向	Q	直角纠正
I	绘制道路	R	重画屏幕

续表

快捷键	作用	快捷键	作用
U	回退	PL	绘制复合线
V	查询实体属性	LT	线型设置
W	绘制围墙	PE	编辑复合线
X	绘制多功能复合线	DD	通用绘图命令
Y	复合线上加点	CP	拷贝
Z	屏幕缩放	RR	符号重新生成
WW	批量改变复合线宽	KK	查询坎高及修改坎高
LA	图层设置	FF	绘制多点房屋
S	加入实体属性	SS	绘制四点房屋
T	文字注记	XP	绘制自然斜坡

4.4.4 草图法绘制平面图

"草图法"在内业工作时，根据作业方式的不同，分为"点号定位""坐标定位""编码引导"几种方法。

1. 点号定位法

（1）定显示区。

定显示区的作用是根据输入坐标数据文件的数据大小定义屏幕显示区域的大小，以保证所有点可见。

首先选择[绘图处理]项，然后选择[定显示区]项，如图 4.32 所示，在出现的对话窗输入碎部点坐标数据文件名。可直接通过键盘输入，也可参考 WINDOWS 选择打开文件的操作方法操作。这时，命令区显示：

最小坐标（米）$X=23.897$，$Y=45.120$

最大坐标（米）$X=324.260$，$Y=524.988$

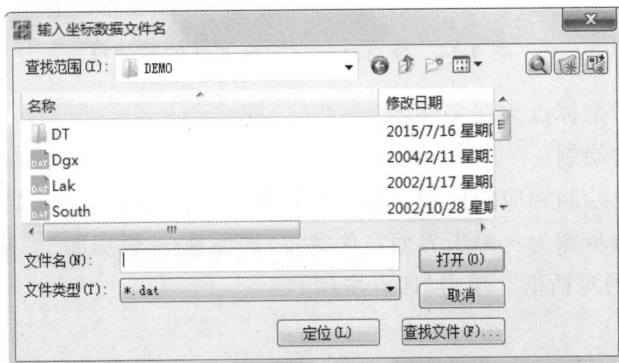

图 4.32　定显示区对话框

（2）输入测点点号。

选择[绘图处理]项，然后选择[输入测点点号]项，如图 4.33 所示，在出现的对话窗输入碎部点坐标数据文件名。可直接通过键盘输入，也可参考WINDOWS 选择打开文件的操作方法操作。

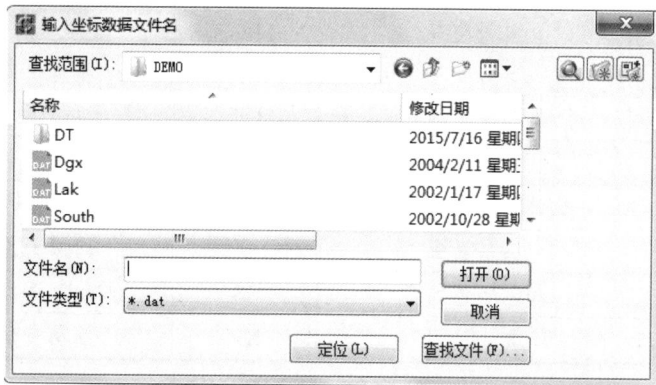

图 4.33　输入测点点号对话框

（3）选择测点点号定位成图法。

单击屏幕右侧菜单区之[坐标定位/点号定位]项，即出现图 4.34 所示的对话框。

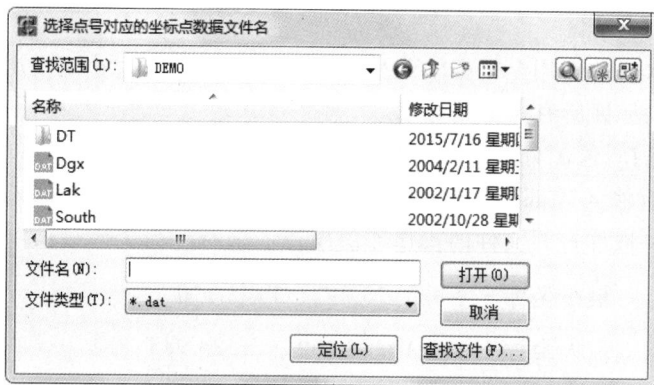

图 4.34　测点点号定位成图法的对话框

输入点号坐标点数据文件名。

（4）地物绘制。

根据草图绘制相应的地物，如图 4.35 所示，要将 19、18、20 号点连成普通房屋。操作步骤为：单击界面右侧菜单[居民地/一般房屋]，系统便弹出如图 4.36 所示的对话框。单击[四点房屋]。

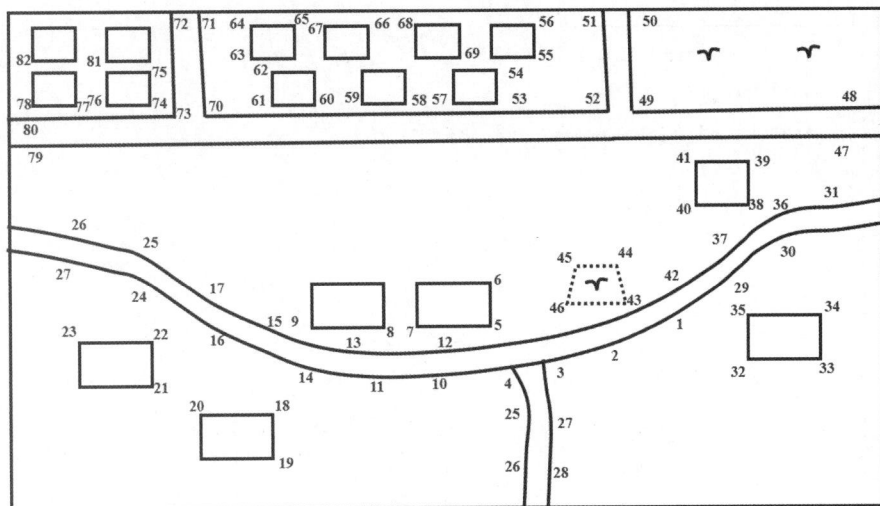

图 4.35　地形草图

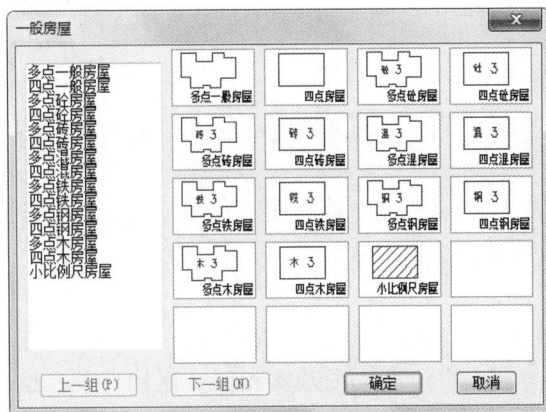

图 4.36　"居民地/一般房屋"图层图例

这时命令区提示：

绘图比例尺：输入 1：1000，回车。

已知三点/2.已知两点及宽度/3.已知四点<1>：输入 1，回车（或直接回车默认选 1）。

说明：已知三点是指测矩形房子时测了三个点；已知两点及宽度则是指测矩形房子时测了两个点及房子的一条边；已知四点则是测了房子的四个角点。

点 P/<点号>输入 19，回车。点 P 是指由您根据实际情况在屏幕上指定一个点；点号是指绘地物符号定位点的点号（与草图的点号对应）。

点 P/<点号>输入 18，回车。

点 P/<点号>输入 20，回车。

这样，即将 19、18、20 号点连成一间普通房屋。如图 4.37 所示。

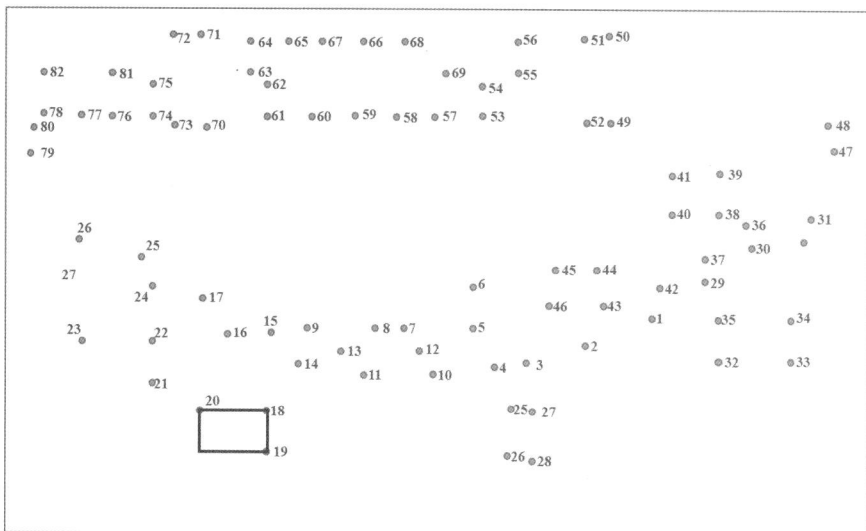

图 4.37　四点一般房屋

> **ⓘ 注 意** ─────────────────────────
>
> 绘房子时，输入的点号必须按顺时针或逆时针的顺序输入，否则绘出来房子就不对。
> 重复上述操作，将 21、22、23 号点绘成一般房屋。
> 同法绘制道路、菜地等地物。

2. 坐标定位法

其成图方法与测点定位法成图基本相同。区别在于在绘制图式符号时采用屏幕捕捉功能或直接输入待绘制点的坐标。

3. 编码引导法

（1）编辑引导文件编辑。

单击绘图屏幕的顶部菜单，选择[编辑]的[编辑文本文件]项，屏幕上弹出记事本，根据野外作业草图，编辑编码引导文件。

编码引导文件是根据"草图"编辑生成的，文件的每一行描绘一个地物：
Code，N1，N2，……，N_n，E

其中：Code 为该地物的地物代码；N_n 为构成该地物的第 n 点的点号。N1、N2…N_n 的排列顺序应与实际顺序一致。每行描述一地物，E 为地物结束标志。最后一行只有一个字母 E，为文件结束标志。

（2）定显示区。

此操作与"点号定位"法作业流程的"定显示区"的操作相同。

（3）编码引导。

单击选择[绘图处理]的[编码引导]项，输入编码引导文件，按屏幕提示接着输入坐标数据文件名，屏幕按照这两个文件自动生成图形。

4.4.5 简码法绘制平面图

除了草图法，简码法也是目前野外数字测图主要的成图方式。与"草图法"在野外测量时不同的是，每测一个地物点时都要在电子手簿或全站仪上输入地物点的简码，简码一般由一位字母和或两位数字组成，可参考南方CASS 9.1 软件说明书当中的"CASS 9.1 的野外操作码"。用户也可根据自己的需要通过 JCODE.DEF 文件定制野外操作简码。

1. 定显示区

与"草图法"的"定显示区"操作相同。

2. 简码识别

选择菜单[绘图处理]的[简码识别]项，输入带简编码格式的坐标数据文件名，当提示区显示"简码识别完毕！"同时在屏幕绘出平面图形。

4.4.6 地形图的注记与编辑

在大比例尺数字测图的过程中，由于实际地形、地物的复杂性，漏测、错测是难以避免的，这时必须要有一套功能强大的图形编辑系统，对所测地图进行屏幕显示和人机交互图形编辑，在保证精度情况下消除相互矛盾的地形、地物，对于漏测或错测的部分，及时进行外业补测或重测。另外，还需要对地形图上的地物进行文字注记说明，如道路、河流、街道等，还有根据实测坐标和实地变化情况，随时对地图的地形、地物进行增加或删除、修改等，以此保证地形图具有很好的现势性。

对于图形的编辑，南方 CASS 9.1 提供"编辑"和"地物编辑"两种下拉菜单。其中，"编辑"是由 AutoCAD 提供的编辑功能，包括图元编辑、删除、断开、延伸、修剪、移动、旋转，比例缩放、复制、偏移拷贝等，如图 4.38 所示。

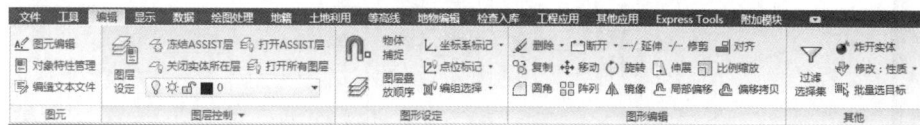

图 4.38 编辑菜单示意

"地物编辑"是由南方 CASS 9.1 系统提供的地物编辑功能，包括线型换向、植被填充、土质填充、批量删减等，如图 4.39 所示。

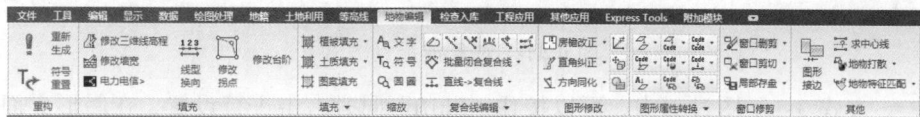

图 4.39 地物编辑菜单示意

1. 对象捕捉

绘制图形时，对象捕捉是一项重要功能，绘图时必须合理设置捕捉方式，以此达到精确制图的目的，从而提高绘图效益，南方 CASS 9.1 中可通过以下几种方式实现对象捕捉。

方式 1：在任务栏中，右击[对象捕捉]，弹出对话框，单击[设置]，弹出草图设置对话框进行设置，如图 4.40 所示。

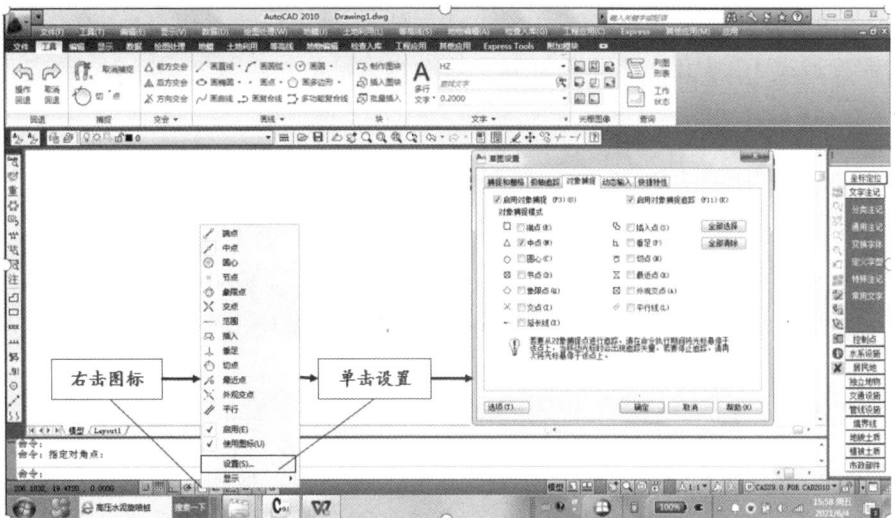

图 4.40　对象捕捉设置方式 1

方式 2：在右侧屏幕菜单工具栏单击[捕捉方式]，弹出物体捕捉对话框进行设置，如图 4.41 所示。

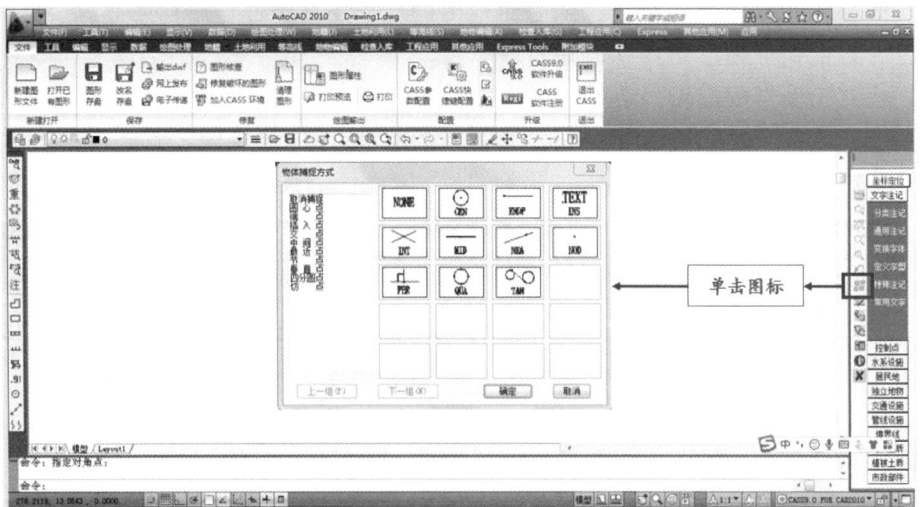

图 4.41　对象捕捉设方式 2

方式 3：绘图过程中，可以按住"Shift"同时右击进行设置，在图形界面弹出捕捉方式对话框，如图 4.42 所示。

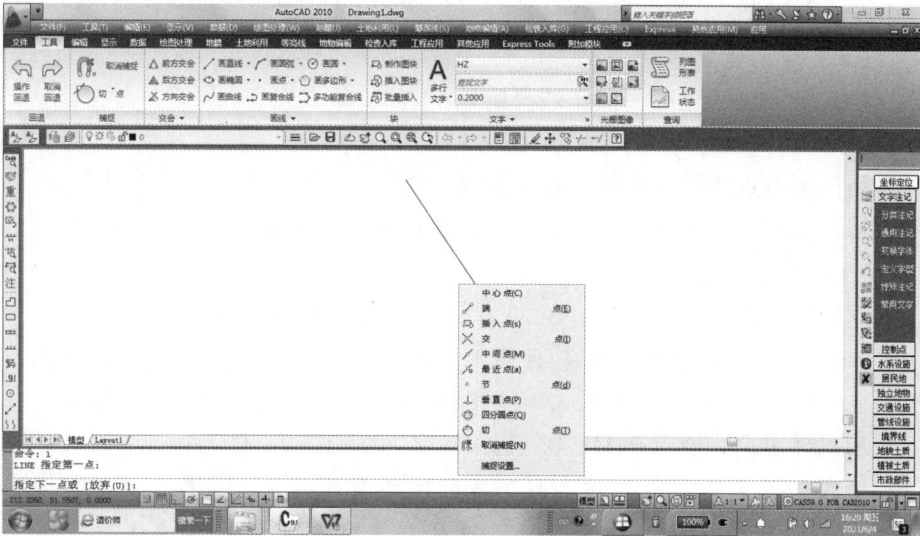

图 4.42　对象捕捉设置方式 3

以上捕捉方式中，第 1 种方式是永久性捕捉，设置好之后会永久保留，直到下一次重新设置。第 2、3 种方式是一次性设置，每次捕捉前都要重新选择捕捉方式，一般情况下，2、3 种方式操作较为方便，操作效益高，不容易发生捕捉错误。

2. 多功能复合线的绘制与编辑

（1）多功能复合线的绘制。

启动命令：

方式 1：单击[工具]菜单，单击[多功能复合线]图标。

方式 2：输入快捷键 "X"。

如图 4.43 所示。

图 4.43　多功能复合线命令启动示意

命令行提示：

DJF3 输入线宽：〈0.0〉

输入要画线的宽度，回车选择默认。

第一点：〈跟踪 T/区间跟踪 N〉

用鼠标定点或键入坐标，或选择 T、N。

曲线 Q/边长交会 B/跟踪 T/区间跟踪 N/垂直距离 Z/平行线 X/两边距离 L/圆 Y/内部点 O〈指定点〉

用鼠标定点，或选择 Q、B、T、N、Z、X、L、Y、O。

曲线 Q/边长交会 B/跟踪 T/区间跟踪 N/垂直距离 Z/平行线 X/两边距离 L/隔一点 J/隔点延伸 D/微导线 A/延伸 E/插点 I/回退 U/换向 H〈指定点〉

用鼠标定点，或选择 Q、B、T、N、Z、X、L、J、D、A、E、I、U、H。

曲线 Q/边长交会 B/跟踪 T/区间跟踪 N/垂直距离 Z/平行线 X/两边距离 L/闭合 C/隔一闭合 G/隔一点 J/隔点延伸 D/微导线 A/延伸 E/插点 I/回退 U/换向 H〈指定点〉

用鼠标定点，或选择 Q、B、T、N、Z、X、L、C、G、J、D、A、E、I、U、H。

> 命令行解释：
>
> T：选择已有的复合线继续绘制。
>
> N：选择已有的复合线的全部或局部进行新的复合线绘制。
>
> Q：当前点位之后再取两个点，三个点组成一段圆弧。
>
> B：已知某点到两个已知点的距离，图上求该点位置。
>
> Z：绘制复合线的已知长度的垂线。
>
> X：绘制复合线的已知长度的平行线。
>
> L：已知某点到两段复合线的垂直距离，图上求该点位置。
>
> C：复合线闭合，功能结束。
>
> G：根据给定的最后两点和第一点计算出一个新点，并闭合。
>
> J：根据图上最后的复合线段与鼠标拾取点计算出一个新点，并连接。
>
> D：根据图上最后的复合线段延伸与鼠标拾取点计算出一个新点，并连接。
>
> A：输入当前点至下一点的左角和距离，计算该点并连接。
>
> E：沿当前复合线方向延伸一段距离。
>
> I：在已绘制的复合线上插入一点。
>
> U：取消最后画的一条线段。
>
> H：转向绘制复合线的另一端。

（2）多功能复合线的编辑。

复合线编辑在"地物编辑"菜单下"复合线编辑"子菜单，如图 4.44 所示。

图 4.44　复合线编辑

① 复合线编辑。

启动命令：

方式 1：单击[地物编辑]，单击[复合线编辑]。

方式 2：输入快捷键 "PE"。

命令行提示：

选择多段线或[多条（M）]：

点选或窗选等方式选择复合线，选择完成回车。

输入选项 [打开（O）/合并（J）/宽度（W）/编辑顶点（E）/拟合（F）/样条曲线（S）/非曲线化（D）/线型生成（L）/反转（R）/放弃（U）]：　f

输入编辑参数。

② 批量拟合复合线。

启动命令：

单击[地物编辑]，单击[批量拟合复合线]。

命令行提示：

D 不拟合/S 样条拟合/F　圆弧拟合<F>

选择拟合方法，S 是样条拟合，线变化小，但不过点，F 是圆弧拟合，线变化大，过点，对等高线的编辑一般选择样条拟合。

空回车选目标/<输入图层名>：

若空回车，则提示选择对象，可用点选或窗选等方式选择复合线，若输入图层名，将对该图层内所有的复合线进行操作。

③ 批量闭合复合线。

启动命令：

单击[地物编辑]，单击[批量闭合复合线]。

选择未闭合的复合线进行闭合。

④ 复合线上加点。

启动命令：

方式 1：单击[地物编辑]，单击[复合线上加点]。

方式 2：输入快捷键 "Y"。

在所选复合线上加一个顶点，选择线的位置即为加点处。

⑤ 复合线上删点。

启动命令：

单击[地物编辑]，单击[复合线上删点]。

在所选复合线上删除一个顶点，选中需要删除顶点。

⑥ 多段线上批量加节点。

启动命令：

单击[地物编辑]，单击[多段线上批量加节点]。

选择需要加节点的复合线，输入加点间距，即按照输入的间距值加入节点。

⑦ 移动复合线顶点。

启动命令：

单击[地物编辑]，单击[移动复合线顶点]。

可任意移动复合线的顶点。

3. 文字注记与文字编辑

地形图绘制，需要根据《地形图图式》规范要求对地形图上地物或地貌进行规范的文字注记。

南方 CASS 9.1 右侧屏幕菜单提供文字注记功能，如图 4.45 所示，文字注记包括分类注记、通用注记、变换字体、定义字型、特殊注记和常用文字。

图 4.45　文件注记菜单

（1）分类注记。

执行分类注记菜单，弹出对话框，如图 4.46 所示。

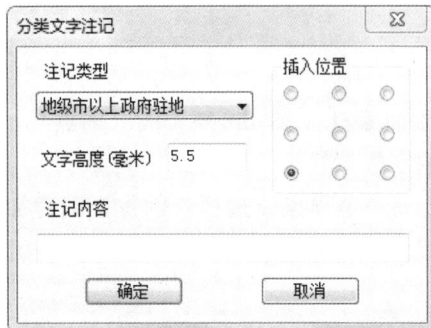

图 4.46　分类注记对话框

分类注记提供了政府机构及企事业单位名称、地名、公路名称、山脉名称等各类文字的注记，如图 4.47 所示。

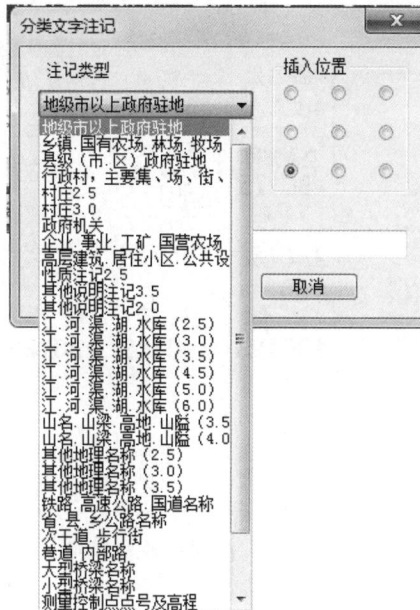

图 4.47　分类注记对话框

选择注记类型和文字高度，输入注记内容，确定文字的插入位置，选择后单击[确定]，完成文字的注记。

（2）通用注记。

执行通用注记菜单，弹出对话框，如图 4.48 所示。通用注记主要对各图层要素的注记，根据注记类型选择图面文字大小和注记排列，选择后输入注记内容，单击[确定]完成注记。

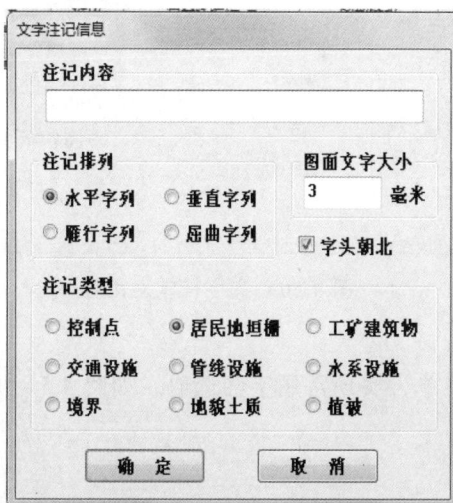

图 4.48　通用注记对话框

（3）变换字体。

执行变换字体菜单，改变当前默认字体，如图 4.49 所示。

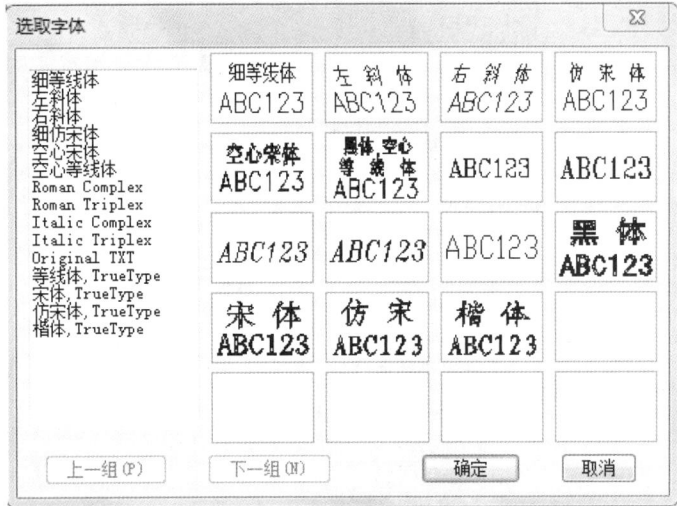

图 4.49　选取字体对话框

（4）定义字型。

执行定义字型菜单，定义文字样式，如图 4.50 所示。

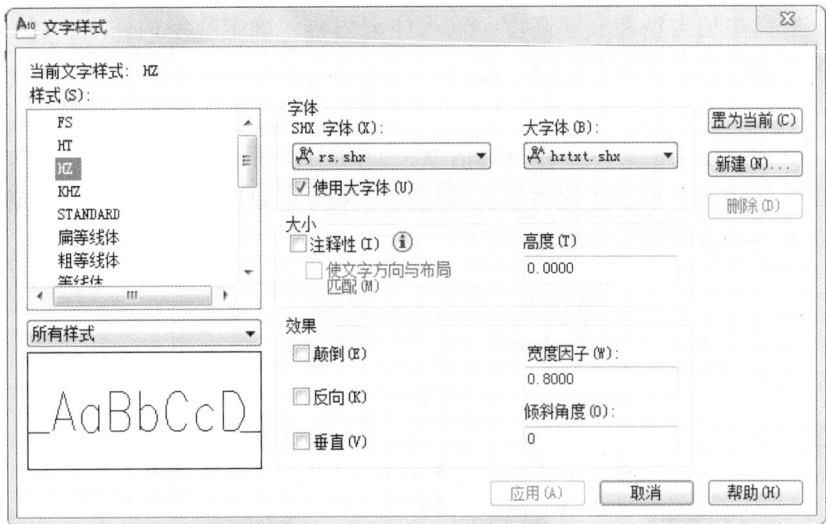

图 4.50　文字样式对话框

（5）常用文字。

执行常用文字菜单，实现常用字的选取，如图 4.51 所示。

图 4.51　常用文字对话框

4. 地物编辑

在地形图绘制的过程中，需要时刻对绘制的地形图进行检查，发现错误时，需对地物进行编辑，地物常见的编辑功能有重新生成、线型换向、修改坎高、修改墙宽等。

（1）重新生成。

如图 4.52 所示，在屏幕上绘制出一块草地，一个斜坡。

南方 CASS 9.1 设计了骨架线的概念，复杂地物的主线一般都是有独立编码的骨架线，可使用夹点编辑骨架线，如图 4.53 所示，该图对草地的边线进行了移动，斜坡的坡底线及坡顶线都有位置的修改。

骨架线修改后，执行命令［地物编辑］—［重新生成］对地物进行重构，按命令行提示进行操作，执行重新生成命令之后的图形，如图 4.54 所示。

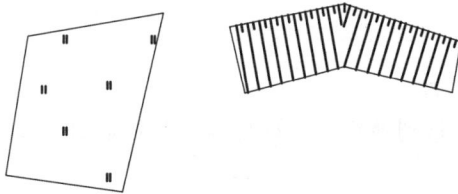

图 4.52　草地与斜坡图形

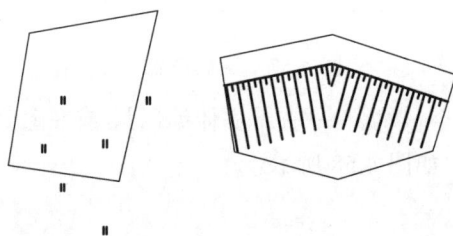

图 4.53　地物骨架线移动之后

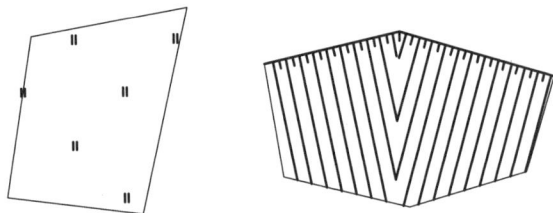

图 4.54 执行重新生成命令后的图形

（2）线型换向。

如图 4.55 所示，在屏幕上绘制出未加固陡坎、围墙、栅栏、冲沟图形。

执行命令［地物编辑］—［线型换向］或在命令行输入快捷键"H"，选择需要换向的地物，按命令行提示进行操作，重复执行此命令将未加固陡坎、围墙、栅栏、冲沟图形进行换向，如图 4.56 所示。

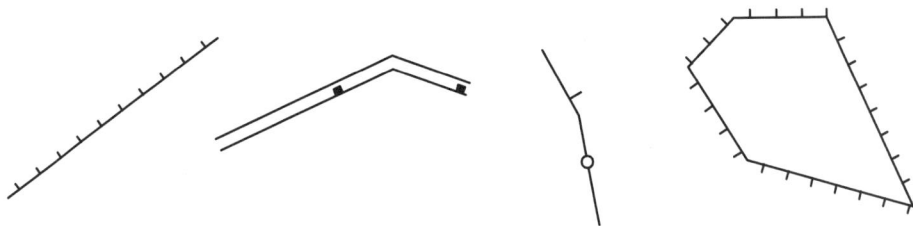

图 4.55　未加固陡坎、围墙、栅栏、冲沟图形线型换向前

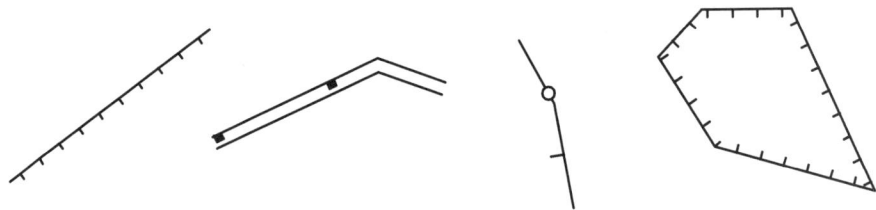

图 4.56　未加固陡坎、围墙、栅栏、冲沟图形线型换向后

（3）查看实体属性。

方式 1：将光标移到地物上，即可显示实体属性，如图 4.57 所示。

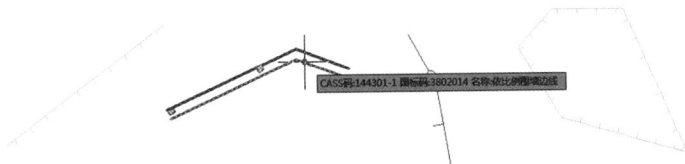

图 4.57　实体属性显示

方式 2：执行命令［数据］—［查看实体编码］，或在命令行输入快捷键"V"即可显示实体属性，如图 4.58 所示。

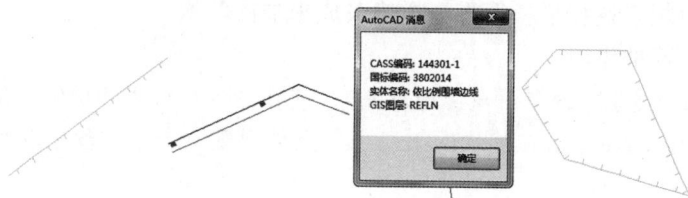

图 4.58　实体属性显示

（4）加入或修改实体属性。

如图 4.59 所示，需要把右侧的栅栏修改成左侧的未加固陡坎。

执行命令［数据］—［加入实体编码］，或在命令行输入快捷键 "S" 即可启动命令。

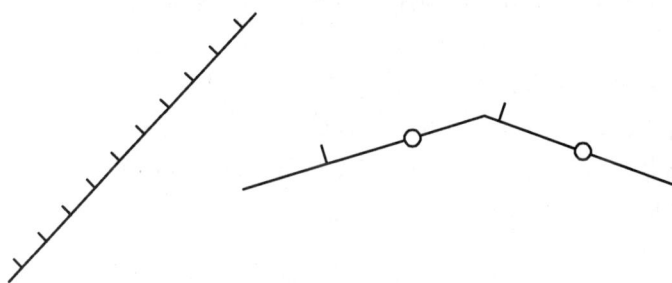

图 4.59　栅栏、未加固陡坎图形

命令行提示：

输入代码（C）/〈选择已有地物〉

用鼠标点选左侧陡坎，回车

选择要加属性的实体：

用鼠标点选右侧栅栏

选择对象：

找到 1 个，回车

选择对象：

如还需要修改别的实体属性，可继续点选，回车。

这样就将右侧的栅栏修改成未加固陡坎，如图 4.60 所示。

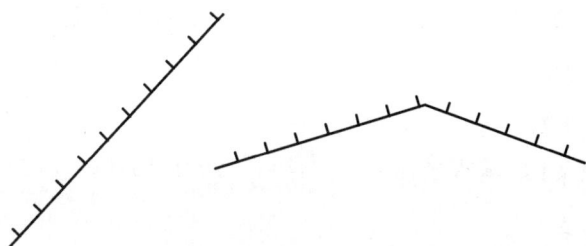

图 4.60　修改实体属性后的图形

在第一步提示时，输入 "C" 之后可以直接输入未加固陡坎编码 "204201"，输入后用鼠标点选栅栏，即将栅栏修改成未加固陡坎。

（5）坎高的编辑。

执行命令[地物编辑]—[修改坎高]，或在命令行输入快捷键"KK"即可启动命令。启动命令后在陡坎的第一个节点处出现一个十字丝，如图 4.61（a）所示。

命令行提示：

选择陡坎线

请选择修改坎高方式：（1）逐个修改 （2）统一修改 〈1〉

当前坎高=1.000 米，输入新坎高〈默认当前值〉：3

输入新值，回车，如不输入新值直接回车默认 1 米

十字丝跳至下一个结点，如图 4.61（b）所示。

命令行提示：

当前坎高=1.000 米，输入新坎高〈默认当前值〉：1

输入新值，回车，如不输入新值直接回车默认 1 米

如此重复操作，直至最后一个结点结束，这样便将陡坎上每个测量点的坎高进行了更改。如图 4.61（c）、（d）所示。

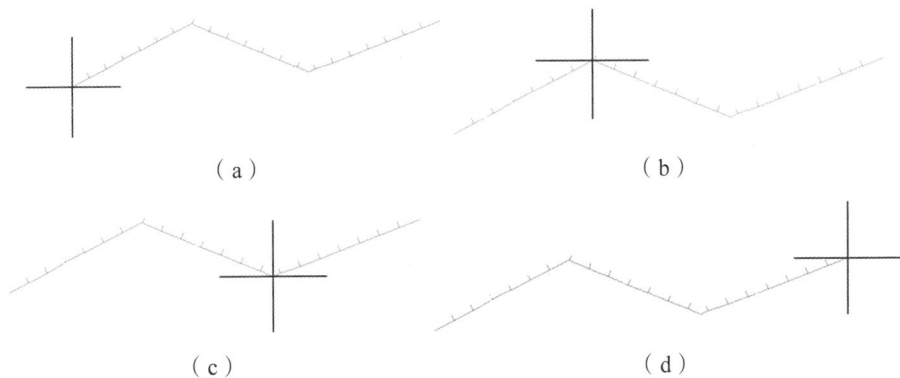

（a）   （b）

（c）   （d）

图 4.61　修改坎高

4.4.7　绘制等高线

下面以坐标数据文件"20210531"为例来说明等高线的绘制程序。

1. 定显示区

执行[绘图处理]—[定显示区]命令。

如图 4.62 所示，输入坐标数据文件名"20210531"，按[打开]。

2. 展高程点

执行[绘图处理]—[展高程点]命令。

如图 4.63 所示，输入坐标数据文件名"20210531"，按[打开]。

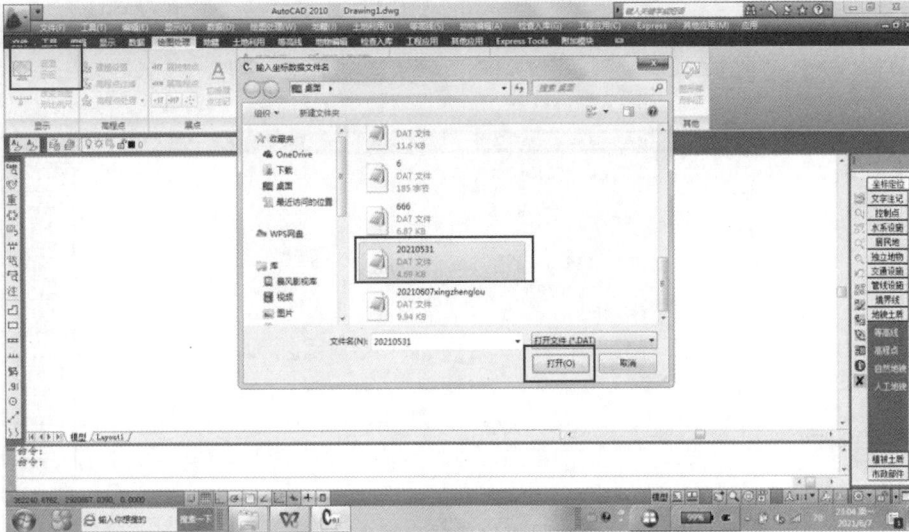

图 4.62　定显示区

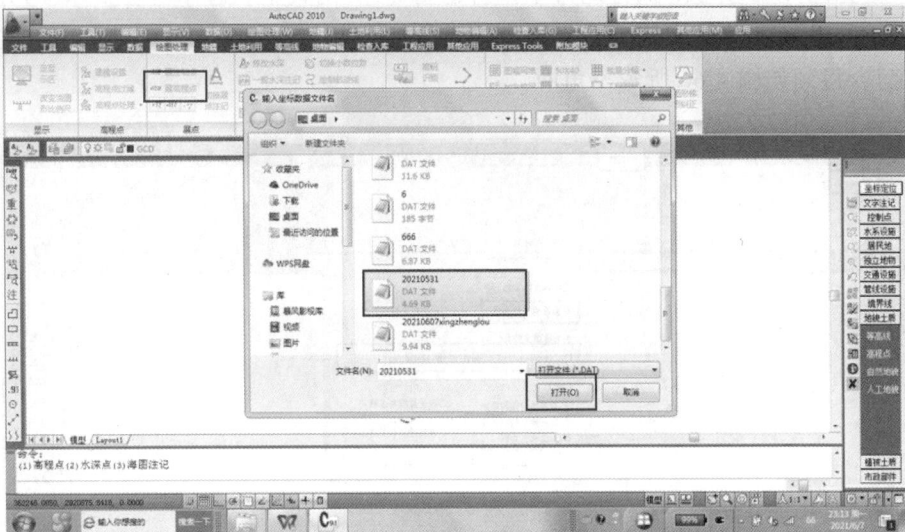

图 4.63　展高程点 1

命令行提示：

（1）高程点（2）水深点（3）海图注记

注记高程点的距离（米）〈直接回车全部注记〉：

回车，所有高程点和控制点的高程均展绘到图上，如图 4.64 所示。

3. 建立 DTM 模型

DTM 模型是在一定区域范围内规则格网点或三角网点的平面坐标(x,y)和其地物性质的数据集合，在使用 CASS 9.1 自动生成等高线时，应先建立数字地面模型。

执行［等高线］—［建立 DTM］命令。

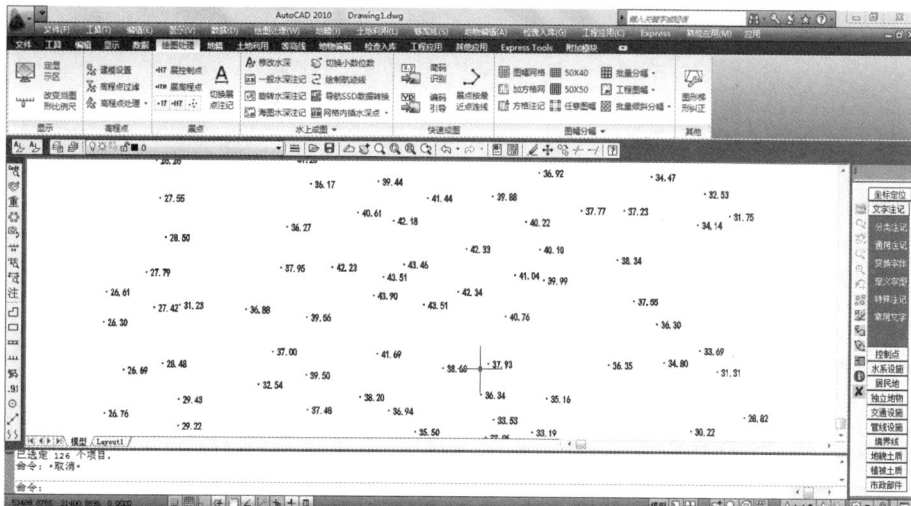

图 4.64　展高程点 2

如图 4.65 所示，执行此命令弹出建立 DTM 对话框，选择建立 DTM 的方式，如选择由数据文件生成，则应输入坐标数据文件名"20210531"，按［确定］，得到如图 4.66 所示三角网。

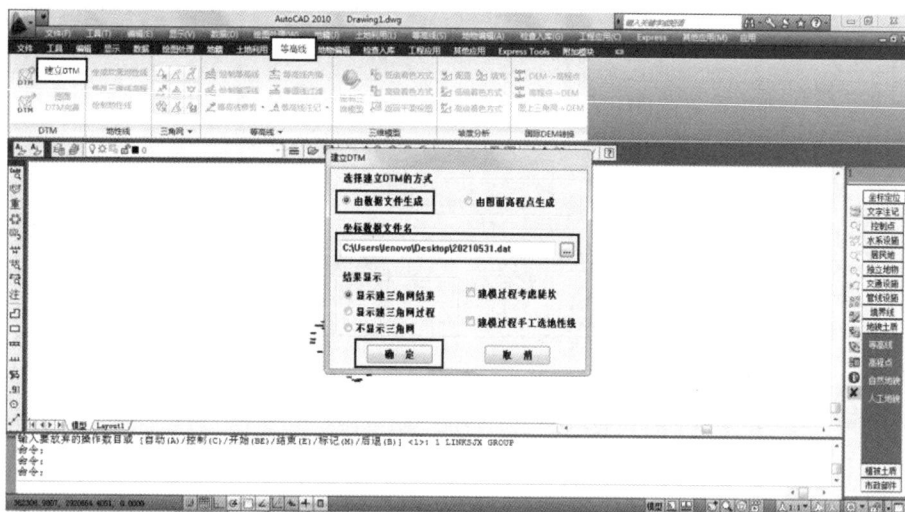

图 4.65　建立 DTM

如选择由图面高程点生成，则需要根据命令行提示：

请选择：（1）选取高程点的范围　（2）直接选取高程点或控制点<1>
回车

请选取建模区域边界：

鼠标选择建模区域边界，

请选择：（1）选取高程点的范围　（2）直接选取高程点或控制点<1>
如没有建模区域边界，可输入"2"

请直接选取高程点或控制点：

鼠标框选高程点或控制点。

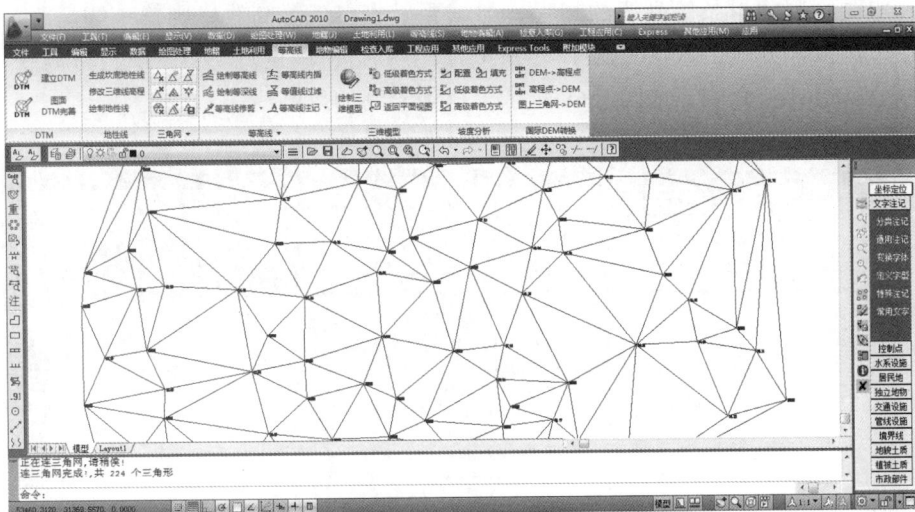

图 4.66　生成三角网

4. 编辑修改 DTM 模型

一般情况下，由于地形条件的限制在外业采集的碎部点很难一次性生成理想的等高线，可以通过修改三角网来修改这些局部不合理的地方，修改的方法主要有：

（1）删除三角形，如果在某局部内没有等高线通过的，则可将其局部内相关的三角形删除。

（2）过滤三角形，可根据需要输入符合三角形中最小角度或三角形中最大边长最多大于最小边长的倍数等条件的三角形。

（3）增加三角形，可选择[等高线]菜单中的[增加三角形]项，依照屏幕的提示在要增加三角形的地方用鼠标点取，如果点取的地方没有高程点，系统会提示输入高程。

（4）三角形内插点，根据提示输入要插入的点。

（5）删三角形顶点，可用此功能将整个三角网全部删除。

通过以上命令修改了三角网后，选择[等高线]菜单中的[修改结果存盘]项，把修改后的数字地面模型存盘。这样，绘制的等高线不会内插到修改前的三角形内。

ⓘ 注　意

修改了三角网后一定要进行此步操作，否则修改无效！

5. 绘制等高线

执行[等高线]—[绘制等高线]命令。

如图 4.67 所示，执行此命令弹出建立绘制等值线对话框，对话框中显示参加生成 DTM 的高程点的最小高程及最大高程，如果勾选单条等高线，就输入需要绘制的单条等高线的高程，如需要生成多条等高线，则输入等高距，并选择拟合方式，默认三次 B 样条拟合。然后按[确定]。然后执行[等高线]—[删三角网]命令，如图 4.68 所示，得到绘制的等高线。

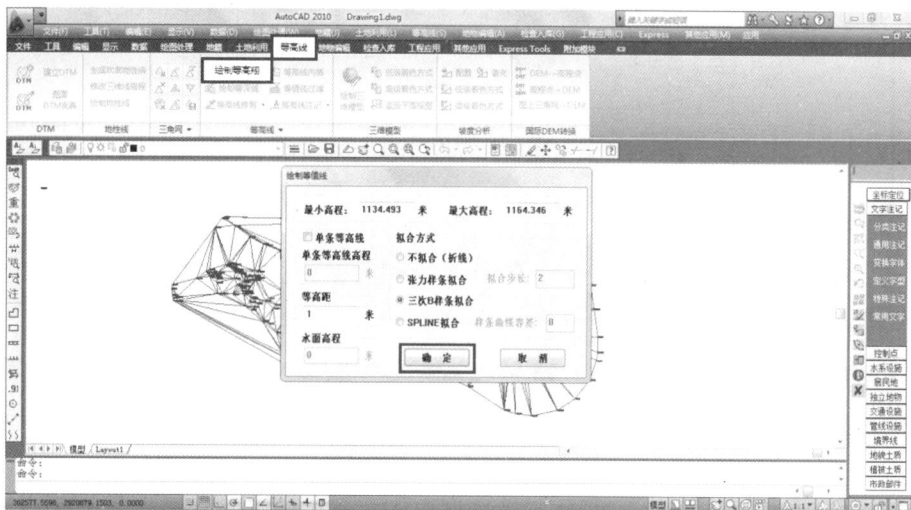

图 4.67　绘制等高线 1

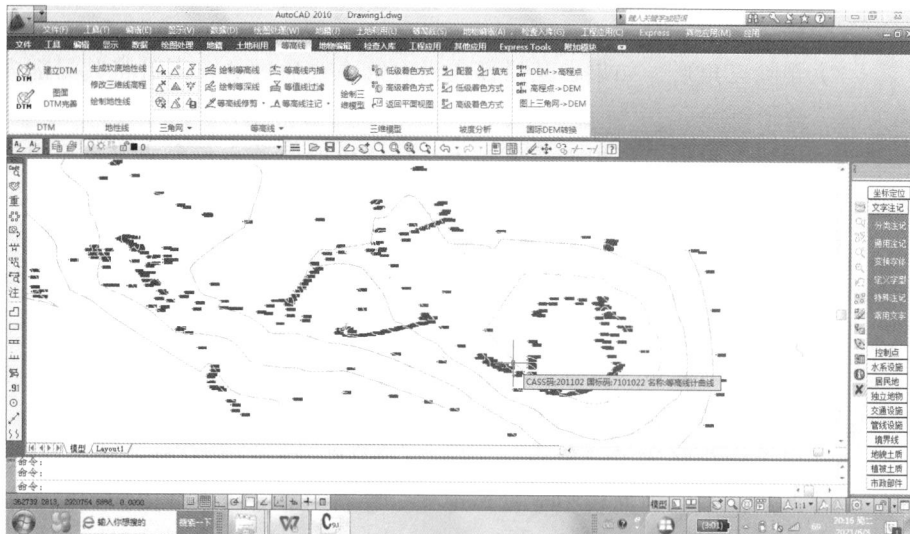

图 4.68　绘制等高线 2

6. 等高线的修饰

等高线绘制结束后需要对等高线进行编辑，等高线编辑主要包括等高线的注记和修剪。

执行[等高线]—[等高线注记]—[沿直线高程注记]命令。如图 4.69 所示。命令行提示：

（1）只处理计曲线（2）处理所有等高线<1>

回车

选取辅助直线（该直线应从低往高画）：

点选辅助直线，回车

如图 4.70 所示，只对计曲线进行注记的效果。

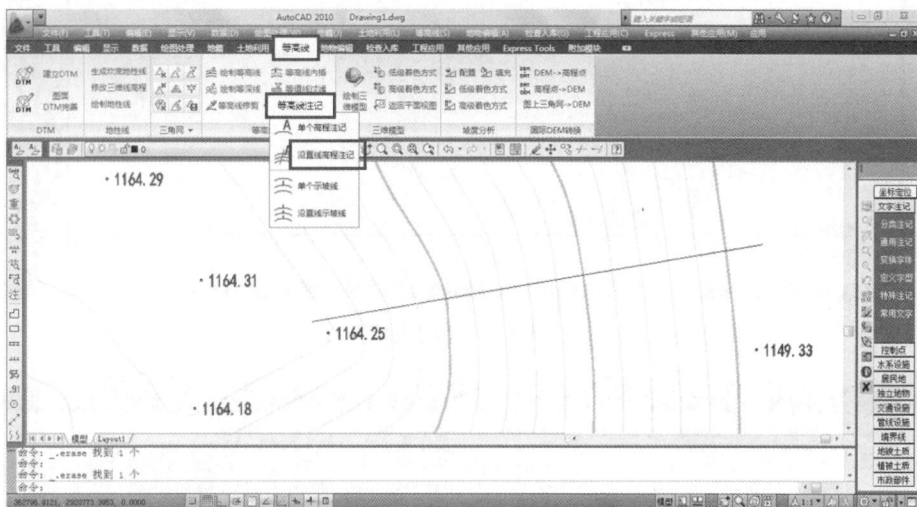

图 4.69　等高线注记 1

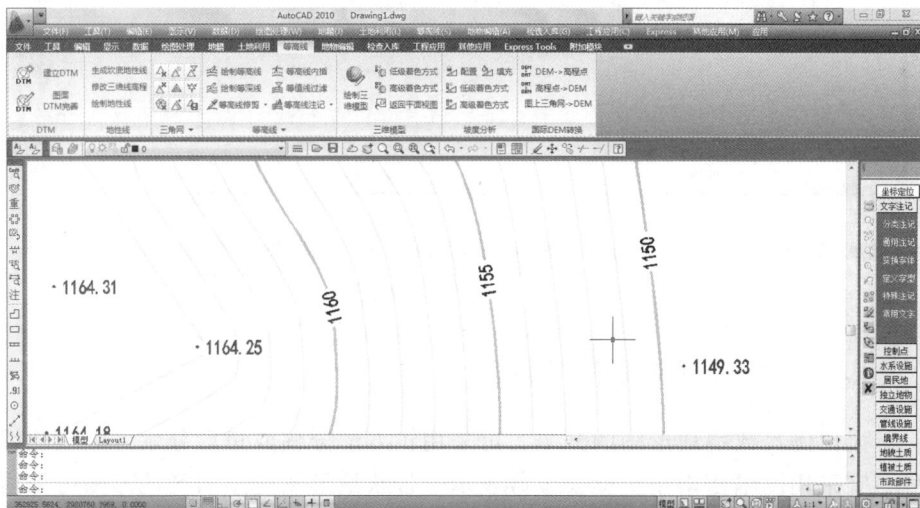

图 4.70　等高线注记 2

等高线在穿越建筑物、公路、围墙、注记等处需要断开。

执行[等高线]—[等高线修剪]—[批量修剪等高线]命令。如图 4.71 所示。

修剪完成之后的效果，如图 4.72 所示。

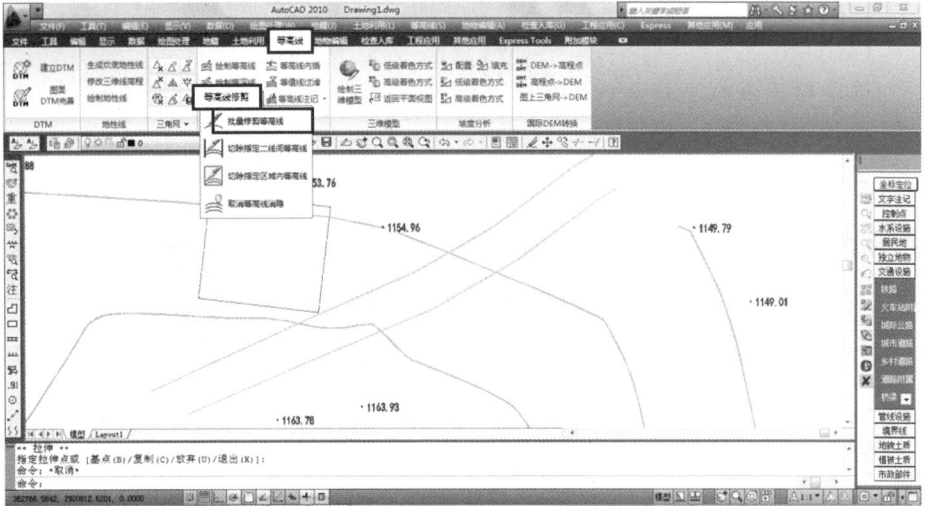

图 4.71 等高线修剪 1

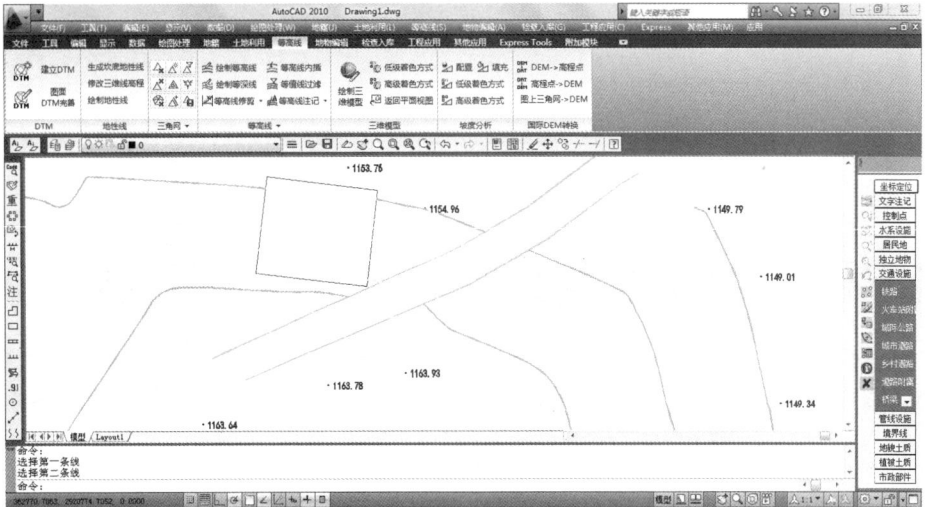

图 4.72 等高线修剪 2

4.4.8 地形图的分幅与整饰

大比例尺数字地形图的分幅，可采用正方形分幅或矩形分幅。图幅的编号，宜采用图幅西南角坐标公里数表示。带状地形图或小测区地形图可采用顺序编号。对于已施测过地形图的测区，可沿用原有的分幅和编号。

1. 图框信息设置

执行[文件]—[CASS参数配置]命令。打开南方CASS 9.1综合设置对话框，进行单位名称、坐标系、高程系、图式、成图日期的设置，如图4.73所示。

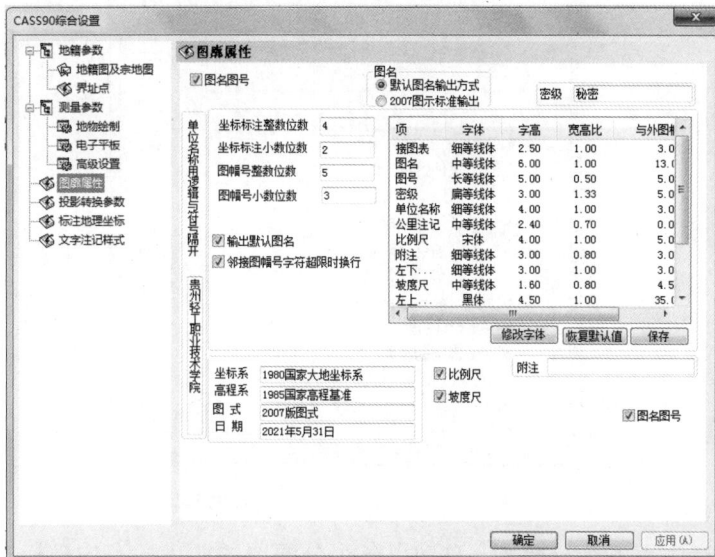

图 4.73　CASS 综合设置对话框

2. 地形图批量分幅

执行[绘图处理]—[批量分幅]—[建立格网]命令。

命令区提示：

请选择图幅尺寸：（1）50×50　（2）50×40　（3）自定义尺寸〈1〉

回车默认选 1

输入测区一角：

在图形左下角单击。

输入测区另一角：

在图形右上角单击。

这样会产生多个分幅图，如图 4.74 所示。

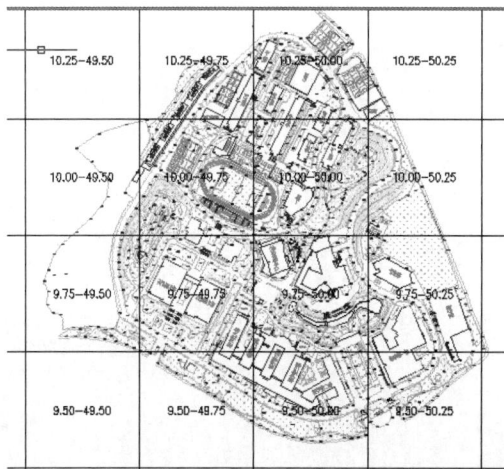

图 4.74　分幅图

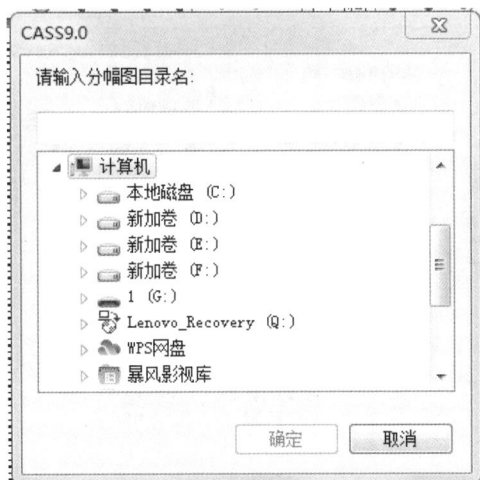

图 4.75　分幅图目录名对话框

这样产生了各个分幅图，自动以各个分幅图的西南角点的坐标进行命名。

执行[绘图处理]—[批量分幅]—[批量输出到文件]命令。

弹出对话框，如图 4.75 所示，在给对话框中确定输出的图幅的存储目录名，然后确定即可批量输出图形到指定的目录。

3. 任意图幅的分幅

执行[绘图处理]—[加方格网]命令。

命令行提示：

请用鼠标器指出需加方格网区域的左下角点：

鼠标点击图形左下角位置

请用鼠标器指出需加方格网区域的右上角点：

鼠标点击图形右上角位置

得到如图 4.76 所示加方格网的图形。

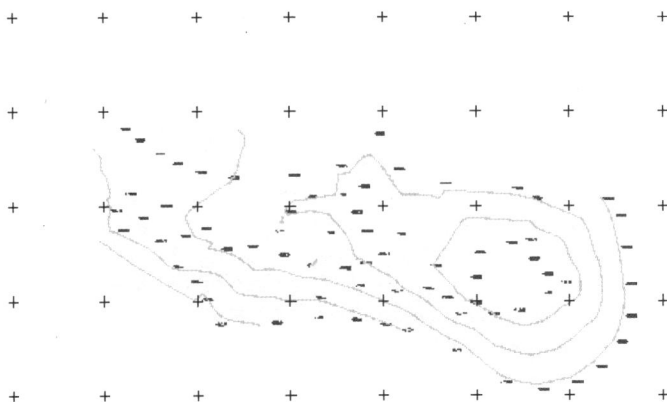

图 4.76　加方格网的图形

执行[绘图处理]—[任意图幅]命令。

弹出如图 4.77 所示的图幅整饰对话框，输入图名，选择图幅尺寸，选择取整到米，拾取或输入左下角坐标，然后按[确认]，得到如图 4.78 所示的任意图幅的图形。

图 4.77　图幅整饰对话框

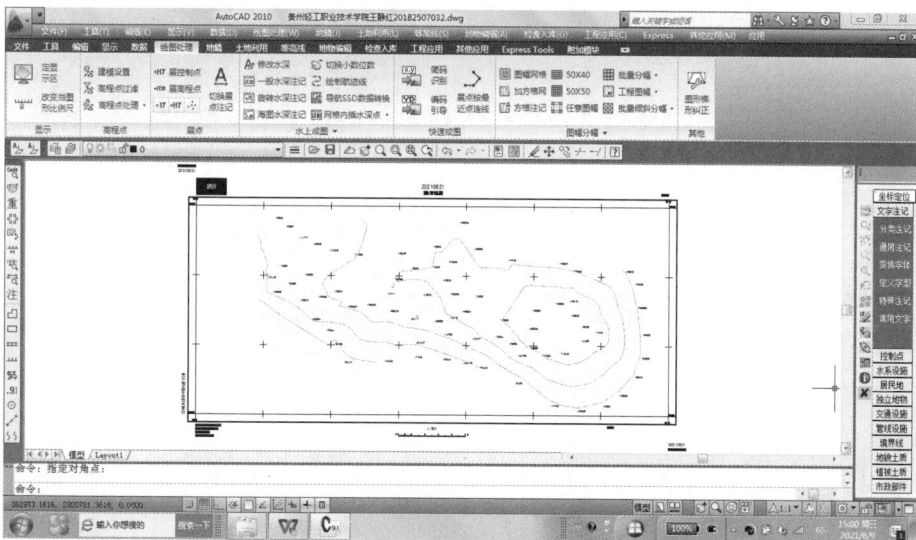

图 4.78　任意图幅图形（7 dm×3 dm）

项目五 数字地形图在工程中的应用

【学习内容及教学目标】

通过本项目学习，了解地形图在工程规划中的应用原理，掌握应用地形图绘制已知方向的纵断面图的方法，掌握按规定坡度选定最短路线的方法，掌握水库汇水面积和水库库容的确定方法，掌握在地形图上确定土坝坡脚线的方法，掌握应用地形图进行平场设计的原理及方法。掌握应用南方 CASS9.1 成图软件进行指定点坐标、两点距离及方位、实体面积、表面积的查询方法。

【能力培养目标】

1. 具有应用相关成图软件进行断面图绘制能力。
2. 具有应用相关成图软件进行平场土方开挖设计能力。

【思政目标】

1. 培养学生严谨细微、实事求是的工作作风；良好的职业道德意识及敬业爱岗精神；诚实守信，乐于奉献的人格素质；团结协作，互相帮助的团队意识。
2. 培养学生认真、执着的职业发展定力，具有测绘工程项目的组织、管理能力，具有组织协调、控制和领导工程活动的领导潜力。
3. 培养学生具有"爱岗敬业、奉献测绘；维护版图、保守秘密；严谨求实、质量第一；崇尚科学、开拓创新；服务用户、诚信为本；遵纪守法、团结协作"的测绘职业道德规范意识。
4. 依托"红色军测，民族复兴"主题文化活动，引导学生回顾"红色测绘史"，学习"红色测绘史"可以帮助学生了解测绘工作在战争中的巨大作用，让学生切身感受到传承红色基因是每一个公民义不容辞的责任，是实现中华民族伟大复兴的力量源泉，从而更加坚定不移地听党话、跟党走，立足岗位，为建设测绘强国，为实现中华民族伟大复兴的中国梦作出更大贡献。

【工程测量工岗位目标】

1. 能胜任应用地形图进行工程规划设计工作。
2. 能胜任应用地形图进行平场设计、土石方计算工作，并胜任平场放样工作。

5.1　地形图在工程规划中的应用原理

5.1.1　绘制已知方向的纵断面图

在道路、隧道、管线等工程设计中，为了真实而详细地反映指定方向地面起伏情况，必须绘制纵断面，采用纵断面图进行填、挖土（石）方量的概算、合理确定线路的纵坡等。纵断面图的绘制可采用两种方法，方法一是实测纵断面，通过纵断面上变坡点的高程来进行绘制，方法二是通过已有的大比例尺地形图进行绘制，这里主要讲述方法二。

如图 5.1 所示，欲绘制直线 *AB* 纵断面图。从图 5.1（a）所示，直线 *AB* 交于等高线的点位为 *A*、2、3、4…19、*B*，各交点的高程就是等高线的高程，各交点的平距可在图上采用比例尺直接丈量，另外 9、15 点的高程可以根据相邻等高线高程内插获得。然后绘制纵断面图。

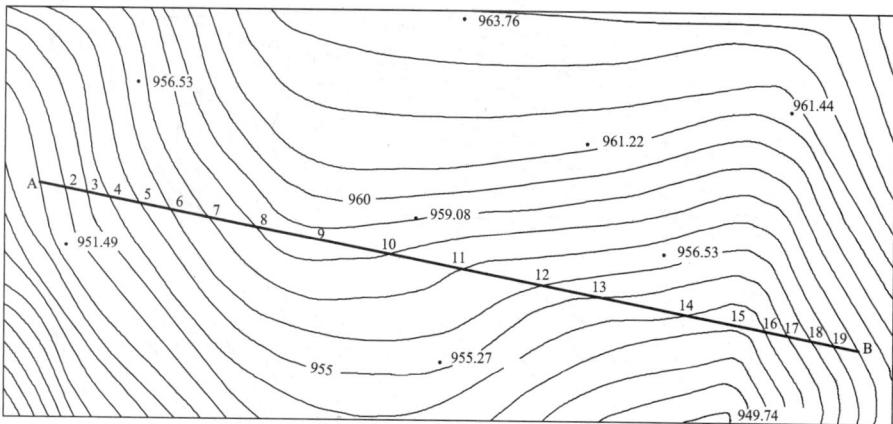

（a）

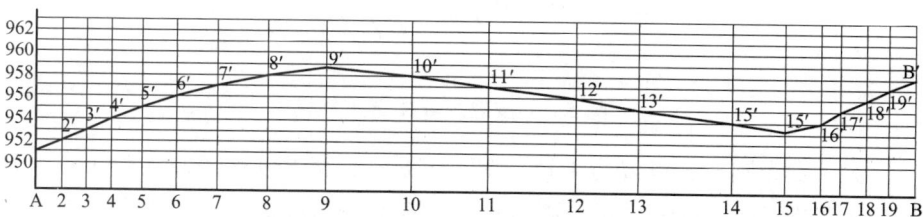

（b）

图 5.1　纵断面图绘制

如图 5.1（b）所示，绘制时，横轴表示距离，纵轴表示高程。一般距离比例尺与地形图相同；为了较明显反映线路方向的地面起伏，高程比例尺一般比距离比例尺大 10～20 倍。

在横轴上根据交点之间的距离标出 *A*、2、3、4…19、*B* 各点，然后过 *A*、2、3、4…19、*B* 做横轴的垂线，在纵轴上标注断面需要的高程。从各高程点上作横轴的平行线，然后对照 A、2、3、4…19、B 各点的实际高程在图上寻找其在剖面上的位置 A'、$1'$、$2'$…$19'$、B'。然后用光滑的曲线连接各点，即得已知方向线 A—B 的纵断面图。

5.1.2 按规定坡度选定最短路线

在道路、管道等工程规划中，一般要求按限制坡度选定一条最短路线。

如图 5.2 所示，该幅地形图比例尺为 $1:M$，等高距为 h。设从 A 点到 B 点需要选定一条路线，限制坡度为 i。

首先确定两相邻等高线间满足限制坡度要求的最小平距。

$$d = \frac{h}{i \times M}$$

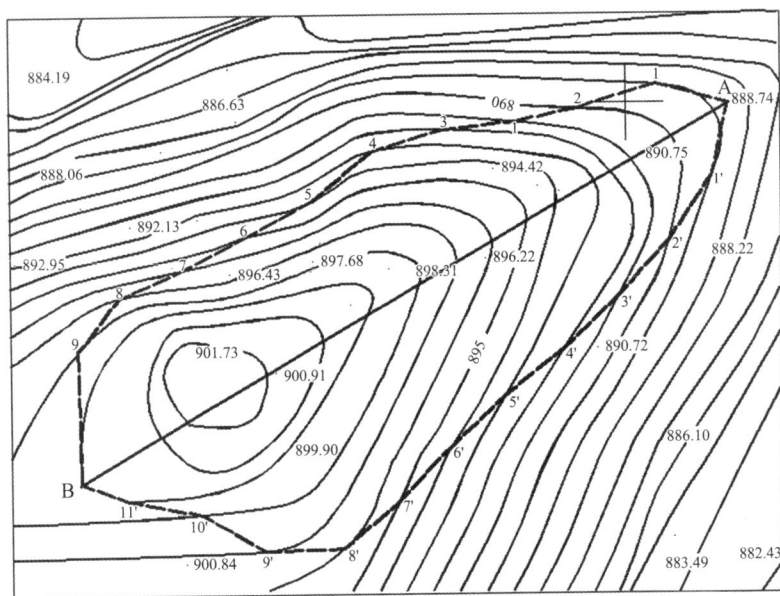

图 5.2　按规定坡度选定线路

以 A 点为圆心，以 d 为半径，用圆规划弧，交 889 m 等高线与 1 点，再以 1 点为圆心同样以 d 为半径画弧，交 890 m 等高线于 2 点，依次到 B 点。连接相邻点，便得同坡度路线 A-1-2-3-…-9-B。

在选线过程中，有时会遇到两相邻等高线间的最小平距大于 d 的情况，即所作圆弧不能与相邻等高线相交，说明该处的坡度小于指定的坡度，则以最短距离定线。

在图上还可以沿另一方向定出第二条线路 A-$1'$-$2'$-$3'$-…-$11'$-B，可作为方案的比较。

5.1.3 确定汇水面积和水库库容

当在山谷或河流修建大坝、架设桥梁或敷设涵洞时，需要知道有多大面积的雨水汇集在这里，这个面积成为汇水面积。汇水面积的边界是根据等高线的分水线（山脊线）来确定的。分水线的勾绘要点是：

（1）分水线应通过山顶、鞍部及山脊，在地形图上应先找出特征的地貌，然后进行勾绘。

（2）分水线与等高线正交。

（3）边界线由坝的一端开始，最后回到坝的另一端，形成闭合环线。

（4）边界线只有在山顶处才能改变方向。

如图 5.3 所示，从坝轴线一端 A 点开始的虚线，通过一系列的山脊线及山顶，最后回到坝的另一端 B 点，这个闭合环线包括的面积，即为汇水面积。

该坝顶设计高程为 95 m，溢洪道高程为 94.5 m，图中阴影部分为淹没面积，淹没面积内的蓄水量即为水库库容。

图 5.3 地形图上确定汇水面积和水库库容

库容的计算可以采用等高线分层法，将整个淹没水体按高程面分层，可分 94.5 m→94 m（层高 0.5 m）、94 m→93 m（层高 1 m）、93 m→92 m（层高 1 m）、92 m→91 m（层高 1 m）、91 m→90 m（层高 1 m）、90 m 以下到最低点 89.7 m（层高 0.3 m），则各层体积可按下式计算

$$V_1 = \frac{1}{2}(S_{94.5} + S_{94}) \times 0.5 \qquad V_2 = \frac{1}{2}(S_{94} + S_{93}) \times 1$$

$$V_3 = \frac{1}{2}(S_{93} + S_{92}) \times 1 \qquad\qquad V_4 = \frac{1}{2}(S_{92} + S_{91}) \times 1$$

$$V_5 = \frac{1}{2}(S_{91} + S_{90}) \times 1 \qquad\qquad V_6 = \frac{1}{3} S_{90} \times 0.3 \text{（库底体积）}$$

则该水库库容为

$$V = V_1 + V_2 + V_3 + V_4 + V_5 + V_6$$

写成通用公式为

$$V = \frac{1}{2}(S_1 + S_2)\,h_1 + \left(\frac{S_2}{2} + S_3 + \cdots S_n + \frac{S_{n+1}}{2}\right)h + \frac{1}{3}S_{n+1}h_2 \qquad (5.1)$$

式中　S_1、$S_2 \cdots S_{n+1}$——各条等高线所围的面积；

　　　　h_1——淹没线与第一条等高线的高差；

　　　　h——地形图等高距；

　　　　h_2——最低一条等高线与库底最低点的高差。

5.1.4　地形图上确定土坝坡脚线

土坝坡脚线是土坝与地面的交线，施工中标定土坝坡脚线是为了确定清基范围。

如图 5.4 所示，图中 A、B 为坝轴线，坝顶设计高程为 95 m，图中坝轴线两侧的粗实线即为坝顶边线，这是根据设计坝顶宽度绘制出来的，设坝的上游、下游设计坡面为 1:3、1:2，地形图等高距为 1 m，则坝坡面上各条等高线的平距，上游为 3 m、下游为 2 m。然后，从上游坝顶边线开始，按 3 m 的图上距离绘出坝坡面等高线，如图中虚线所示，该虚线与地面同高程等高线分别相交于 1-1′，2-2′、3-3′、4-4′、5-5′，再将这些点连成光滑的曲线，即为土坝的上游坡脚线，而下游坡脚线是从下游坝顶边线开始，按 2 m 的图上距离绘出坝坡面等高线，其他与上游面绘制方法相同，不再赘述。

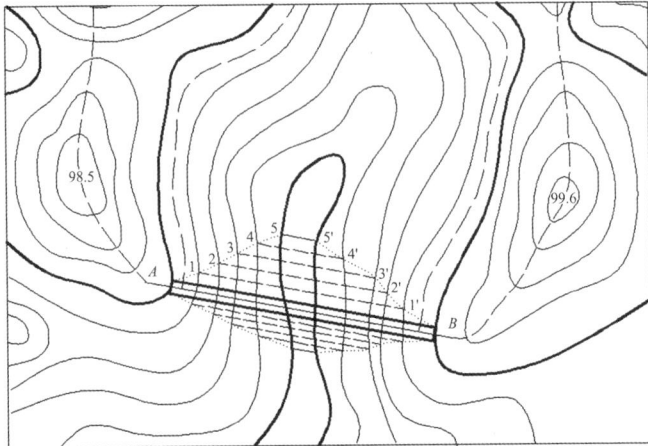

图 5.4　地形图上确定土坝坡脚线

5.1.5 地形图在平整土地中的应用

在各种工程建设中，除对建筑物要做合理的平面布置外，往往还要对原地貌进行必要的改造，以便适于布置各类建筑物，排除地面水以及满足交通运输和敷设地下管道等。这种地貌改造称之为平整土地。

在平整土地的工作中，为使填、挖土石方量基本平衡，常要利用地形图确定填、挖边界和进行填、挖土石方量的概算。平整土地的方法很多，其中方格网法是最常用的一种。

如图 5.5 所示，假设要求将原地貌按挖填土方量平衡的原则改造成平面，其步骤如下：

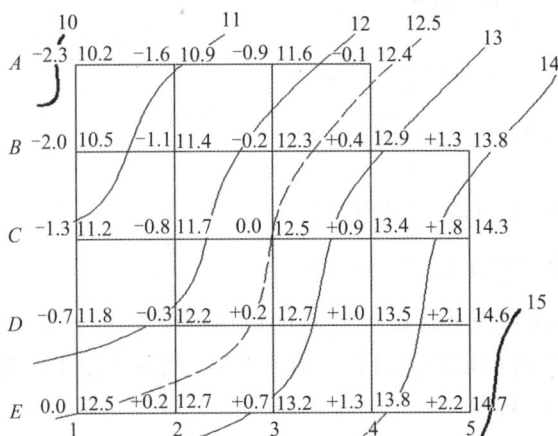

图 5.5　方格网法场地平整示意

（1）在地形图上绘制方格网。

在地形图上拟建场地内绘制方格网。方格网的大小取决于地形复杂程度、地形图比例尺大小，以及土方概算的精度要求。例如在设计阶段采用 1∶500 的地形图时，根据地形复杂情况，一般边长为 10 m 或 20 m。方格网绘制完后，根据地形图上的等高线，用内插法求出每一方格顶点的地面高程，并注记在相应方格顶点的右上方。

（2）计算设计高程。

先将每一方格顶点的高程加起来除以 4，得到各方格的平均高程，再把每个方格的平均高程相加除以方格总数，就得到设计高程

$$H_0 = \frac{H_1 + H_2 + \cdots + H_n}{n} \tag{5.2}$$

式中　H_1、$H_2 \cdots H_n$——为每一方格的平均高程；

　　　　n——方格总数。

在计算设计高程的过程中，每个方格角顶参与计算的次数是不同的，一般有四种情况，角点用一次，如图 5.5 中 A_1、$A_4 \cdots$，边点用两次；如图中 A_2、

$A_3\cdots$，拐点用三次；如图中 B_4 点，中点用四次；如图中 B_2、$B_3\cdots$，式（5.2）可写成如下形式

$$H_0 = (\sum H_{角} + 2\sum H_{边} + 3\sum H_{拐} + 4\sum H_{中})/4n \qquad (5.3)$$

由（5.3）式可计算出设计高程为 12.5m。在图上内插出 12.5m 等高线（图中虚线），称为填挖边界线。

（3）计算挖、填高度。

$$填、挖高度 = 地面高程 - 设计高程 \qquad (5.4)$$

将图中各方格顶点的挖、填高度写于相应方格顶点的左上方。正号为挖深，负号为填高。

（4）计算挖、填土方量。

$$\begin{aligned} 角点：&\quad 挖（填）高 \times \frac{1}{4} 方格面积 \\ 边点：&\quad 挖（填）高 \times \frac{1}{2} 方格面积 \\ 拐点：&\quad 挖（填）高 \times \frac{3}{4} 方格面积 \\ 中点：&\quad 挖（填）高 \times 1 方格面积 \end{aligned} \qquad (5.5)$$

设每一方格面积为 $400\ m^2$，计算的设计高程是 12.5 m。如图 5.6 所示，该图为 EXCEL 软件中挖填方量计算截图，可以借助 EXCEL 软件的计算能力，快速的计算出设计高程、挖填高度、挖填土方量，从图中可看出，挖填方量平衡。

	A	B	D	F	G	H	I	J	K
1				挖填方量计算					
2	点号	点号属性	地面高程	设计高程	挖深	填高	所占面积	挖方量	填方量
3	A1	角点	10.2	12.5		-2.3	100.0	0.0	-230.5
4	A2	边点	10.9	12.5		-1.6	200.0	0.0	-321.0
5	A3	边点	11.6	12.5		-0.9	200.0	0.0	-181.0
6	A4	角点	12.4	12.5		-0.1	100.0	0.0	-10.5
7	B1	边点	10.5	12.5		-2.0	200.0	0.0	-401.0
8	B2	中点	11.4	12.5		-1.1	400.0	0.0	-442.0
9	B3	中点	12.3	12.5		-0.2	400.0	0.0	-82.0
10	B4	拐点	12.9	12.5	0.4		300.0	118.5	0.0
11	B5	角点	13.8	12.5	1.3		100.0	129.5	0.0
12	C1	边点	11.2	12.5		-1.3	200.0	0.0	-261.0
13	C2	中点	11.7	12.5		-0.8	400.0	0.0	-322.0
14	C3	中点	12.5	12.5	0.0		400.0	-2.0	0.0
15	C4	中点	13.4	12.5	0.9		400.0	358.0	0.0
16	C5	边点	14.3	12.5	1.8		200.0	359.0	0.0
17	D1	边点	11.8	12.5		-0.7	200.0	0.0	-141.0
18	D2	中点	12.2	12.5		-0.3	400.0	0.0	-122.0
19	D3	中点	12.7	12.5			400.0	78.0	0.0
20	D4	中点	13.5	12.5	1.0		400.0	398.0	0.0
21	D5	边点	14.6	12.5	2.1		200.0	419.0	0.0
22	E1	角点	12.5	12.5	0.0		100.0	-0.5	0.0
23	E2	边点	12.7	12.5	0.2		200.0	39.0	0.0
24	E3	边点	13.2	12.5	0.7		200.0	139.0	0.0
25	E4	边点	13.8	12.5	1.3		200.0	259.0	0.0
26	E5	角点	14.7	12.5	2.2		100.0	219.5	0.0
27	求和							2514	-2514

图 5.6　Excel 中挖填方量计算

每一个方格挖深或填高数据已注记在方格顶点的左上方。

5.2　数字地形图在工程建设中的应用

在工程建设的规划、设计阶段，需要工程建设地区的地形和环境条件等资料，以便使规划、设计符合实际情况。通常以地形图的形式提供这些资料的。各项工程项目建设的施工阶段，必须要参照相应的地形图、规划图、施工图等图纸资料保证施工严格按照规划、设计要求完成。因此，地形图是制订规划、进行工程建设的重要依据和基础资料。

下面以南方 CASS9.1 成图软件为例来说明数字地形图在工程建设中的应用。

5.2.1　基本要素查询

1. 查询指定点坐标

如图 5.7 所示，鼠标点取[工程应用]—[查询指定点坐标]用鼠标点取需要查询的点即可，在命令行显示该点的测量坐标，如果当前绘图方式是点号定位，也可直接输入点号进行查询。

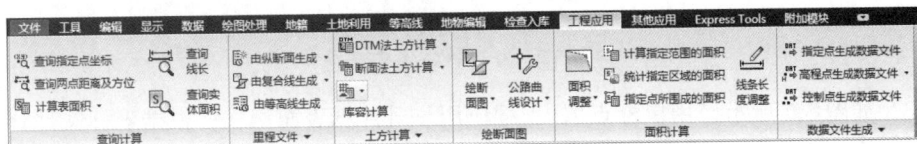

5.7　工程应用菜单

用此功能查询时，系统在命令行给出的 x、y 是测量坐标系的坐标，而系统左下角状态栏显示的坐标是笛卡尔坐标系中的坐标，与测量坐标系的 x、y 的顺序相反，如图 5.8 所示。

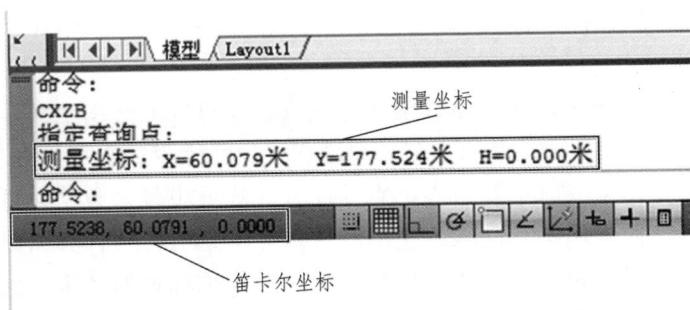

图 5.8　测量坐标与笛卡儿坐标

2. 查询两点距离及方位

如图 5.7 所示，用鼠标点取[工程应用]—[查询两点距离及方位]。

用鼠标分别点取所要查询的两点即可。如果当前绘图方式是点号定位，也可直接输入两点点号进行查询。

3. 查询线长

如图 5.7 所示，用鼠标点取［工程应用］—［查询线长］。

用鼠标点取需要查询的曲线即可。

4. 查询实体面积

如图 5.7 所示，用鼠标点取［工程应用］—［查询实体面积］。

用鼠标点需要查询的实体的边界线即可，要注意实体应该是闭合的。

5. 计算表面积

如图 5.9 所示，计算复合线范围内地貌的表面积。

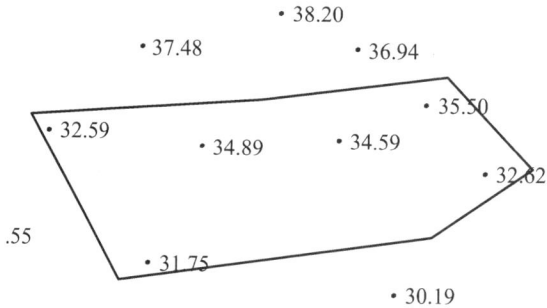

图 5.9　计算表面积

如图 5.7 所示，用鼠标点取［工程应用］—［计算表面积］—［根据坐标文件］。

命令区提示：

请选择：（1）根据坐标数据文件（2）根据图上高程点（3）根据三角网，回车选 1。

选择计算区域边界线　点选图 5.9 上的复合线边界。

请输入边界插值间隔（米）：（20）输入在边界上插点的密度。

表面积计算结果详见"surface.log"文件，该文件保存在"\CASS9.1\SYSTEM"目录下面。

表面积计算除了根据坐标数据文件生成，还可以通过图上高程点及三角网进行计算，但计算的结果有差异，原因在于边界上点的高程计算值有差异，由坐标数据文件生成时，其边界上点的高程计算值由整个数据文件中的高程点计算而得，而采用图上高程点生成时，边界上点的高程计算值只由选中的高程点计算而得，边界上点的高程会影响到表面积计算的结果。到底哪种方法计算合理，与边界线周边的地形条件变化有关，变化越大的，越趋向于图面选择。

5.2.2　断面图的绘制

断面图的绘制有根据已知坐标文件、根据里程文件、根据等高线和根据三角网等四种方法。

1. 根据已知坐标文件生成

鼠标点取[绘图处理]—[展高程点]，将外业测得的坐标数据文件通过展高程点展绘到界面上，并采用复合线绘制出断面位置，如图 5.10 所示。

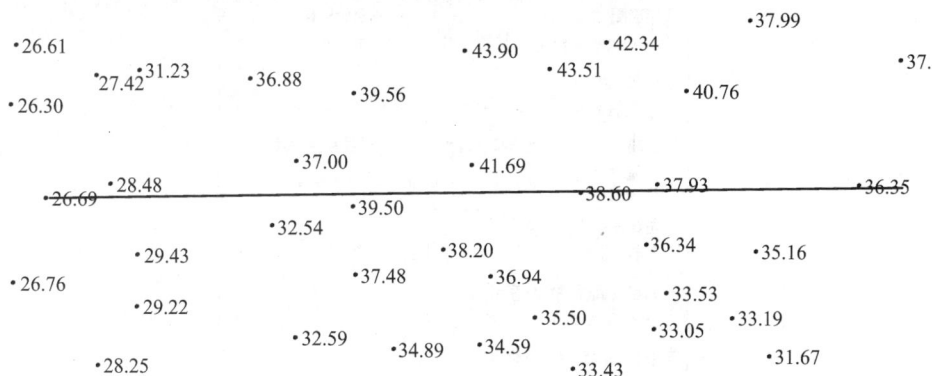

·26.61
·37.99
·27.42 ·31.23   ·36.88   ·43.90   ·42.34   ·37.
·26.30   ·39.56   ·43.51   ·40.76
·28.48   ·37.00   ·41.69
·26.69   ·39.50   ·38.60 ·37.93   ·36.35
·32.54   ·36.34
·29.43   ·38.20   ·36.34   ·35.16
·26.76   ·37.48   ·36.94   ·33.53
·29.22   ·35.50   ·33.05 ·33.19
·32.59   ·34.89 ·34.59   ·31.67
·28.25   ·33.43

图 5.10 断面位置示意

鼠标点取[工程应用]—[绘断面图]—[根据已知坐标]。

鼠标点选断面线，弹出"断面线上取值"对话框，如图 5.11 所示，选择已知坐标获取方式为"由数据文件生成"则在"坐标数据文件名"栏中选择数据文件，如果选"由图面高程点生成"则在图上选取高程点。

图 5.11 根据已知坐标绘断面

输入采样点间距及起始里程。单击[确定]。弹出绘制纵断面图对话框，如图 5.12 所示。

输入横向比例，系统默认值为 1：500。

输入纵向比例，系统默认值为 1：100。

断面图位置，可以绝对坐标输入，也可在图面拾取。

选择是否绘制平面图、标尺、标注以及注记的设置。

单击[确定]在屏幕上出现所选断面线的断面图，如图 5.13 所示。

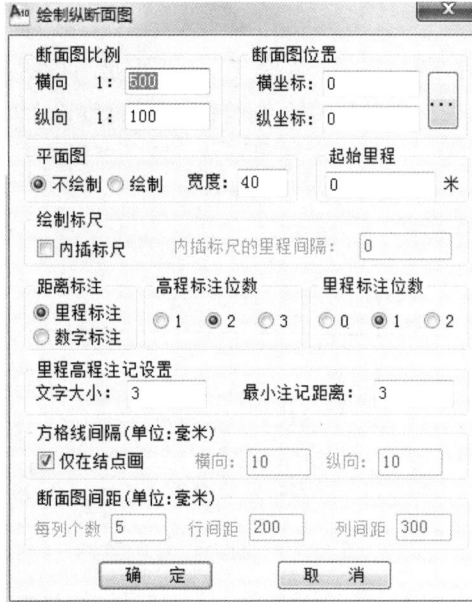

图 5.12　绘制纵断面图对话框

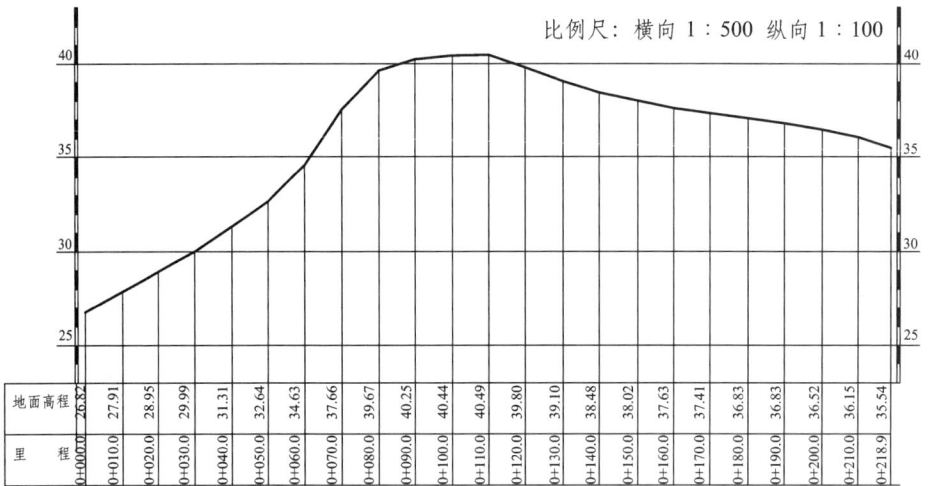

图 5.13　纵断面图

2. 根据里程文件生成

南方 CASS 9.1 软件的断面里程文件扩展名是 ".hdm"，格式如下：

BEGIN，断面里程：断面序号

第 1 点里程，第 1 点高程

第 2 点里程，第 2 点高程

……

NEXT

另一期第 1 点里程，第 1 点高程

另一期第 2 点里程，第 2 点高程

......

BEGIN, 断面里程: 断面序号

第 1 点里程, 第 1 点高程

第 2 点里程, 第 2 点高程

······

NEXT

另一期第 1 点里程, 第 1 点高程

另一期第 2 点里程, 第 2 点高程

······

BEGIN, 断面里程: 断面序号

······

案例: 如图 5.14 所示, 根据纵断面线 *AB*, 绘制间距 10 m 的横断面图。

图 5.14 纵断面线示意图

（1）生成横断面。

鼠标点取[工程应用]—[由纵断面图生成]—[新建]。

命令行提示:

选择纵断面线

鼠标点选 *AB* 线, 弹出"由纵断面生成里程文件对话框", 如图 5.15 所示。

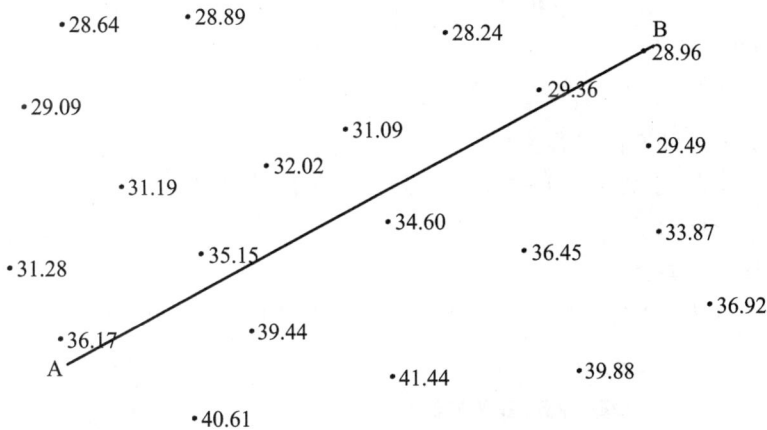

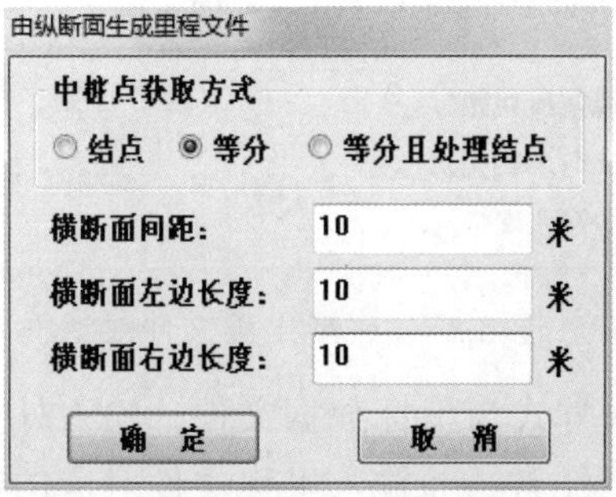

图 5.15 由纵断面生成里程文件对话框

选择中桩点获取方式为等分，输入横断面间距，横断面左、右长度，点击[确定]，得如图 5.16 所示图形。

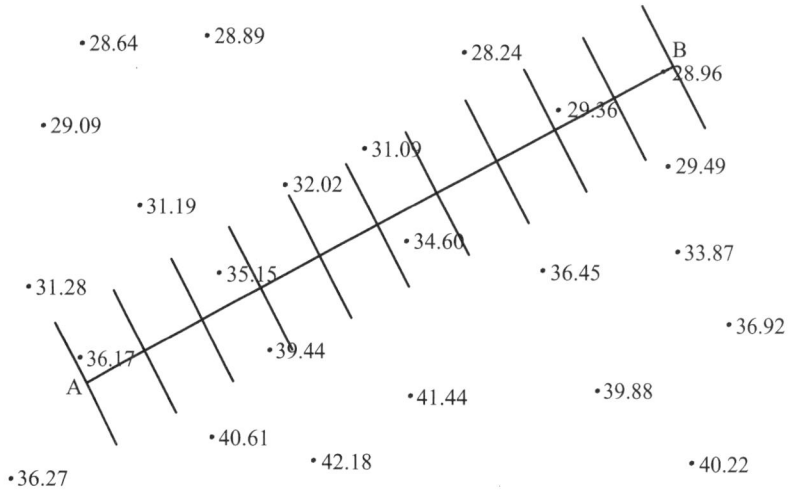

图 5.16　横断面示意

（2）生成横断面里程文件。

鼠标点取[工程应用]—[由绘断面图生成]—[生成]。

命令行提示：

选择纵断面线

鼠标点选 *AB* 线，弹出"生成里程文件对话框"，如图 5.17 所示。

图 5.17　生成里程文件对话框

选择已知坐标获取方式为坐标数据文件，输入外业采集的坐标数据文件名，输入生成的里程文件名，并输入里程文件对应的数据文件名。断面线插值间距设置为 2，起始里程为 0，点击[确定]，得如图 5.18 所示图形。

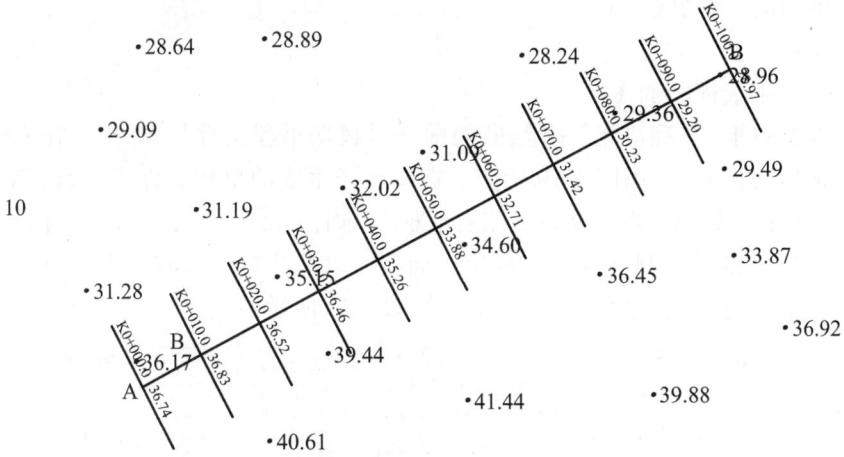

图 5.18 横断面里程示意图

生成的横断面里程文件"2021.hdm":

BEGIN, 0.000: 1
-10.000, 33.848
-8.000, 34.567
-6.000, 35.272
-4.000, 35.977
-2.000, 36.410
0.000, 36.735
2.000, 37.060
4.000, 37.385
6.000, 37.710
8.000, 38.035
10.000, 38.360
BEGIN, 10.000: 2
-10.000, 34.151
-8.000, 34.726
-6.000, 35.301
-4.000, 35.863
-2.000, 36.349
0.000, 36.835
2.000, 37.321
4.000, 37.806
6.000, 38.292
8.000, 38.778
10.000, 39.264

BEGIN, 20.000: 3

……

（3）生成横断面图。

鼠标点取［工程应用］—［绘断面图］—［根据里程文件］。弹出"输入断面里程数据文件名"，如图 5.19 所示，选择已经生成的里程文件"2021.hdm"，点击［打开］，弹出"绘制纵断面图对话框"，如图 5.20 所示，设置断面图比例、位置、选择是否绘制平面图、标尺、标注，以及注记的设置，点击［确定］，在屏幕上同时绘制出所用横断面图，如图 5.21 所示。

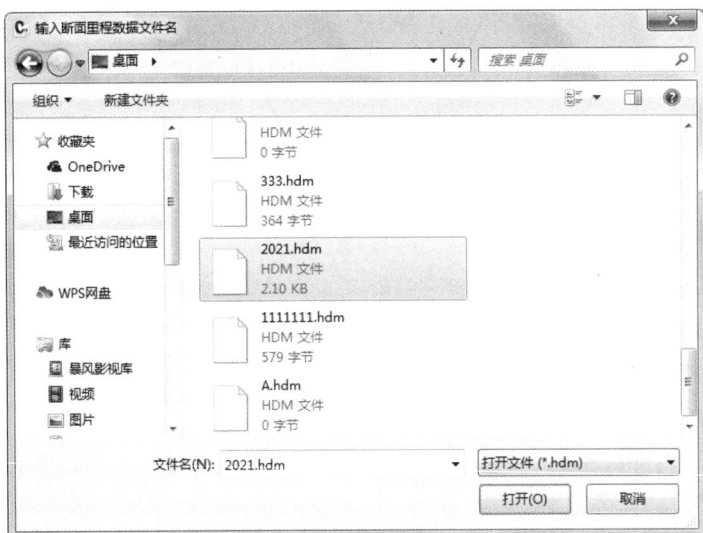

图 5.19　输入断面里程数据文件名对话框

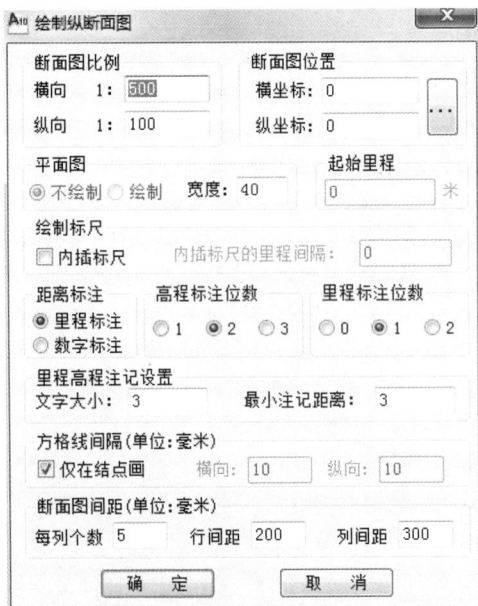

图 5.20　绘制纵断面图对话框

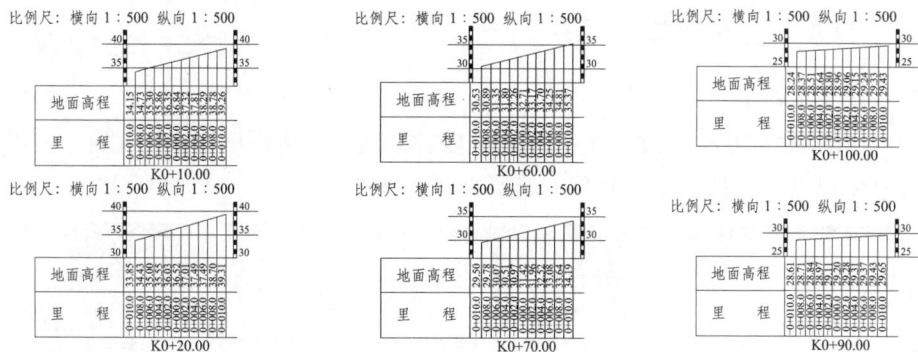

图 5.21 根据横断面里程文件绘制的部分横断面图

3. 根据等高线生成

如图 5.22 所示，根据等高线生成 *AB* 断面的纵断面图。

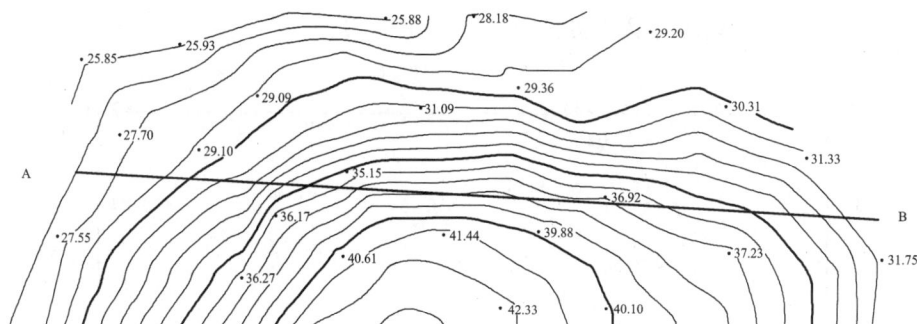

图 5.22 *AB* 断面示意

（1）鼠标点取[工程应用]—[绘断面图]—[根据等高线]。

（2）鼠标点选断面线，弹出"绘制纵断面图对话框"，与已知坐标数据文件及里程文件的设置基本相同，不再赘述，生成的断面图如图 5.23 所示。

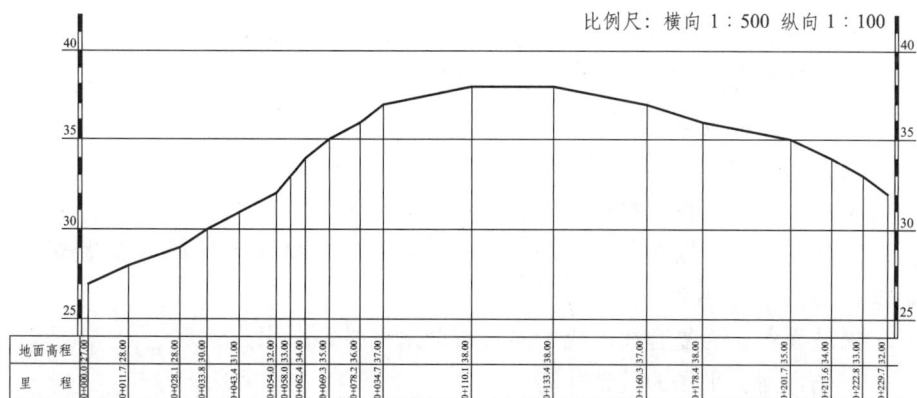

图 5.23 *AB* 断面图

5.2.3 土方计算

1. DTM 法土方计算

如图 5.24 所示，DTM 土方计算有四种方法，分别是根据坐标文件、根据图上高程点、根据图上三角网、计算两期间土方。

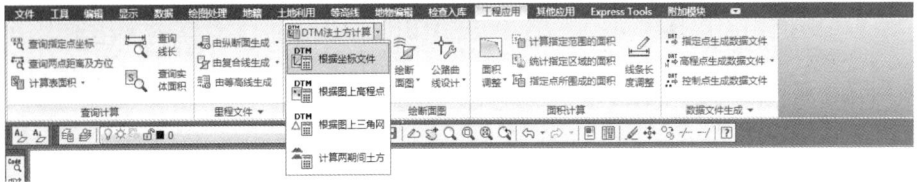

图 5.24　DTM 法土方计算方法

（1）根据坐标文件。

如图 5.25 所示，需要计算 *ABCD* 区域的开挖土方，首先在图上展绘高程点，再用复合线画出计算土方的区域，一定要闭合。

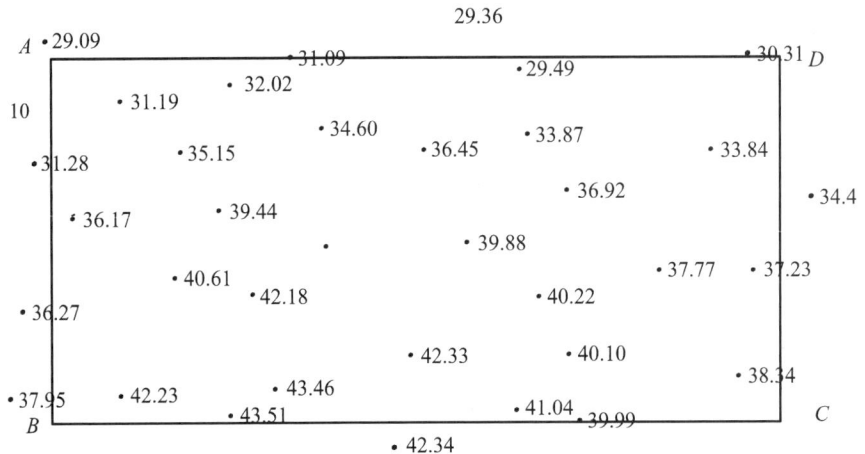

图 5.25　土方计算范围

鼠标点取[工程应用]—[DTM 法土方计算]—[根据坐标文件]。

命令行提示：

选择计算区域边界线：

点选 ABCD 闭合复合线。

弹出"输入高程点数据文件名"对话框，如图 5.26 所示。

选择高程点数据文件，单击[打开]，弹出"DTM 土方计算参数设置"对话框，如图 5.27 所示。

区域面积：为复合线围成的多边形的水平投影面积。

平场标高：平场的设计标高。

边界采样间隔：边界插值间隔设定。

边坡设置：选中处理边坡复选框后，坡度设置功能变为可选，一般平场高程高于地面高程则设置为向下放坡，反之向上放坡。

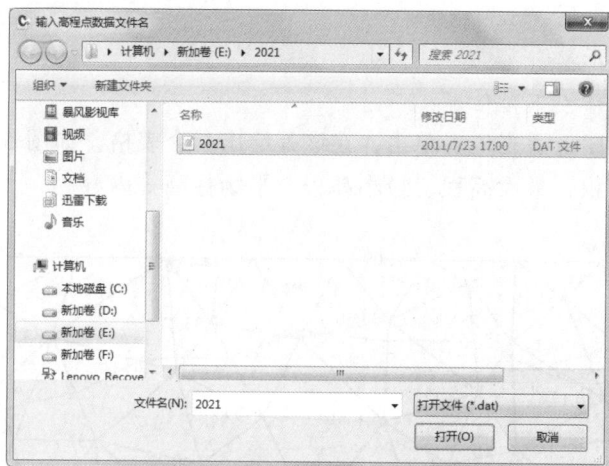

图 5.26　输入高程点数据文件名

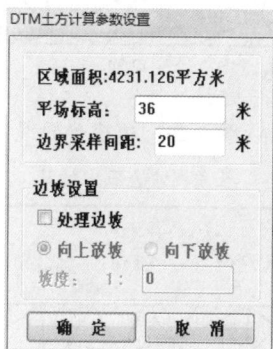

图 5.27　DTM 土方计算参数设置

　　设置好各参数后，单击[确定]，屏幕上显示"填挖方提示框"，如图 5.28 所示，在"填挖方提示框"中单击[确定]，图中汇出填挖分界线，如图 5.29 所示，计算文件详见"dtmtf.log"文件。

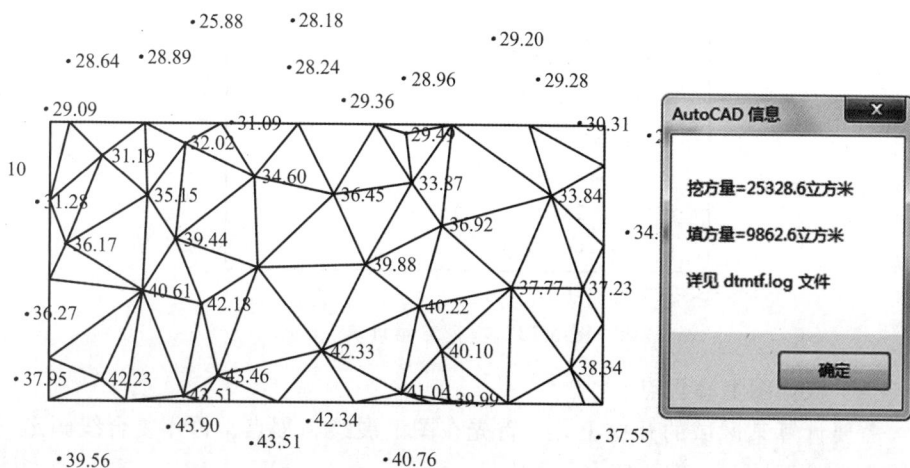

图 5.28　填挖方提示框

关闭提示框后。

命令行提示：

请指定表格左下角位置：

用鼠标在图上适当位置单击，在该处绘出一个表格，如图 5.30 所示，图中包括平场面积、最大高程、最小高程、平场标高等内容。

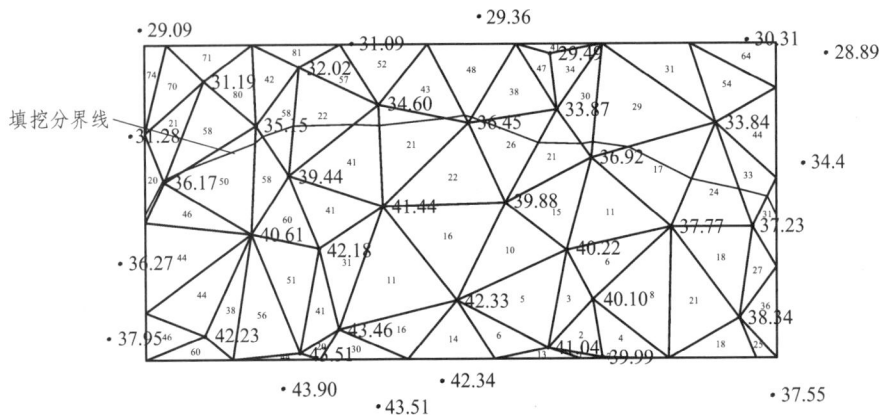

图 5.29　填挖分界线

三角网法土石方计算

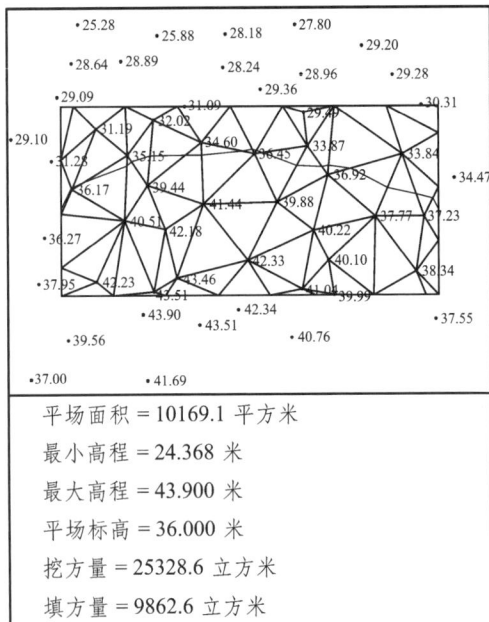

平场面积 = 10169.1 平方米

最小高程 = 24.368 米

最大高程 = 43.900 米

平场标高 = 36.000 米

挖方量 = 25328.6 立方米

填方量 = 9862.6 立方米

计算日期：2021年6月11日　　　　　　　　　　计算人：

图 5.30　填挖方量计算

（2）根据图上高程点。

需要计算某区域的开挖土方，首先在图上展绘高程点，再用复合线画出计算土方的区域，一定要闭合。

鼠标点取[工程应用]—[DTM 法土方计算]—[根据图上高程点]。

命令行提示：

选择计算区域边界线：

鼠标点选区域复合线。

以下操作与根据坐标文件计算方法相同。

（3）根据图上三角网。

图上展绘高程点，并已生成三角网。

鼠标点取［工程应用］—［DTM 法土方计算］—［根据图上三角网］。

命令行提示：

平场标高（米）：

输入平场的设计高程。

选择对象：

鼠标点选或框选三角形，回车确认选择三角形完成。

弹出填挖方的提示框，单击［确定］后图上绘出填挖方的分界线（白色线条）。

此方法在选择三角形时一定要注意不要漏选或多选，否则计算结果有误。

（4）计算两期间土方。

两期土方计算指的是对同一区域进行了两期测量，利用两次观测得到的高程数据建模后叠加，计算出两期的区域内土方的变化情况。适用的情况是两次观测时该区域都是不规则表面。

两期土方计算之前，要先对该区域分别进行建模，即生成 DTM 模型，并将生成的 DTM 模型保存起来。

案例：某区域进行土石方开挖，开挖前进行该场地地形数据采集，得到开挖前的坐标数据文件"20210530.dat"，开挖后再进行该场地地形数据采集，得到开挖后的坐标数据文件"20210610.dat"，根据开挖前后坐标数据文件计算开挖土方量。

① 开挖前三角网文件生成。

鼠标点取［绘图处理］—［展高程点］。

弹出输入坐标数据文件名对话框，如图 5.31 所示。选择"20210530.dat"文件，点击［打开］。

图 5.31　输入坐标数据文件名对话框

高程点展绘到屏幕上。

鼠标点取[等高线]—[建立 DTM]，根据命令行提示得到开挖前三角网，如图 5.32 所示。

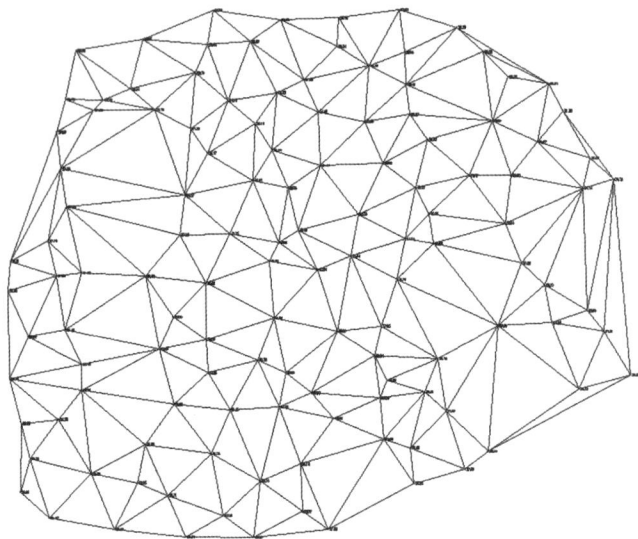

图 5.32　开挖前三角网

鼠标点取[等高线]—[三角网存取]—[写入文件]。

弹出"输入三角网文件名"，输入文件名"20210530.dat"，如图 5.33 所示，点击[保存]。

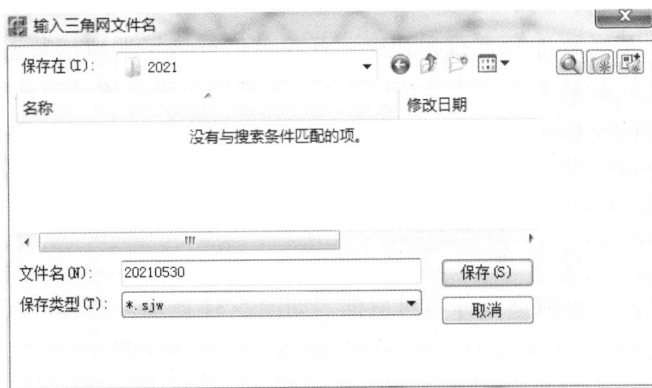

图 5.33　输入三角网文件名对话框

命令行提示：

选择要保存的三角网

选择对象：

点选或框选需要保存的三角网，回车结束选择。

即生成开挖前（第一期）三角网文件"20210530.sjw"。

② 开挖后三角网生成。

采用开挖后坐标数据文件"20210610.dat"，生成三角网，方法与开挖前三角网生成相同。本期三角网生成后可不保存。

③ 计算两期间土方。

鼠标点取[工程应用]—[DTM 法土方计算]—[计算两期间土方]选项。

命令行提示：

第一期三角网：（1）图面选择（2）三角网文件<2>

回车，默认输入三角网文件。

弹出"输入三角网文件名"对话框，选取"20210530.sjw"文件，点击[打开]，如图 5.34 所示。

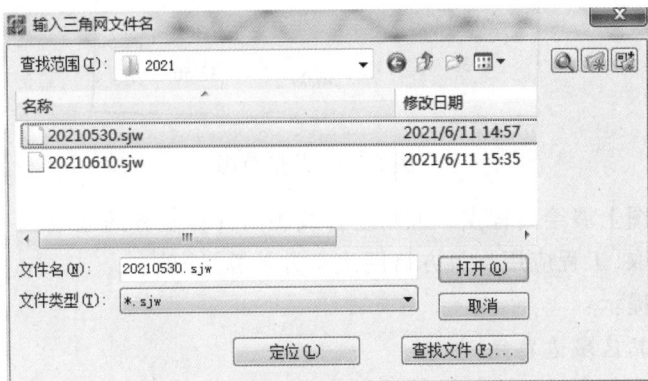

图 5.34　输入三角网文件名对话框

命令行提示：

第二期三角网：（1）图面选择（2）三角网文件<1>

回车，默认图面选择。

选择对象：

在屏幕上点选或框选第二期（开挖后）三角网，回车结束选择。

弹出填挖方提示框，如图 5.35 所示，点击确定得两期土方计算效果图，如图 5.36 所示。

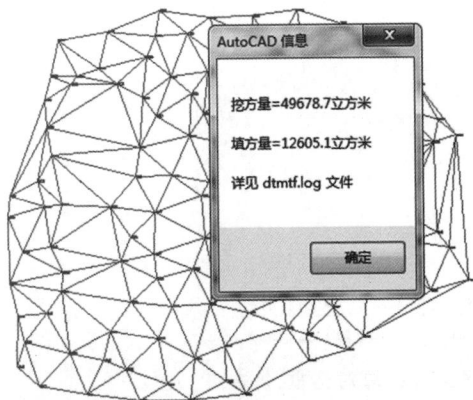

图 5.35　填挖方提示框　　　　图 5.36　两期土方计算效果图

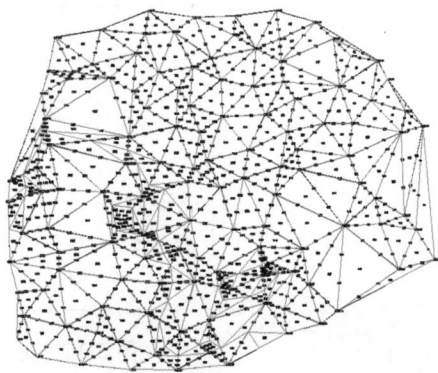

2. 方格网法土方计算

如图 5.37 所示，需要计算复合线区域的开挖土方。

图 5.37　开挖范围

首先在图上展绘高程点，再用复合线画出计算土方的区域，一定要闭合。
鼠标点取[工程应用]—[方格网法土方计算]选项。

命令行提示：

选择计算区域边界线：

鼠标点选复合线画出的计算区域边界。

弹出"方格网土方计算对话框"，如图 5.38 所示，选择坐标数据文件。

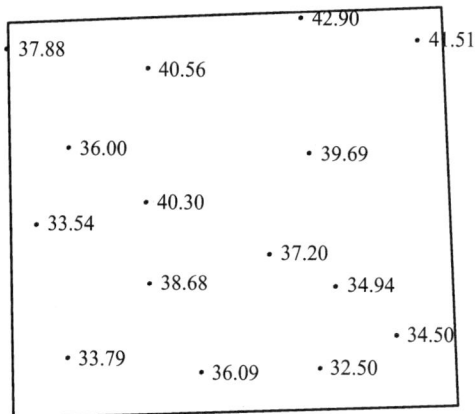

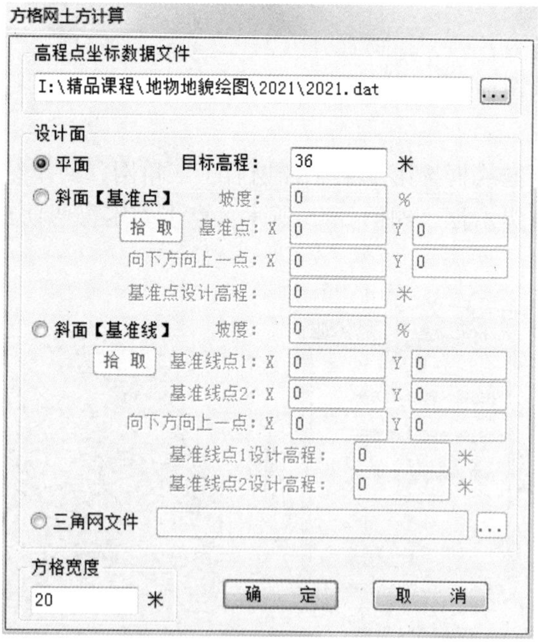

图 5.38　方格网土方计算对话框

　　设计面设置，提供三种设计面：平面、斜面（基准点）、斜面（基准线）。
选择设计面为平面，并输入目标高程 36，点击[确定]。得到方格网土方计算
成果，如图 5.39 所示。

最小高程=24.368 米，最大高程=43.900 米

正在重生成模型。

总填方=3756.7 立方米，总挖方=12953.8 立方米

挖方

| 1306.5 |
| 7125.1 |
| 3933.9 |
| 588.3 |
| 0.0 |

总面积	5814.0	1197.7	1223.9	435.0	429.6	470.5	0.0	填方
总填方	3756.7							
总挖方	12953.8							
平均高度								

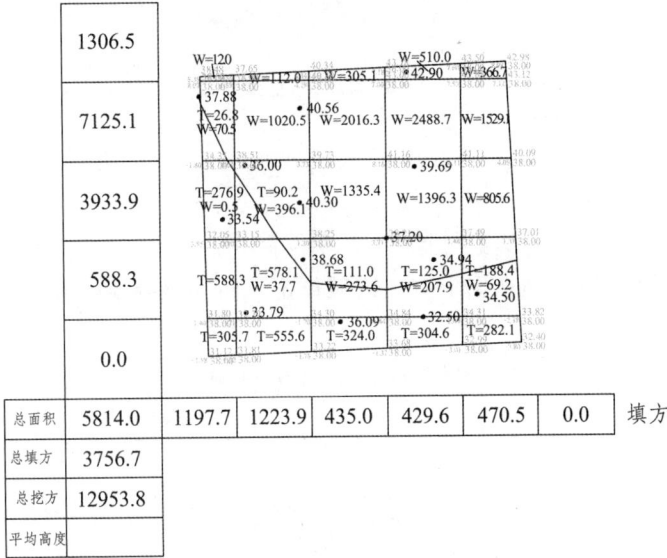

图 5.39　方格网土方计算成果

3. 等高线法土方计算

可计算任意两条等高线之间的土方量，但所选等高线必须闭合。

如图 5.40 所示，需要计算该区域的开挖土方。

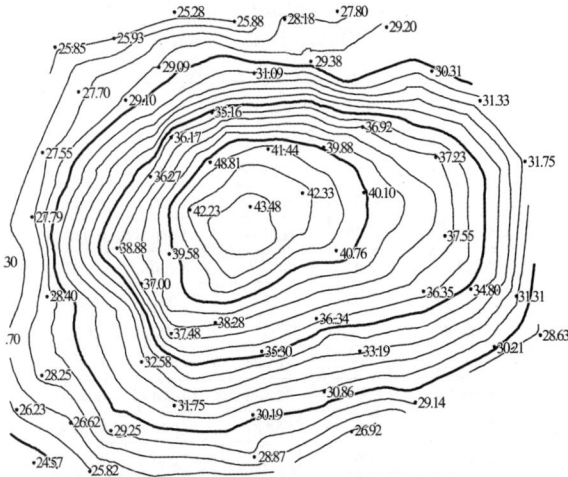

图 5.40　计算区域

鼠标点取[工程应用]—[等高线法土方计算]选项。

命令行提示：

选择参与计算的封闭等高线：

选择对象：

点选或框选参与计算的封闭等高线，回车结束选择。

输入最高点高程：〈直接回车不考虑最高点〉

回车。弹出总方量信息，如图 5.41 所示。单击[确定]。

请指定表格左上角位：〈直接回车不绘表格〉

图 5.41 总方量信息

如需绘制表格，则在图上空白区域单击，将在该处绘出表格，如图 5.42 所示。

等高法土石方计算

计算日期：2021年6月11日   计算人：

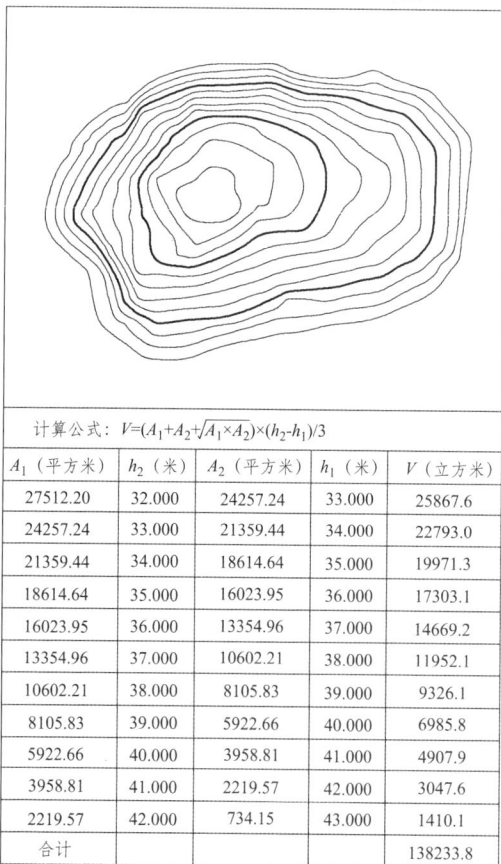

计算公式：$V = (A_1 + A_2 + \sqrt{A_1 \times A_2}) \times (h_2 - h_1)/3$

A_1（平方米）	h_2（米）	A_2（平方米）	h_1（米）	V（立方米）
27512.20	32.000	24257.24	33.000	25867.6
24257.24	33.000	21359.44	34.000	22793.0
21359.44	34.000	18614.64	35.000	19971.3
18614.64	35.000	16023.95	36.000	17303.1
16023.95	36.000	13354.96	37.000	14669.2
13354.96	37.000	10602.21	38.000	11952.1
10602.21	38.000	8105.83	39.000	9326.1
8105.83	39.000	5922.66	40.000	6985.8
5922.66	40.000	3958.81	41.000	4907.9
3958.81	41.000	2219.57	42.000	3047.6
2219.57	42.000	734.15	43.000	1410.1
合计				138233.8

图 5.42 等高线法土方计算

4. 区域土方量平衡

场地平整时，挖方量刚好等于填方量，即称为土方量平衡。下面讲述根据坐标文件计算。

如图 5.43 所示，用复合线绘制出需要进行区域土方量平衡计算的范围。

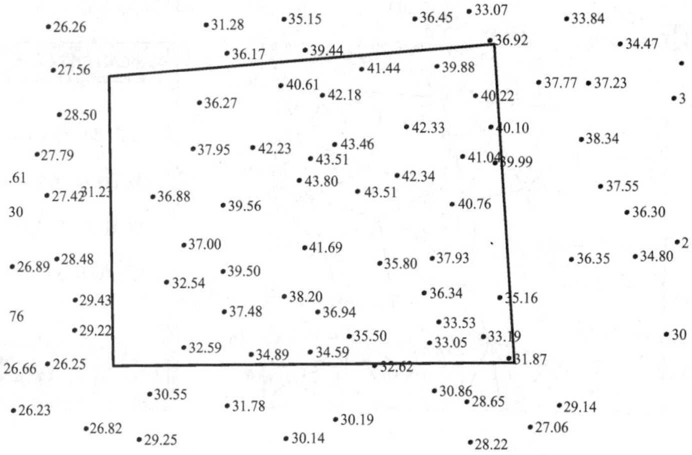

图 5.43 区域土方量平衡计算的范围

鼠标点取[工程应用]—[区域土方量平衡]—[根据坐标文件]选项。

命令行提示：

请选择：（1）根据坐标数据文件（2）根据图上高程点：

选择计算区域边界线

鼠标点选图 5.43 中的封闭复合线。

屏幕上弹出"输入高程点数据文件名"，如图 5.44 所示。选择高程点数据文件名"20210530.dat"，单击[打开]。

图 5.44 输入高程点数据文件名对话框

命令行提示：

请输入边界插值间隔（米）：<20>

边界插值间隔默认 20，一般用默认即可。回车，显示土方平衡高度、挖方量、填方量提示框，如图 5.45 所示。

命令行提示：

土方平衡高度=38.042 米，挖方量=24209 立方米，填方量=24209 立方米

点击提示框中"确定"按钮。

命令行提示：

请指定表格左下角位置：〈直接回车不绘表格〉

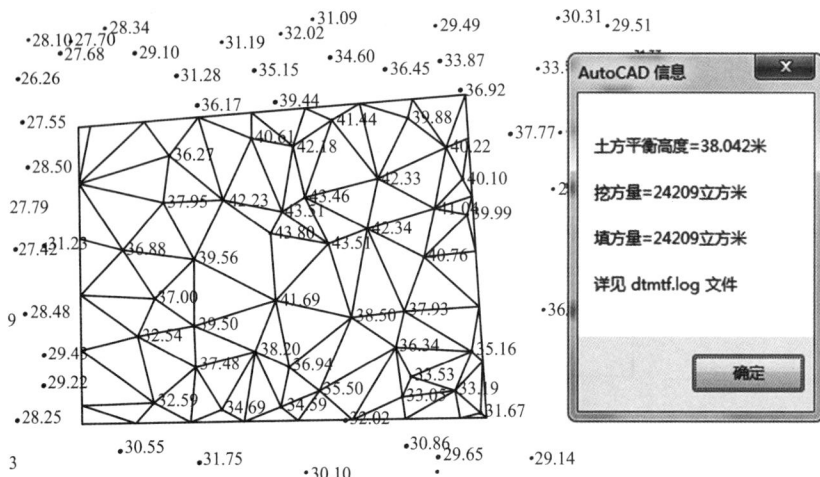

图 5.45　土方平衡高度、挖方量、填方量提示框

如要绘制表格，用鼠标在屏幕空白区域单击。即绘出计算结果表格，如图 5.46 所示。

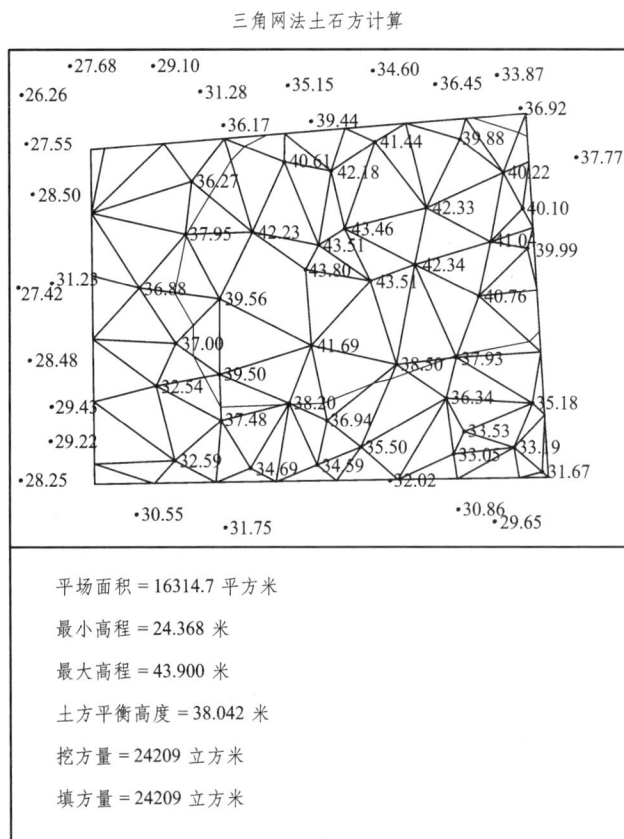

平场面积 = 16314.7 平方米

最小高程 = 24.368 米

最大高程 = 43.900 米

土方平衡高度 = 38.042 米

挖方量 = 24209 立方米

填方量 = 24209 立方米

计算日期：2021年6月15日　　　　　　　　　　计算人：

图 5.46　区域土方量平衡计算结果

项目六 地形测量技术设计书及技术总结的编写

【学习内容及教学目标】

通过本项目学习，了解地形测量技术设计的分类，掌握编写的基本原则、主要依据及编写内容。了解地形测量技术总结的分类，掌握编写依据、编写要求、编写内容等。

【能力培养要求】

1. 基本具有编写地形测量技术设计书的能力。
2. 基本具有编写地形测量技术总结的能力。

【思政目标】

1. 培养学生严谨细微、实事求是的工作作风；良好的职业道德意识及敬业爱岗精神；诚实守信，乐于奉献的人格素质；团结协作，互相帮助的团队意识。
2. 培养学生认真、执着的职业发展定力，具有测绘工程项目的组织、管理能力，具有组织协调、控制和领导工程活动的领导潜力。
3. 培养学生具有"爱岗敬业、奉献测绘；维护版图、保守秘密；严谨求实、质量第一；崇尚科学、开拓创新；服务用户、诚信为本；遵纪守法、团结协作"的测绘职业道德规范意识。
4. 采用思政主题教育培养学生的国家荣誉意识、国家安全意识、国家版图意识，增强学生的爱国情感、国家认同感、中华民族自豪感，从而坚定实现中华民族伟大复兴的中国梦的信心和决心。

【工程测量工岗位目标】

1. 能进行地形测量技术设计书的编写工作。
2. 能进行地形测量技术总结的编写工作。

6.1 大比例尺数字测图技术设计

技术设计是针对测绘工程项目制定切实可行的技术方案，保证测绘成果符合技术标准和用户要求，并获得最佳的经济效益和社会效益。

数字测图的技术设计主要包括测量方案、方法及所需达到的精度指标，采用的技术规范、图式，软、硬件配置情况，以及需要交付的成果、数据和图形文件资料等，使其满足用户的需要。

6.1.1 技术设计概述

为保证测绘成果（或产品）符合技术标准和满足顾客要求。并获得最佳的社会效益和经济效益，可根据测绘行业标准《测绘技术设计规定》（CH/T 1004—2005）要求制订技术方案，进行技术设计。

测绘技术设计分为项目设计和专业技术设计。项目设计是对测绘项目进行的综合性整体设计；专业技术设计是在项目设计基础上，按照测绘具体活动内容进行的详细设计，是测绘生产的主要技术依据。对于工作量较小的项目，可根据需要将项目设计和专业技术设计合并为项目设计。

6.1.2 技术设计的基本原则

（1）先整体后局部，且顾及发展，满足用户要求，重视社会效益。

（2）从测区的实际情况出发，考虑人员素质和准备情况，选择最佳作业方案。

（3）充分利用已有的测绘成果和资料。

（4）尽量采用新技术、新方法和新工艺。

（5）当测区面积较大，可以分区分别进行设计。

6.1.3 技术设计的主要依据

（1）上级下达的文件或合同书包含工程项目或编号、测量目的、测区范围及工作量、对测量工作的主要要求及上交资料的种类和施测工期要求等内容的指令性的技术文件。

（2）目前数字测图技术设计依据的相关规范 （规程）如下：

《工程测量规范》（GB 50026—2007）。

《城市测量规范》（CJJ/T 8—2011）。

《地籍测绘规范》（CH 5002—94）和《地籍图图式》（CH 5003—94）。

《国家基本比例尺地形图第一部分：1：500 1：1000 1：2000 地形图图式》（GB/T 20257.1—2017）。

《1∶500 1∶1000 1∶2000 外业数字测图技术规程》（GB/T14912—2017）《基础地理信息分类与代码》（GB/T 13923—2016）。

另外，还包括文件或合同书中要求执行的其他技术规范标准等。

（3）地形测量的生产定额、成本定额等。

（4）测区已有的水文、地质、环境等资料。

6.1.4 编写内容

技术设计书的编写，要求内容明确，文字简练。采用新技术、新方法和新工艺成图时，要对其可行性及能达到的精度进行充分的论证。技术设计书中使用的名词、术语、公式、符号、代号和计量单位等应与有关规范和标准一致。

1. 任务概述

任务概述应包括任务来源、测区范围、地理位置、行政隶属、测区面积、测图比例尺、技术依据、计划实施起止时间等内容。

2. 测区概况

测区社会、自然、地理、经济和人文等方面的基本情况，主要包括：海拔高程、相对高差、地形类别和困难类别，居民地、道路、水系、植被等要素的分布与主要特征，气候、风雨季节、交通情况及生活条件等。

3. 已有资料情况

设计书中应说明已有资料的全部情况，包括控制测量成果的等级、精度，现有图的比例尺、等高距、施测单位和年代，采用的图式规范，平面和高程系统等，并对其主要质量进行分析评价，提出已有资料利用的可能性和利用方案。

4. 作业依据

（1）国家及部门颁布的有关技术规范、规程及图式。

（2）任务文件及合同书。

（3）经上级部门批准的有关部门制定的适合本地区的一些技术规定。

5. 控制测量方案

（1）平面控制测量方案。方案中应包括坐标系统的确定，测量方案的选择，基本控制网的等级与加密层次，硬、软件的配置及施测方法，平差方法，各项主要限差及精度指标等。

（2）高程控制测量方案。方案中应包括高程系统的选择，首级高程控制的等级及起算数据的配置，加密方案及图形结构，路线长度及点的密度，标志类型及埋设，仪器和施测方法，平差方法，各项主要限差及精度指标等。

6. 数字测图方案

方案中应包括地形图采用的分幅和编号方法，图幅大小，地形图的分幅编号图，测站点的观测方法和要求，对地形要素的表示和对地形的要求等。

（1）数据采集。

①图根控制测量。

图根点密度符合相关规范要求。

②数据采集作业模式的选择。

作业模式包括：数字测记模式、电子平板测绘模式、地图数字化模式等。

③碎部测量，包括坐标和高程的测量方法，野外草图的绘制方法与要求，碎部测量数据取位及测距最大长度要求，高程注记点的间距、分布及位数要求，测绘内容及取舍要求，外业数据文件及其格式要求等。

（2）数据处理、图形处理、成果输出。

7. 检查验收方案

检查验收方案包括数字地形图的检测方法，实地检测工作量与要求，中间工序检查的方法与要求，自检、互检、组检方法与要求，各级各类检查结果的处理意见等。

8. 工作量统计、作业计划和经费预算

根据设计方案，分别计算各工序的工作量。根据工作量统计和计划投入的人力物力，参照生产定额，分别列出各期进度计划和各工序的衔接计划。经费预算是根据设计方案和作业计划，参照有关生产定额和成本定额，编制分期经费和总经费计划，并作必要的说明。

9. 上交资料清单

（1）地形图图形文件。

（2）地形图分幅编号图。

（3）成果说明文件。

（4）控制测量成果文件。

（5）数据采集原始数据文件。

（6）图根点成果文件。

（7）碎部点成果文件。

（8）图形信息数据文件。

10. 建议与措施

阐述业务管理、物资供应、膳宿安排、交通设备、安全保障等方面必须采取的措施。

6.2　1∶500 数字地形图测绘技术设计书案例

一、任务概况

为满足×××建设用地的需要，受×××的委托，×公司对×××东西约 2000 m、南北约 2200 m 的测区进行 1∶500 数字地形图测绘工作。

测区概况：测区位于×××。地形图测绘具体范围：东至×××，南至×××，西至×××，北至×××。

地理位置：东经：××°××'××"，北纬：××°××'××"。

测区地貌：测区地势平坦，平均高程在××m 左右，以学校、居民住宅区为主，测区交通便利，沟渠纵横。测区地形困难类别定为建筑与工业区Ⅰ类。

作业时间为 7—9 月，测区房屋密集，给测绘工作带来一定的难度。

二、作业依据

（1）《全球定位系统（GPS）测量规范》（GB/T 18314—2016）。

（2）《国家基本比例尺地形图第一部分：1∶500 1∶1000 1∶2000 地形图图式》（GB/T 20257.1—2017）（以下简称《图式》）。

（3）《国家三、四等水准测量规范》（GB 12898—2009）。

（4）《工程测量规范》（GB 50026—2007）。

三、已有测绘资料的利用方案

1. 平面控制点资料

测区附近具有 C 级 GNSS 点 G004、G007 两个，标志完好，成果可供利用。

2. 高程控制点资料

测区附近具有 SZ406 和 SZ407 四等水准成果，标志完好，成果可供利用。

3. 地图资料

测区有 1∶10 000 的土地利用详查图，可以参考进行测区技术设计、控制网布设和踏勘选点工作。

四、坐标系统和高程系统

1. 平面坐标系统

采用 80 国家大地坐标系，高斯投影采用 3 度带投影，中央子午线 108°。

2. 高程系统

采用 1985 国家高程基准。

五、地形图的比例尺及成图方法

成图比例尺为 1∶500，基本等高距 1 m。

野外数据采集使用全站仪及 GNSS-RTK 进行施测，内业进行数字化成图。

六、软件系统

采用南方 CASS9.0 数字化地形地籍成图软件。

七、控制测量

1. 平面控制测量

（1）以 C 级 GNSS 点 G004、G007 为起算点，采用《工程测量规范》（GB 50026—2007），布设一级 GNSS 控制点 2 个。编号为 K01、K02。

（2）控制点的设置。控制点应选在符合观测条件，通视良好，便于长期保存以及便于以后扩展的地方，标石规格及埋设要求遵照《工程测量规范》（GB 50026—2007）要求执行。

（3）野外数据采集。野外观测采用上海华测科技有限公司的 i70 GNSS 接收机。

2. 高程控制测量

以测区 2 个已知水准点 SZ406 和 SZ407 布设四等附和水准路线，采用 DS3 型自动安平水准仪进行施测。

八、数字化测图

1. 图根控制及其技术要求

在平面控制点 K01、K02 的基础上，采用实时动态测量加密图根点，隐蔽地区，在图根点上发展支导线，支导线的水平角观测用 2″级全站仪施测左、右角各 1 测回，其圆周角闭合差不应超过 40″。边长应往返测定，其较差的相对误差不应大于 1/3000。导线平均边长约 100 m，边数不大于 3 个。

2. 数据采集

（1）全站仪测图基本要求：

➢ 可采用编码法、草图法或内外业一体化的实时成图法等。

➢ 当布设的图根点不能满足测图需要时，可采用支导线增设测站点。

➢ 仪器的对中偏差不应大于 5 mm，仪器高和反光镜高的量取应精确至 1 mm。

➢ 应选择较远的图根点作为测站定向点，并施测另一图根点的坐标和高程，作为测站检核。检核点的平面位置较差不应大于图上 0.2 mm，高程较差不应大于基本等高距的 1/5。

➢ 全站仪测图的测距长度，地物点不大于 160 m，地形点不大于 300 m。

（2）GNSS-RTK 测图基本要求：

① 参考站点位的选择，应符合下列规定：

➢ 应根据测区面积、地形地貌和数据链的通信覆盖范围，均匀布设参考站。

➢ 参考站站点的地势应相对较高，周围无高度角超过 15°的障碍物和强烈干扰接收卫星信号或反射卫星信号的物体。

➢ 参考站的有效作业半径，不应超过 10 km。

② 移动站的作业，应符合下列规定：

➢ 作业的有效卫星数不宜少于 5 个，PDOP 值应小于 6，并应采用固定解成果。

➢ 正确的设置和选择测量模式、基准参数、转换参数和数据链的通信频率等，其设置应与基准站一致。

➢ 作业前，宜检测 2 个以上不低于图根精度的已知点。检测结果与已知成果的平面较差不应大于图上 0.2 mm，高程较差不应大于基本等高距的 1/5。

➢ 结束前，应进行已知点检查。

➢ 分区作业时，各应测出界线外图上 5 m。

➢ 不同基准站作业时，移动站应检测一定数量的地物重合点。点位较差不应大于图上 0.6 mm，高程较差不应大于基本等高距的 1/3。

3. 地物、地貌要素测绘及《图式》运用

地物、地貌的各项要素的表示方法和取舍原则按《国家基本比例尺地形图第一部分：1：500 1：1000 1：2000 地形图图式》(GB/T 20257.1—2017) 规定执行。

（1）测量控制点。

图根点按规范表示。

（2）居民地和垣栅。

① 房屋的轮廓应以墙基外角连线为准，对房屋不同层次、不同结构性质、主要房屋和附加房屋之间的关系，都应用分割线区分表示出来。

② 房屋基脚轮廓线凹凸在图上小于 0.4 mm，简易房屋小于图上 0.6 mm 时，可适当综合取舍。

③ 居民住房不注结构性质，只注层次。对房屋楼层高度低于 2.2 m 和该层实际投影面积不足下层楼房面积范围 1/2 的假楼可不反映。图上房屋层次注记从 2 层起注。

④ 已建屋基或虽然基本成型但未建成的房屋，应绘出墙基外角的连线并加注"建"说明注记。

⑤ 居民院内高度不超过正常围墙高度的房屋，破坏房屋，面积小于 2 m² 的房屋，临时性的围墙、工棚，可搬移的售货亭不表示。

⑥ 凡土墙以及用草、油毛毡、石棉瓦、塑料制品等材料制成的屋顶和用铁皮构建的房屋，均用简易房屋符号表示。

⑦ 房屋中间或一角凹进，且上有盖顶，凹进部分外廓用虚线表示。

（3）道路及附属设施。

道路测绘，要求等级分明、位置正确，应按真实路边线位置表示，线段曲直和交叉位置的形式要反映逼真，道路通过居民地不宜中断，可根据实际情况正确表示。

① 等级公路应绘出铺面线、路基线。路肩宽度图上大于 1 mm 依比例尺表示，小于 1 mm 以 1 mm 绘出，图上每隔 15～20 cm 注出公路技术等级代码，并加注材质。

② 宽度在 3～4 m，能通行手扶拖拉机的道路，用大车路符号表示。

③ 乡村路较密集时，可视通行情况依小路符号表示，但应成网，并反映疏密特征。双线道路下的涵管选取主要的表示。

④ 图上宽度 1 mm 以上的桥梁依比例尺表示，其余的不依比例尺。

⑤ 单位内部道路用按比例符号表示，并注记材质。

（4）管线及附属设施。

① 永久性的电力线、通讯线均表示，电杆、铁塔均按真实位置测绘。同一杆架上有多种线路时，只表示主要的一种，但在分叉、中断处需交代清楚。电力线、通讯线图内不连线，但应在杆架处和内图廓处绘出 10 kV 以上电力线连线方向。进入房屋的简易线路可不表示。

② 主要道路上、两边及单位内部的上水、下水、电力、通信等检修井宜测绘表示。消防栓均应逐个表示。

（5）水系及附属设施。

① 池塘岸边线以上边线内侧绘出。水塘、鱼塘应加注"塘"或"鱼"，有水生作物的水塘，应加注水生作物名称。

② 沟渠宽度超过 0.5 m 以上以双线依比例尺表示。小于 0.5 m 以单线表示，有堤的沟渠，其堤高出地面 0.5 m 以上，按有堤岸沟渠表示。所有河流、沟渠均应绘出水流方向，单线沟渠在单线上注明水流方向。

（6）地貌。

① 绘制等高线。

② 高度大于 0.5 m 的堤、坎、坡等均应表示。各种陡坎、斜坡图上长度小于 5 mm 的可不表示，当坎、坡较密时可适当取舍。

（7）植被。

① 沿道路、沟渠、土堤、河流、水塘等成行排列的树林以行树符号表示。

② 一年内分几季种植不同作物的耕地，应以夏季主要作物为准配置符号表示，其他旱地、水生经济作物以及园地均按《图式》规定表示。房前屋后、单位院子里的零星菜地不表示。植被符号按"品"字形标注，间距应均匀。

（8）碎部点高程测注。

① 高程注记点应尽量分布均匀，高程注记点间距 15～20 m。

② 对于田角、房角、桥中心、道路交叉转折点、地形起伏变化处、单位的主要出入口等地形特征点应优先测注高程。

（9）地理名称和注记。

① 工矿企业 单位、机关、学校、医院以及有名称的桥、闸、河流都应正确注记名称。

② 村组名称以村组合并后名称为准。全名称较长者可省略注出，但含义要确切。

③ 所有名称应使用国务院批准的简化字，方言字、地方字应注出拼音字母和汉字谐音。

④ 注记字体要清晰易读，指向明确。

（10）避让原则。

地形图上各种要素配合表示，采用次要地物避让重要地物的方法，应符合下列规定：

①当房屋等建筑物边线与陡坎、斜坡、围墙等边线重合时，应以房屋等建筑物为准，其他地物可避让，地形图上位移 0.3 mm 表示。当简易房、棚房以围墙为其墙时，以围墙表示简易房、棚房的墙。

②当两个地物中心重合或接近，难以准确表示时，可将重要的地物准确表示，次要地物移位 0.3 mm 或缩小 1/3 表示。

③房屋、围墙等高出地面的建筑物与道路（双线路边线、单线路中心线）重合时，以建筑物边线为准，道路可移位 0.3 mm。

④独立性地物与道路、水系等其他地物重合时，可中断其他符号，间隔 0.3 mm，将独立性地物完整绘出。

⑤双线路边与双线沟边重合时，双线沟边移位 0.2 mm 表示，双线路边与单线沟边重合时，单线沟边移位 0.3 mm 表示，单线路边与双线沟边、单线沟边重合时，单线路移位 0.3 mm 表示。

⑥地类界与地面上有实物的线状符号（如道路、河渠、围墙等）重合，可省略不绘，与地面无实物的线状符号（如境界、电力线、通讯线等）重合时，可将地类界移位绘出，不得省略，当植被被线状符号分割时，应在每块被分割的范围内至少绘出一个能说明植被属性的相应符号。

4. 数据、图形处理

采用南方 CASS9.0 数字化地形地籍成图软件。对野外采集的原始数据，不得有任何删改。

数字化成图的线条、注记应清晰美观，线型、线宽以及注记的规格、字体、字向、字距、字列按《图式》规定执行。

居民地建筑物及面状附属物的边线应严格闭合，建筑物及其附属物的边线相交联结时必须使用"捕捉"方式生成。

九、检查验收

（1）对本工程各项成果实行小组自查互校基础上的专职检查人员、技术负责人二级检查制度。

（2）作业小组对成果必须要全面地进行自查，确认无误后方可上交专职检查人员检查。

（3）生产期间，作业组必须加强过程检查，专职检查人员严格把住质量关，保证成果的质量。

（4）对成果质量检查的比例是：作业小组必须达到 100%，专职检查人员室内检查 100%，室外不低于 20% 的检查，检查验收室外检查应达到 10%。

十、提交资料

应上交的成果资料及附图如下：

1. 技术设计书

2. 控制点成果表

3. 控制点点位略图

4. 数字化地形图（格式为".dwg"图形数据文件格式）

5. 技术总结

6.3 大比例尺数字测图技术总结编写

6.3.1 技术总结概述

技术总结分为项目总结和专业技术总结。项目总结是大比例尺数字测图项目在其最终成果（或产品）检查合格后，在各专业技术总结的基础上，对整个项目进行技术总结。专业技术总结是在完成成果或产品测绘任务，并检查合格之后，撰写的技术文档。

对于工作量较小的项目，可根据需要将项目总结和专业技术总结合并为项目总结。

6.3.2 技术总结编写依据

（1）测绘任务书或合同的有关要求，顾客书面要求或口头要求的记录，市场的需求或期望。

（2）测绘技术设计文件、相关的法律、法规、技术标准和规范。

（3）测绘成果（或产品）的质量检查报告。

（4）以往测绘技术设计、测绘技术总结提供的信息以及现有生产过程和产品的质量记录和有关数据。

（5）其他有关文件和资料。

6.3.3 技术总结编写要求

（1）项目总结由承担项目的法人单位负责编写或组织编写，专业技术总结由具体承担大比例尺数字测图任务的法人单位负责编写。

（2）文字应简明扼要，公式、数据和图表应准确，名词、术语符号和计量单位等均应与有关法规和标准一致。

（3）技术总结的幅面、封面格式、字体与字号等应符合相关要求。

（4）技术总结编写完成后，单位总工程师或技术负责人应对技术总结编写的客观性、完整性等进行审查并签字，并对技术总结编写的质量负责。技术总结经审核、签字后，随大比例尺数字测图成果（或产品）、技术设计文件和成果（或产品）检查报告一并上交和归档。

6.3.4 编写内容

测绘技术总结的内容通常包括概述、技术设计执行情况、成果（或产品）质量说明和评价、上交和归档的成果（或产品）及其资料清单 4 部分。

1. 概述

概述应概要说明测绘任务总的情况，例如：任务来源、目标、工作量等，任务的安排与完成情况，以及作业区概况和已有资料利用情况等。

2. 技术设计执行情况

技术设计执行情况需主要说明、评价测绘技术设计文件和有关的技术标准、规范的执行情况。内容主要包括生产所依据的测绘技术设计文件和有关的技术标准、规范，设计书执行情况以及执行过程中技术性更改情况，生产过程中出现的主要技术问题和处理方法，特殊情况的处理及其达到的效果等，新技术新方法、新材料等应用情况，经验、教训、遗留问题、改进意见和建议等。

3. 成果（或产品）质量说明和评价

成果（或产品）质量说明和评价需简要说明、评价测绘成果（或产品）的质量情况（包括必要的精度统计）、产品达到的技术质量指标，并说明其质量检查报告的名称及编号。

4. 上交和归档的成果（或产品）及其资料清单

上交和归档的成果（或产品）及其资料清单需分别说明上交和归档成果（或产品）的形式、数量等，以及一并上交和归档的资料文档清单。

6.4 1∶500数字地形图测绘技术总结案例

一、概述

1. 任务概况

为满足 A 区旅游工程建设规划的需要，通过招标，我公司中标了某地区旅游工程 5.5 km² 区域 1∶500 地形图测绘任务。地点位于 A 区 B 村，规划测绘 1∶500 地形图 5.5 km²。

为确保该工程规划设计阶段工作的顺利进行，按期保质向××区政府提供测绘成果资料，我公司组织测量人员及设备于 2016 年 1 月 2 日进场开展外业工作，2016 年 1 月 20 日结束了测区外业测量工作，同时进行内业资料的整理。2016 年 1 月 25 日完成全部测绘工作并提交成果资料进行验收。

2. 任务安排及完成工作量情况

A 区旅游工程 1∶500 地形图测量范围在 1∶10 000 地形图上划定，我公司组织人员于 2016 年 1 月初收集相关资料，2016 年 1 月 2 日正式进驻测区开展测绘工作，至 2016 年 1 月 25 日依次完成了全部工作，现将本测区完成的工作量统计如表 6.1。

表 6.1　A 区旅游工程 1∶500 地形图工作量统计表

序号	项目	单位	工作量	备注
1	GNSS-E 级	点	6	埋标 6 点
2	GNSS-D 级	点	4	埋标 4 点
3	1/500 地形图	km²	5.5	

3. 测区概况和已有资料的利用情况

（1）测区概况。

A 区旅游工程 1∶500 地形图项目地点位于 A 区 B 村，规划测绘 1∶500 地形图 5.5 km²。测区地形中等难度，交通方便，困难类别为中等。

（2）地形图资料。

收集测区范围及附近 1∶10 000 地形图，1∶50 000 地形图作为控制选点、地形测量工作安排使用。

（3）平面控制资料。

收集了测区及附近省 C 级 GNSS 控制点多个，其中 H022、H020、H018 离测区较近，又能和测区拟观测的控制点形成很好的 GNSS 网形。故此次选择 H022、H020、H018 作为测区起算点。起算点平面坐标系为 1980 西安坐标系，高程基准为 1985 国家高程基准。

二、技术设计执行情况

1. 技术依据

技术依据清单见表 6.2。

表6.2　技术依据清单

序号	标准名称	标准代号
1	《全球定位系统（GPS）测量规范》	GB/T 18314—2009
2	《国家三、四等水准测量规范》	GB 12898—2009
3	《工程测量规范》	GB 50026—2007
4	《全球定位系统实时动态测量（RTK）技术规范》	CH/T 2009—2010
5	《1：500、1：1000、1：2000地形图图式》	GB/T 20257.1—2007
6	《1：500、1：1000、1：2000外业数字测图技术规程》	GB/T 14912—2005
7	《数字地形图系列和基本要求》	GB/T 18315
8	《大比例尺地形图机助制图规范》	GB 14912—94
9	《数字测绘成果质量检查与验收》	GB/T 18316—2008
10	《测绘技术设计规定》	CH/T 1004—2005
11	《测绘技术总结编写规定》	CH/T 1001—2005
12	《数字测绘产品检查验收规定和质量评定》	GB/T 18316—2001
13	本项目技术设计书	—
14	C公司质量管理体系文件	—

2. 技术要求

（1）比例尺：1：500地形测量。

（2）坐标系统：国家80坐标系，3°带高斯正形投影；中央子午线为108°。

（3）高程系统：1985国家高程基准，等高距1 m。

（4）图幅尺寸：50 cm×50 cm标准分幅。

（5）地形图图名："A区旅游工程1：500地形图"。

（6）数字化测图，提供".dwg"文件。

3. 资源配置

（1）仪器设备配置。

该项目主要使用的仪器设备见表6.3。

表6.3　该项目主要使用的仪器设备

仪器名称	数量	型号	编号
GNSS卫星定位接收机	20	华测i70	
2″级全站仪	10		
水准仪	2	拓普康DL-101C	
微机	30	联想系列	
A0幅面绘图仪	2	惠普HP800C	
交通车	4	越野	

（2）人力资源配置。

略。

4. 作业方法及技术措施

（1）平面控制测量。

GNSS 静态观测方法使用"华测 i70" 6 台 GNSS 接收机进行观测。根据已设计好的观测路线，在实地选点并埋桩。GNSS 测量之前对接收机进行了设置及必要的检查，确保正常观测数据。观测时，对起算点边长较长、卫星较少的测段，相应的延长了观测时间。每时段测量，作业员按要求测前测后量取天线高两次，再取平均值，观测过程完全按规范要求进行操作。

平差计算采用随机数据处理软件 HGO 数据处理软件包进行基线解算和平差计算。平差时认真对有关条件进行了检核，经检查各项精度满足规范要求。GNSS 控制网平差的精度及质量情况如下：略

（2）地形图测绘。

地形图测绘是采用全站仪及 RTK 实时野外数据采集。测图时对仪器进行了精确整平对中，检测测站和后视点，确认无误后方开始测图。地形测绘遵循"看不清不绘"的原则，当进行野外数据采集时，在山顶、鞍部、山脊、坎顶、坎脚、山谷、凹地、水边、水底及地形特征变换的地方都测绘了足够的高程碎部点，并对这些特征点进行了注记，保存在"RTK"和全站仪存储中。地形点间距一般控制在图上 1.5 cm 以内，确保地形图质量。外业数据采集完成后，利用南方 CASS9.2 成图系统进行处理。

（3）地形图制图。

地形图绘制是在野外采集电子数据的基础上，采用南方 CASS9.2 成图系统成图。1：500 高程注记小数点后 2 位，注记在点位旁。

在建立三维数字模型的时候，根据实地的地形对山顶、鞍部、山脊、山谷、坎顶、坎脚、道路等部位的数字模型结构进行了合理的修改，并对各部位自动生成的等高线进行了人工干预，将个别等高线不合理的地方加以修改，在等高线改变较大的部位进行特别的处理，防止等高线光滑时候变形太大。

公路的铺面和路肩宽度在图上依比例尺表示，并注记铺面材料，准确的画出了路边的坎顶以及坎脚，便于等高线的准确绘制。涵洞都按技术设计书的规格进行了注记。

山顶上的信号塔、移动发射塔等公用设施都加以了注记。进行了植被注记，并按照要求准确的绘制出了地类界。

为了保证图面的清晰与判读，高程点的注记以标明地物、地貌为依据，高程点注记密度一般控制在图上 1～1.5 cm 标注一个，其余的则转为备份图层，不在机助绘图时出现。

地形图图形分幅采用标准分幅，规格为 50 cm×50 cm，图号从左到右、由上往下按顺序流水编号，图号分别为：总张数-分号。图名为："A 区旅游工

程 1∶500 地形图"。

三、测绘成果质量情况

1. 质量情况

本测量项目配备有专职质量检查人员，自始至终对作业班组的各项作业过程及成果进行指导和检查。作业班成员在整个作业过程中认真做好了本职工作，作业班组分别对各自的成图资料作了 200% 自检互查，对发现的错误和疑点都及时更正或处理。质量专检人员对测量成果进行了内、外业检查，对内业成果进行 100% 检查，对其中的部分地形图进行了外业抽检。检查成果满足精度要求，成图资料可以交付使用。

2. 职业健康及安全生产情况

根据设计书要求针对本测区最主要的树林防火、驻地防盗和交通安全三大危险源，做了相应的防范保护措施。外出测量坚决不带易于着火的物品上山，如火柴、打火机等；配合当地林业部门，做好防火准备；测量人员出入驻地应关好门窗，贵重物品一律放入房间里妥善保管；驻地配有安全员，专门负责驻地安全；外出作业遵守交通规则，不闯红灯，不横穿马路；对司机进行交通安全教育，做到"宁停三分、不抢一秒"，严格按照交通法规行驶。

本次参加测量的人员都具有较高的素质，作业班组人员自始终树立起"安全第一，质量第一"的良好作风和敬业乐观的优良品德，并且认真贯彻《安全生产措施》，严格按照有关操作规程办事，切实做好了每天的工作安排，确保任务的顺利完成。测量人员发扬优良的传统，保持较高的警惕，克服种种困难，圆满地完成了任务。驻地按要求做到了防火、防盗窃工作，加强了对作业人员的安全教育和管理，安排安全员进行监督，确保了人身和仪器设备安全。在作业过程中，没有发生失火、失窃、仪器损坏、违章行驶等重大安全事故。

3. 环境保护情况

本测区注重加强和培养员工环境保护意识，充分贯彻公司的环境方针。在工作中能不砍树坚决不砍；野外作业严禁抽烟以避免意外引发山火；野外产生的垃圾及时清理或随身带走；安排员工轮流值日驻地的卫生清扫，以保证驻地环境的干净整洁；驻地产生的生活垃圾都集中统一处理，不随地乱扔乱倒。

四、GNSS 计算资料

1. A 区旅游工程 1∶500 地形图——D 级 GNSS 网 80 坐标系平差报告

目录

1 项目属性

1.1 坐标系统

1.2 解算数据

2 观测文件

3 基线解算

3.1 基线成果

3.2 重复基线检查

3.3 同步环检查

3.4 异步环检查

4 平差结果

4.1 WGS84 自由网平差结果

4.2 二维约束平差结果

平差报告正文略。

2. A 区旅游工程 1∶500 地形图——E 级 GNSS 网 80 坐标系平差报告

目录

1 项目属性

1.1 坐标系统

1.2 解算数据

2 观测文件

3 基线解算

3.1 基线成果

3.2 重复基线检查

3.3 同步环检查

3.4 异步环检查

4 平差结果

4.1 WGS84 自由网平差结果

4.2 二维约束平差结果

平差报告正文略

五、上交测绘成果资料

本工程项目完成后，向甲方提供表 6.4 要求的测绘成果资料。

表 6.4 测绘成果资料

序号	成果名称	数量	备注
1	控制点成果资料	1	
2	1∶500 地形图	1	
3	测绘技术设计书	1	
4	测绘技术报告	1	
5	以上数据电子光盘	3	

参考文献

[1] 张博，蒋喆，程小兵. 数字化测图. 北京：中国水利水电出版社，2016.

[2] 张东明. 测绘基础. 武汉：武汉大学出版社，2014.

[3] 林玉祥. 控制测量技术. 北京：中国电力出版社，2007.

[4] 陈兰兰. 建筑工程测量. 武汉：华中科技大学出版社，2016.

[5] 国家测绘局. 全球定位系统实时动态（RTK）测量技术规范：CH/T 2009—2010. 北京：测绘出版社，2009.

[6] 国家测绘局. 测绘技术总结编写规定：CH/T1001—2005. 北京：测绘出版社，2005.

[7] 中国国家标准化管理委员会. 1：500　1：1000　1：2000 地形图图式：GB/T 20257.1—2017. 北京：中国标准出版社，2017.

[8] 中国国家标准化管理委员会. 1：500　1：1000　1：2000 外业数字测图技术规程：GB/T 14912—2017. 北京：中国标准出版社，2017.

[9] 中国国家标准化管理委员会. 数字测绘成果质量检查与验收：GB/T 18316—2008. 北京：中国标准出版社，2008.

[10] 中国有色金属工业协会. 工程测量规范：GB50026—2007. 北京：中国标准出版社，2007.